江苏重点水利工程

《江苏重点水利工程》编委会　编著

河海大学出版社
HOHAI UNIVERSITY PRESS
·南京·

图书在版编目(CIP)数据

江苏重点水利工程 /《江苏重点水利工程》编委会编著. --南京:河海大学出版社,2023.1

ISBN 978-7-5630-7664-2

Ⅰ. ①江… Ⅱ. ①江… Ⅲ. ①水利工程—概况—江苏 Ⅳ. ①TV68

中国版本图书馆CIP数据核字(2022)第240266号

书　　名 江苏重点水利工程
书　　号 ISBN 978-7-5630-7664-2
审 图 号 苏 S(2023)2 号
责任编辑 曾雪梅
特约校对 薄小奇
封面设计 徐娟娟
装帧设计 杭永红
出版发行 河海大学出版社
地　　址 南京市西康路 1 号 (邮编:210098)
网　　址 http://www.hhup.com
电　　话 025-83737852(总编室) 025-83722833(营销部) 025-83787103(编辑室)
经　　销 江苏省新华发行集团有限公司
排　　版 南京布克文化发展有限公司
印　　刷 南京迅驰彩色印刷有限公司
开　　本 787mm×1092mm 1/16
印　　张 20.5
字　　数 420 千字
版　　次 2023 年 1 月第 1 版
印　　次 2023 年 1 月第 1 次印刷
定　　价 188.00 元

《江苏重点水利工程》

序

水，孕育着中华民族古老文明。一部中华文明史，也是一部中华治水文明史，水利灌溉、河防疏泛无不被中国历代政府列为首要工作。江苏作为全国唯一拥有大江大河大湖大海的省份，有着悠久的治水历史，诞生了不少闻名全国的水利工程，特别是经历中华人民共和国成立后的数次治水高潮，以江都水利枢纽为代表的一大批现代水利工程犹如颗颗璀璨明珠遍布大江南北、运河左右，守卫着江淮安澜，护航着民生福祉，装点着河湖美丽。

“圣人治世，其枢在水”，党的十九大提出要加快水利基础设施网络建设，十九届五中全会对实施国家水网重大工程作出战略部署。2021 年 5 月 14 日习近平总书记在推进南水北调后续工程高质量发展座谈会上指出，要加快构建国家水网主骨架和大动脉，为全面建设社会主义现代化国家提供有力的水安全保障。基于此，江苏省水利厅组织编写《江苏重点水利工程》，力求通过以下三点为打造现代国家水网江苏板块呐喊鼓劲。

一是以重点水利工程彰显治水文化。水利工程作为治水文明的产物，是劳动人民智慧的结晶。从毛泽东主席发出“一定要把淮河修好”的伟大号召，到“南方水多，北方水少，如有可能，借点水来也是可以的”的伟大实践，数个时期的工程一一呈现在读者眼前，展现了现代水文化优秀成果。

二是以重点水利工程彰显行业特色。水利工程乃国之公器、百年大计。此书汇聚了江苏省重大引调水工程、河湖水系连通工程、控制性调蓄工程，包含了不同设计类型的涵闸、泵站，介绍了一批国家级省级水管单位、国家和省级水利风景区、省级水利工程精细化管理单位等优秀管理单位。

三是以重点水利工程彰显社会价值。“甚哉，水之为利害也！”兴利除害是水利工程之本。省重点水利工程具备着防洪、灌溉、供水、航运功能，是江苏水网体系的关键节点、骨干工程，构成了全省水资源统筹调配能力、供水保障能力，为全面建设社会主义现代化新征程提供有力的水安全保障。

“古有李冰都江堰，今有人民江都站。”沿江沿海沿湖的一座座重要水利工程是治水先辈给予我们的宝贵财富，也是当代水利人治水兴水的见证，需要不断挖掘与呵护。《江苏重点水利工程》图文并茂，用通俗易懂的语言，向读者介绍新中国成立以来江苏水利发展成就，既可作为行业内认识、了解水利工程的参考，亦可作为全民普及水知识的读本，以期让固定的工程演绎流动的故事，让流动的故事浸润人心。

是为序！

目录

本书中所涉地图以《江苏水系》［审图号：苏 S（2019）024 号］、《江苏省地图》［审图号：苏 S（2020）022 号］为底图绘制。

1 江苏水利工程体系

江苏地处江淮沂沭泗下游，平原辽阔，水网密布，湖泊众多，跨江滨海，是全国唯一拥有大江大河大湖大海的省份。同时，特殊的地理位置和复杂的气候因素，也决定了江苏省是一个洪涝干旱灾害易发、频发的省份。据史料记载，自公元 21 年至 1949 年，有灾害记录的就达 1 020 年，平均不到两年就有一年受灾，特别是中华人民共和国成立前的 100 年中，基本上年年有灾。太湖地区在 10 世纪至 19 世纪的 1 000 年间，共发生水灾 386 次，平均 2.6 年一次；旱灾 236 次，平均 4.2 年一次。里下河地区在中华人民共和国成立前的 100 年中，发生各种水旱灾害 51 次，平均 2 年一次。沂沭泗地区在 1074 年至 1949 年间，发生水灾 303 次，平均 2.9 年一次。新中国成立以来的 73 年中，江苏共发生洪涝灾害 22 年，干旱灾害 16 年，旱涝交错 25 年，正常年景仅 10 年。洪涝旱风雹潮等灾害始终威胁着江苏人民，而且往往是洪涝并发，水旱交错，甚至连续几年大水或连续几年大旱，特别是洪涝灾害，出现次数最多，危害最大，造成的损失最严重。

江苏治水历史悠久，早在秦汉时期就专门设立都水长丞等职位管理水利设施，防洪治河。隋代开通沟通海河、黄河、淮河、长江、钱塘江五大水系的南北大运河，影响了此后千余年江苏水利水运事业格局。至民国时期，一些有识之士引进近代技术和设备，培养了一批技术人才，但由于思想、制度、技术、实力的局限性，始终未能系统、有效治理水患。中华人民共和国成立以来，水利建设作为民生建设的首要任务，被提上重要议程，大规模水利建设如火如荼开展。经过 20 世纪 50 年代、70 年代以及 90 年代三轮治水高潮，蓄泄兼筹，洪涝兼治，优化调度，基本建立了较为完善的防洪除涝工程体系，成功抗御了中华人民共和国成立以来的流域性洪水威胁，防洪减灾效益显著，水利保障水平不断提高。

1.1 江苏水系概况

江苏省地处江淮沂沭泗诸河下游，江苏境内河湖密布，水域面积为 1.73 万 km^2，占全省总面积的 16.9%，其中河道、沟渠、水库、塘坝等水域面积为 1.05 万 km^2，湖泊水域面积为 0.68 万 km^2。流域面积 50 km^2 及以上河道 1 495 条，省内总长度 4.10 万 km，其中流域面积 1 000 km^2 及以上河道 15 条，长度 0.66 万 km，流域面积 50 km^2 以下至乡镇级主要河道 10 208 条，长度 4.83 万 km；面积 0.5km^2 以上、城市市区内、作为城市饮用水源地的湖泊（湖荡）137 个；大、中、小型水库 1 083 座，其中蓄水 1 亿 m^3 以上的大型水库 6 座，还有小型沟渠 140 万条，塘坝 28 万个。

境内河湖分属长江、淮河两大流域，以仪六丘陵经江都、328 国道到如泰运河一线作为江淮分水岭。淮河流域分为淮河和沂沭泗两个水系，长江流域分为长江和太湖两个水系。以流域性河湖为界，兼顾自然地理区划、农业区划等，内部划分为 17 个水利分区（即防洪分区）。主要干河有苏北的新沭河、新沂河、苏北灌溉总渠、入江水道、淮沭新河、

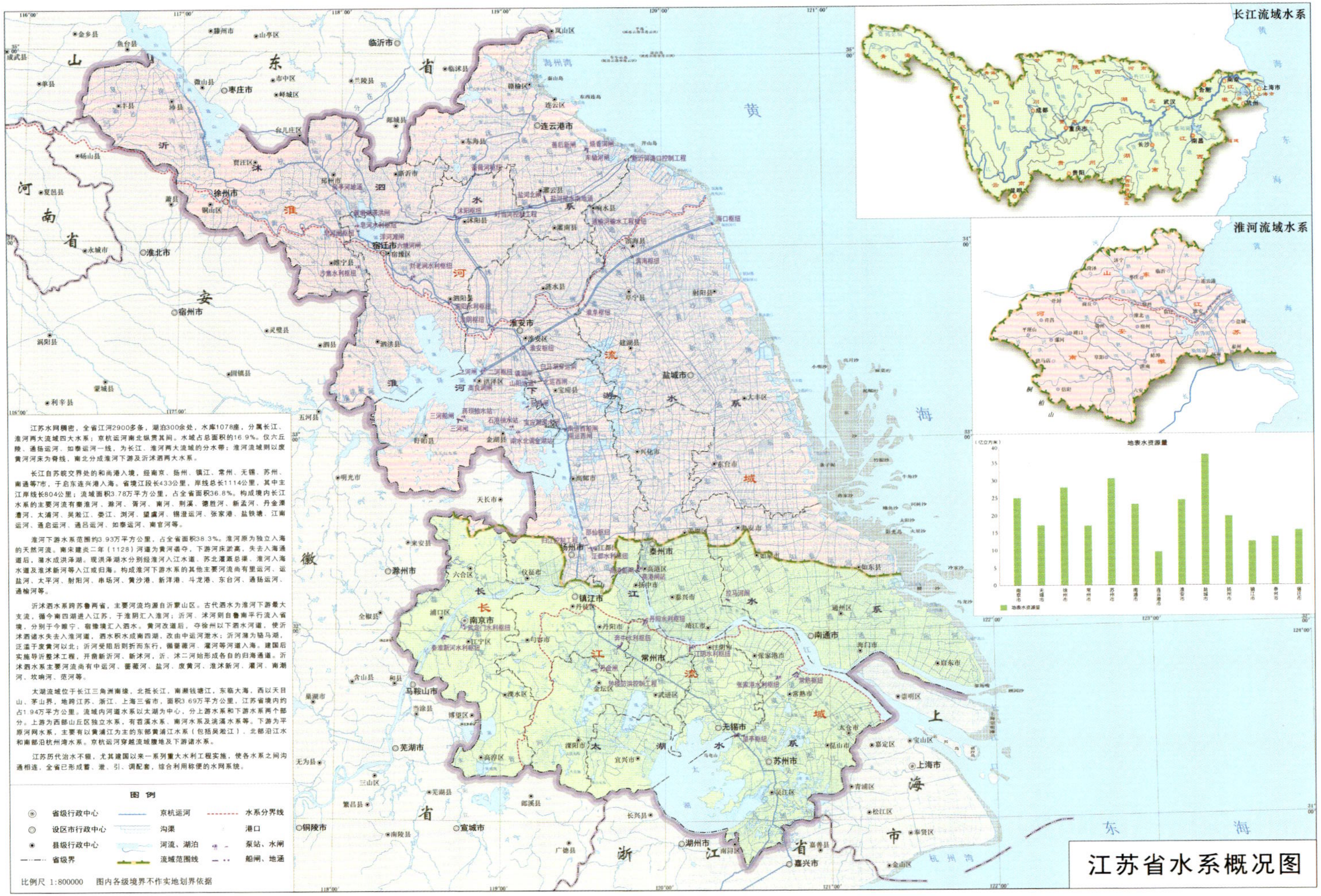

江苏水网稠密，全省江河2900多条，湖泊300余处，水库1078座，分属长江、淮河两大流域四大水系；京杭运河南北纵贯其间。水域占总面积的16.9%。仪六丘陵、通扬运河、如泰运河一线，为长江、淮河两大流域的分水带；淮河流域则以废黄河河床为脊线，南北分成淮河下游及沂沭泗两大水系。

长江自苏皖交界处的和尚港入境，经南京、扬州、镇江、常州、无锡、苏州、南通等7市，于启东连兴港入海。省境江段长433公里，岸线总长1114公里，其中主江岸线长804公里；流域面积3.78万平方公里，占全省面积36.8%。构成境内长江水系的主要河流有秦淮河、滁河、胥河、南河、荆溪、德胜河、新孟河、丹金溧漕河、太浦河、吴淞江、娄江、浏河、望虞河、锡澄运河、张家港、盐铁塘、江南运河、通启运河、通吕运河、如泰运河、南官河等。

淮河下游水系范围约3.93万平方公里，占全省面积38.3%。淮河原为独立入海的天然河流。南宋建炎二年（1128）河道为黄河袭夺，下游河床淤高，失去入海通道后，潴水成洪泽湖。现洪泽湖水分别经淮河入江水道、苏北灌溉总渠、淮河入海水道及淮沭新河等入江或归海。构成淮河下游水系的其他主要河流尚有里运河、运盐河、太平河、射阳河、串场河、黄沙港、新洋港、斗龙港、东台河、通扬运河、通榆河等。

沂沭泗水系跨苏鲁两省，主要河流均源自沂蒙山区。古代泗水为淮河下游最大支流，循今南四湖进入江苏，于淮阴汇入淮河；沂河、沭河则自鲁南平行流入省境，分别于今睢宁、宿豫境汇入泗水。黄河改道后，夺徐州以下泗水河道，使沂沭泗诸水失去入淮河道，泗水积水成南四湖，改由中运河泄水；沂河潴为骆马湖，泛滥于废黄河以北；沂河受阻后则折而东行，循蔷薇河、灌河等河道入海。建国后实施导沂整沭工程，开凿新沂河、新沭河，沂、沭二河始形成各自的归海通道。沂沭泗水系主要河流尚有中运河、蔷薇河、盐河、废黄河、淮沭新河、灌河、南潮河、坎响河、范河等。

太湖流域位于长江三角洲南缘，北抵长江，南濒钱塘江，东临大海，西以天目山、茅山界，地跨江苏、浙江、上海三省市，面积3.69万平方公里，江苏省境内约占1.94万平方公里。流域内河道水系以太湖为中心，分上游水系和下游水系两个部分。上游为西部山丘区独立水系，有苕溪水系、南河水系及洮滆水系等。下游为平原河网水系，主要有以黄浦江为主的东部黄浦江水系（包括吴淞江）、北部沿江水和南部沿杭州湾水系。京杭运河穿越流域腹地及下游诸水系。

江苏历代治水不辍，尤其建国以来一系列重大水利工程实施，使各水系之间沟通相连，全省已形成蓄、泄、引、调配套，综合利用称便的水网系统。

新通扬运河，苏南的太浦河、望虞河、南河－南溪河、吴淞河、秦淮河、新沟河、新孟河等。平原低洼地区，河湖连通，水网交错，无明显分水岭，通常以天然形成的高地或人工修筑的河堤道路以及河水的主要流向来划分水系。京杭运河自北向南纵贯全省，江河湖库相连接，形成江苏水系的主体框架。大陆海岸线自北向南长达 953.9 km，海陆相邻，滩涂较大。

1. 淮河流域

淮河流域地处我国东部，西起桐柏山、伏牛山，东临黄海，南以大别山、江淮丘陵、328 国道、如泰运河与长江流域分界，北以黄河南堤、沂蒙山脉分水岭与黄河流域毗邻。流域跨湖北、河南、安徽、江苏、山东五省 40 个市 160 个县（市），流域面积为 27 万 km^2。其中江苏面积 6.40 万 km^2，约占流域总面积的 24%。

（1）淮河水系

江苏境内淮河水系以仪六丘陵经江都、328 国道至如泰运河一线与长江流域分界，北以废黄河与沂沭泗水系分界，境内面积 3.86 万 km^2（淮河水系总面积 19.02 万 km^2，江苏省约占 20%）。

淮河上中游来水经洪泽湖调蓄后，分三路入江入海，向南由淮河入江水道借江归海，向东经淮河入海水道、苏北灌溉总渠、废黄河入黄海，向北可相机经分淮入沂由新沂河入黄海。其内部又分为洪泽湖周边及以上、白马湖高宝湖、渠北、里下河等区域性水系，其中里下河区域为独立入海水系，主要由射阳河、黄沙港、新洋港、斗龙港、川东港等河道入海。

（2）沂沭泗水系

沂沭泗水系位于废黄河以北，南接淮河下游水系，北以沂蒙山脉与黄河流域分界，江苏境内沂沭泗水系面积 2.54 万 km^2（沂沭泗水系总面积 7.96 km^2，江苏省约占 32%），分为沂河（新沂河）、沭河（新沭河）、中运河等干河水系。上游来水由沂河、沭河、邳苍分洪道、中运河等主要河道经南四湖、骆马湖、石梁河水库调蓄后，由新沂河、新沭河东泄入黄海。其内部又分为南四湖湖西、骆马湖以上中运河两岸、沂北（含沭北）、沂南、废黄河等区域性水系。

2. 长江流域

长江是我国第一大河流，干流全长 6 300 余 km，总落差约 5 400 m，横贯我国西南、华中、华东三大区，流经青海、四川、西藏、云南、重庆、湖北、湖南、江西、安徽、江苏、上海等 11 个省（自治区、直辖市）注入东海，支流展延至贵州、甘肃、陕西、河南、浙江、广西、广东、福建等 8 省（自治区）。流域面积约 180 万 km^2，其中江苏面积 3.90 万 km^2，约占流域总面积的 2%。长江南岸茅山山脉以东、宜溧山地以北为相对独立的太湖水系。

（1）长江水系

除太湖水系外，江苏长江水系面积 1.91 万 km^2，可分为石臼湖固城湖、秦淮河、滁河和苏北沿江等区域性水系。石臼湖固城湖水系是长江下游南岸支流水阳江、青弋江、漳河流域（流域总面积 18 850 km^2）的组成部分，江苏境内面积 1 299 km^2，约占 7%，由天生桥河连接秦淮河水系，由胥河连接太湖水系；秦淮河水系，上游有句容河、溧水河两源，秦淮河干流至东山又分为秦淮新河和外秦淮河两支分别入江；滁河是长江下游北岸的一条支流，总面积 8 015 km^2，江苏位于其下游，境内面积 1 633 km^2，约占 20%，由驷马山河、马汊河、滁河干流等分流入江。

（2）太湖水系

太湖水系是长江流域的组成部分，地处长江三角洲的南翼，北抵长江，东临东海，南滨钱塘江，西以天目山、茅山为界。流域面积为 3.69 万 km^2，行政区划分属江苏、浙江、上海和安徽三省一市。根据国家现行流域管理体制，太湖水系及东南诸河水系由太湖流域管理局管理，太湖水系亦称太湖流域。

江苏境内太湖水系面积 1.96 万 km^2，约占流域总面积的 53%。内部分为太湖湖西、武澄锡虞、阳澄淀泖、浦南等区域性水系。流域上游来水经太湖调蓄后，北由望虞河等通江诸河入长江，东由太浦河入黄浦江，南由杭嘉湖诸河入钱塘江，京杭运河（苏南段又称江南运河）穿越腹地。

1.2　工程体系概况

江苏地处江淮沂沭泗下游，受流域洪水威胁严重，因洪致涝矛盾突出。按照“蓄泄兼筹”的方针，沂沭泗水系基本建成“东调南下”工程体系，兴建骆马湖、微山湖和石梁河水库，提高沂沭泗上游来水调蓄能力，新开新沭河、新沂河，拓浚中运河，整治沂沭邳，排洪入海；淮河水系兴建洪泽湖控制工程、加固洪泽湖大堤，提高淮河来水调蓄能力，新开淮河入海水道、分淮入沂、苏北灌溉总渠，整治淮河入江水道，基本形成淮河洪水入江归海相机入沂格局，结束了流域大洪水在里下河地区遍地漫流的状况；长江流域通过加固江堤海塘、整治节点，兴建港汊控制建筑物，初步稳定了河势，提高了挡御长江洪水的能力；太湖水系兴建太湖控制线调蓄上游来水，开挖太浦河、望虞河等骨干引排河道，加强圩区治理，初步建立流域、城市、圩区三个层次的防洪除涝工程体系；沿海地区整修海堤，兴建河口闸，挡御了海潮入侵。

在治理流域洪水、约束洪水归槽的基础上，开展了大规模的区域治涝工程，全省境内被流域性排洪高水河道分割成多个分区，实行分区分级排水。按照洪涝分治、高低分排、内外分开的原则，丘陵山区兴建水库塘坝、环山开沟、串联库塘，形成长藤结瓜、分级

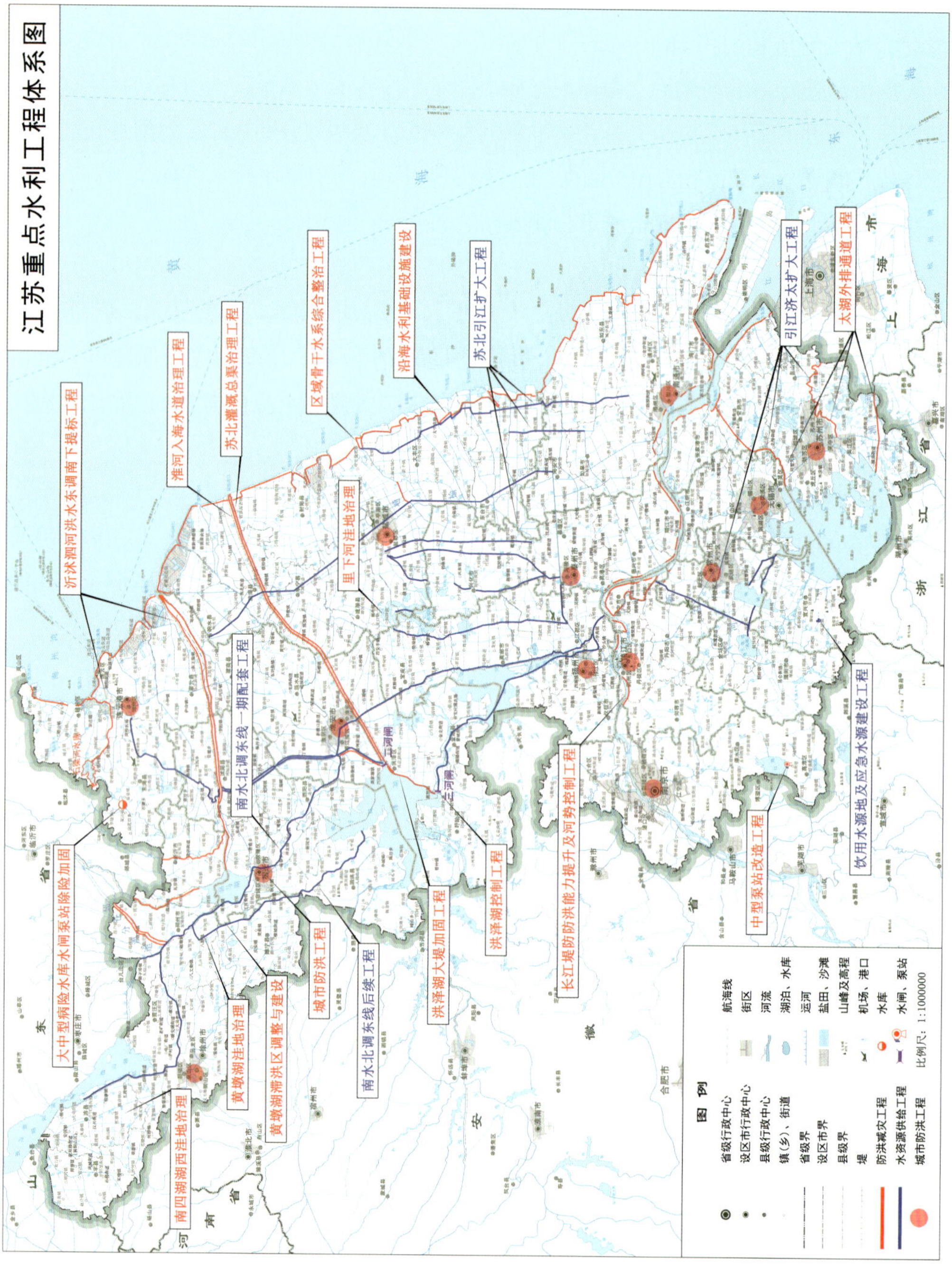
江苏重点水利工程体系图
沂沭泗河洪水东调南下提标工程
淮河入海水道治理工程
苏北灌溉总渠治理工程
区域骨干水系综合整治工程
沿海水利基础设施建设
苏北引江扩大工程
引江济太扩大工程
太湖外排通道工程
里下河洼地治理
南水北调东线一期配套工程
长江堤防防洪能力提升及河势控制工程
饮用水源地及应急水源建设工程
中型泵站改造工程
洪泽湖控制工程
洪泽湖大堤加固工程
南水北调东线后续工程
城市防洪工程
黄墩湖滞洪区调整与建设
黄墩湖洼地治理
南四湖湖西洼地治理
大中型病险水库水闸泵站除险加固
黄 海
东 海
山 东 省
河 南 省
安 徽 省
浙 江 省
上 海 市
图 例
省级行政中心
设区市行政中心
县级行政中心
镇（乡）、街道
省级界
设区市界
县级界
堤
防洪减灾工程
水资源供给工程
城市防洪工程
航海线
街区
河流
湖泊、水库
运河
盐田、沙滩
山峰及高程
机场、港口
水库
水闸、泵站
比例尺：1:1000000

截水的排水格局；平原坡地浚挖排水干河、建设大中型机电抽排站，形成高低分排的分级排水格局；圩区联圩并圩、加固圩堤，发展机电排水，区域防洪除涝工程体系基本形成。20 世纪 90 年代以来，突出推进城市防洪建设，建设城市防洪保护圈，拓浚城市河道，增设排涝泵站，基本形成城市防洪除涝工程体系。

目前，沂沭泗水系防洪能力基本达到 50 年一遇标准，淮河水系基本达到 100 年一遇标准，长江干流堤防防洪能力基本达到《长江流域综合利用规划简要报告》规划标准（基本相当于 50 年一遇），海堤防潮能力达到 50 年一遇高潮加 10 级风浪的标准，太湖流域防洪能力达到防御 1954 年型洪水（50 年一遇）标准。区域防洪标准，太湖流域各区和里下河地区基本达到 20 年一遇，其他区域的主要河道堤防一般为 10 ～ 20 年一遇。区域除涝标准，太湖流域大部分地区达到或超过 10 年一遇，部分地区 5 ～ 10 年一遇；沿江地区 5 ～ 10 年一遇；淮河流域一般在 5 年一遇，因洪致涝地区 3 ～ 5 年一遇，其中苏皖、苏鲁边界地区不足 3 年一遇。省辖市中心城区防洪能力基本达到 100 ～ 200 年一遇标准，排涝标准一般在 10 ～ 20 年一遇。

防洪减灾效益显著。先后战胜了 1954 年、1957 年、1974 年、1991 年、1998 年、1999 年、2003 年、2007 年、2013 年、2016 年、2020 年等流域性大洪水，基本保障了人民生命财产安全，保证了大面积地区免受洪水袭击，70 年来累计减灾面积 32 238 万亩[①]，共实现防洪净效益 16 501 亿元（当年价）（18 823 亿元，2010 年不变价，以下同）。其中，1998 年长江大洪水，长江干堤直接减免受灾面积 336 万亩，实现防洪净效益 320 亿元（312 亿元）；1999 年太湖大洪水，防洪工程直接减免受灾面积 444 万亩，实现防洪净效益 291 亿元（292 亿元）；2003 淮河大洪水，防洪工程直接减免受灾面积 1 698 万亩，实现防洪净效益 570 亿元（548 亿元）。2020 年全域大洪水，实现防洪减灾效益 1 207 亿元。

在水资源供给方面，扎根长江，蓄引提调，优化配置，建成覆盖全省范围的跨流域调配水工程体系，保障了生产生活用水需求，有力地促进了经济社会持续快速发展。兴建洪泽湖、骆马湖水库、山丘区水库塘坝和平原地区梯级河网，增加调蓄水量；开辟苏北灌溉总渠，整治京杭运河，浚挖引江河道，完善区域供水网络，增加跨流域、跨区域调水能力；发展农田机电提水灌溉，构建蓄、引、提相结合的供水工程体系，扩大灌溉面积，促进旱改水，提高粮食产量。在此基础上，根据本地径流总量不丰、丰枯不均特点，扎根长江，实施江（南）水北调、江水东引、引江济太，建立起覆盖全省范围的跨流域调水工程体系。江（南）水北调供水系统形成了以江都水利枢纽为龙头，苏北京杭运河、淮沭新河、徐洪河为主要输水河道，9 个梯级 16 座大型提水泵站，串联洪泽湖、骆马湖、微山湖的工程体系，改善了淮北地区供水条件，具

---

① 1 亩 =1/15 hm^2。

备供水出省能力。江水东引系统按“二河引水、三线输水”的格局，开挖了新通扬运河、泰州引江河、通榆河、三阳河，完善了里下河腹部河网，促进了苏北沿海地区发展。引江济太供水系统形成了以望虞河为主要输水干线，多口门引江的供水格局，改善了太湖流域供水条件和区域水环境。目前，全省跨流域跨区域供水网络基本形成，水资源的优化调配能力显著增加，全省灌溉保证率由不足 50% 提高到 75% ～ 95%，生活供水保证率达到 97% 左右，重点工业达到 95% 左右。先后战胜了 1966 年、1978 年、1979 年、1994 年、1995 年、2001 年、2004 年、2011 年、2019 年等多次大干旱，有力地保证了全省经济社会发展和城乡居民生产生活水平提高对水资源的增长需求。

1.3 防洪除涝体系

1.3.1 流域防洪体系

流域洪水是江苏防洪的主要对象，流域防洪工程是全省防洪工程体系中的骨干和重点。江苏总体地势平坦，平原广阔，大部分区域地面高程位于历史最高洪水位以下，其中约 50% 的区域地面高程不足 5 m，全省人口和城市大部分集中在沿江、沿海、沿河及沿湖地区，在低洼平原积累了大量固定资产，主要依靠防洪工程来保护。除丘陵山地、坡地平原（历史最高洪水位之上的区域）、洪泛区（长江水面、海域、调洪湖泊、流域行洪河道）及行蓄滞洪区外，全省受防洪工程保护的面积约 7.3 万 km^2，占全省总面积的 71%，防洪保护区内人口占全省的 81%，国内生产总值占全省的 92%。

1. 沂沭泗水系防洪工程

沂沭泗洪水多发生在 7—8 月。上游鲁南山高坡陡，洪水分流下泄，多路进入江苏，既有沂河、沭河发自沂蒙山区的洪水，又有南四湖湖东山丘区、湖西平原坡水区的来水。山区来水源短流急、来势凶猛、峰尖量大、暴涨暴落，江苏位于中下游坡地平原，河道水浅流缓，蓄泄条件较差，洪涝矛盾突出。70 多年来，沂沭泗水系发生的最大两次洪水在 1957 年和 1974 年，1956 年、1960 年、1963 年、2020 年等年份的洪水也较大。

沂沭泗水系历史上受黄河夺淮影响，水系紊乱，水事矛盾复杂，洪涝灾害严重。1949—1953 年，江苏省实施了“导沂整沭”工程，山东省实施了“导沭整沂”工程（含原属山东省的徐州专区和新海连市）。新沂河按行洪 3 500 m^3/s、新沭河按 3 800 m^3/s 设计，总沭河按 2 500 m^3/s、沂河临沂至华沂段按 3 500 m^3/s 复堤，并辟骆马湖、黄墩湖为临时拦洪水库；1954—1957 年秋，沂河按 2 500 m^3/s、新沂河按 4 500 m^3/s 复堤。1957 年冬—1971 年，中运河和新沂河扩大，南四湖湖西大堤、沂河和总沭河堤防加固，邳苍分洪道和宿迁大控制等工程实施。1972—1990 年，东调南下工程实施，因国家财力紧张，

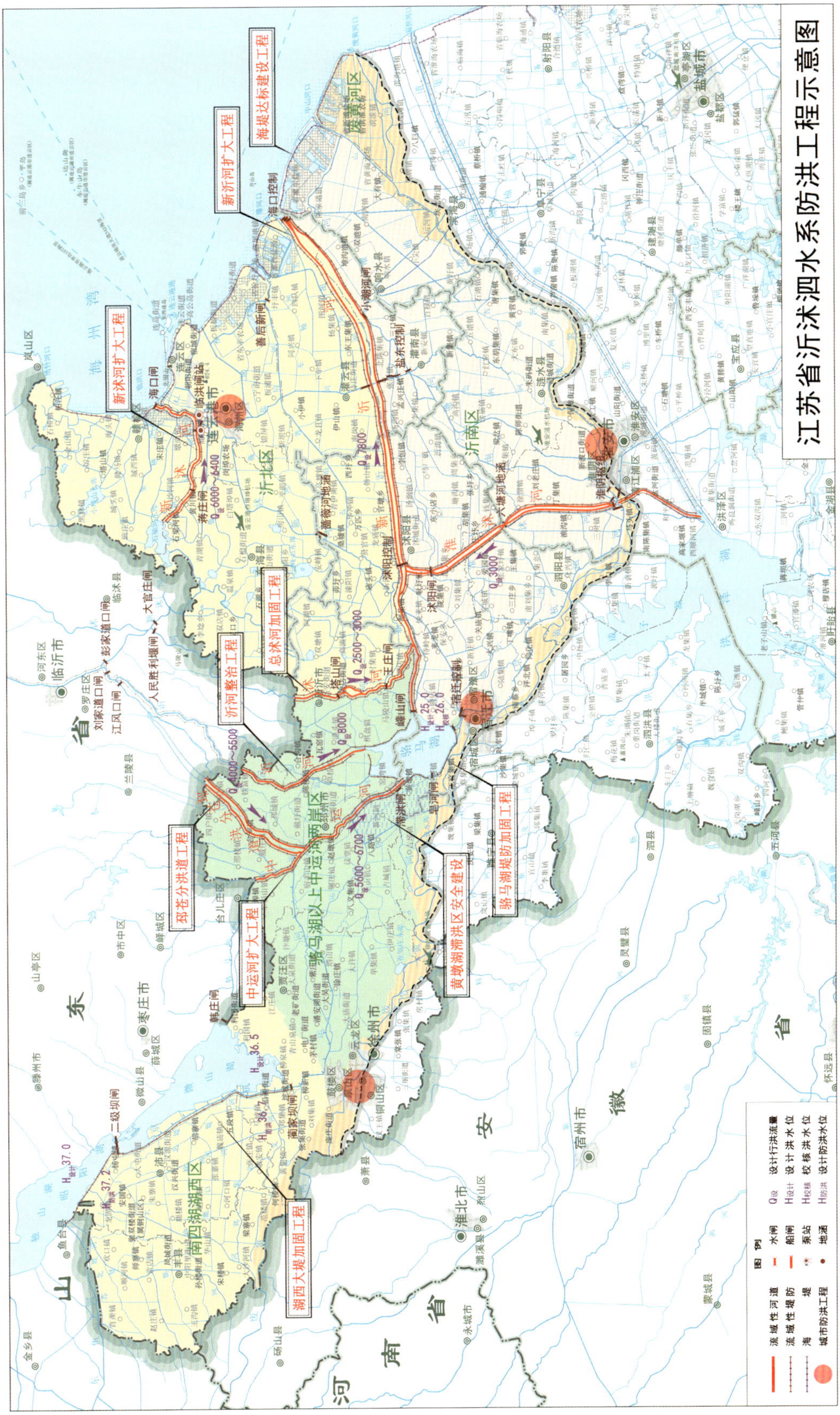
江苏省沂沭泗水系防洪工程示意图
新沂河扩大工程
海堤达标建设工程
新沭河扩大工程
总沭河加固工程
沂河整治工程
邳苍分洪道工程
中运河扩大工程
骆马湖堤防加固工程
黄墩湖滞洪区安全建设
湖西大堤加固工程
南四湖湖西区
骆马湖以上中运河西岸区
沂北区
沂南区
图例
流域性河道
流域性堤防
海堤
城市防洪工程
水闸
船闸
泵站
地涵
Q设 设计行洪流量
H设计 设计洪水位
H校核 校核洪水位
H防洪 设计防洪水位

至1981年大部分工程停缓建，主要实施了新沂河除险加固、新沭河太平庄闸上中泓开挖、总沭河复堤、南四湖湖西大堤加固。1986—1987年黄墩湖滞洪区实施安全建设；1991—2004年东调南下一期工程实施；2005—2015年黄墩湖滞洪区安全建设工程，新沂河、新沭河、沂河、沭河、邳苍分洪道、中运河整治及骆马湖堤防加固等东调南下二期工程实施。

沂沭泗流域防洪按照“蓄泄兼筹”的方针和“东调南下”布局，上游山丘区利用水库拦蓄洪水；中下游修建沂沭河洪水控制建筑物，扩大分沂入沭水道和新沭河排洪能力，使沂沭河洪水尽量就近东调入海，腾出骆马湖、新沂河部分蓄洪、排洪能力，接纳南四湖洪水，相应扩大南下的韩庄运河、骆马湖以上中运河和骆马湖以下新沂河排洪能力，使南四湖和沂河洪水通过新沂河顺利入海。

目前沂沭泗中下游地区骨干河道防洪标准达到50年一遇，南四湖湖西堤能防御1957年洪水（约90年一遇）。设计行洪流量，沂河江风口以下8 000 m^3/s，总沭河2 500～3 000 m^3/s，新沭河6 000～6 400 m^3/s，邳苍分洪道4 000～5 500 m^3/s，中运河5 600～6 700 m^3/s，新沂河7 500～7 800 m^3/s。设计洪水位，南四湖上级湖37.0 m、下级湖36.5 m，湖西堤设防水位上级湖37.2 m、下级湖36.7 m，骆马湖设计洪水位25.0 m、校核洪水位26.0 m。当骆马湖水位超过24.5 m时，由皂河控制退守宿迁大控制；当骆马湖水位达到25.5 m时，预报水位将超过26.0 m，启用黄墩湖滞洪区滞洪。必要时，骆马湖以下中运河参与泄洪，与区间排水错峰泄洪。

2. 淮河水系防洪工程

淮河流域洪水多发生在6—8月，特别是在中游，淮北支流洪水缓慢汇入淮河的同时，淮河干流上游与淮南山区各支流又接连发生洪水，受淮河干流洪河口至正阳关河道弯曲、平缓、泄洪能力小的影响，河道水位迅速抬高，洪水经两岸行蓄洪区调蓄后至正阳关洪峰既高又胖，且洪水总量大、持续时间长，往往一次洪水过程长达30天甚至更长，使威胁更加严重。上中游洪水注入洪泽湖，洪泽湖是一座“悬湖”，湖底高程高出下游地面4～8 m，洪水位更高出10 m以上，直接关系到下游2 700多万人口、2 600多万亩耕地的大范围安全，一旦失事，后果不堪设想。近百年来洪泽湖遭遇16次较大洪水，其中1921年、1931年、1954年、1991年、2003年、2007年六次流域性大洪水灾害较为严重。

中华人民共和国成立之后，按照“蓄泄兼筹、以泄为主”的方针，江苏淮河流域开展了大规模的防洪工程建设。20世纪50年代至60年代初期，开挖了洪泽湖排洪入海、结合发展灌溉的苏北灌溉总渠，整治了淮河入江水道，加固培修了里运河堤防、洪泽湖大堤，兴建了高良涧闸、三河闸、二河闸等，并开始兴建淮河与沂沭泗河两大水系相互调度的分淮入沂工程等。20世纪60年代中期至70年代，全面加固洪泽湖大堤，整治和扩大淮河入江水道，并建成淮河入江水道口门控制的万福闸、芒稻闸、太平闸、金湾闸，实施了分淮入沂续建工程。1991年淮河大水后，先后实施了淮北大堤加固、洪泽湖大堤

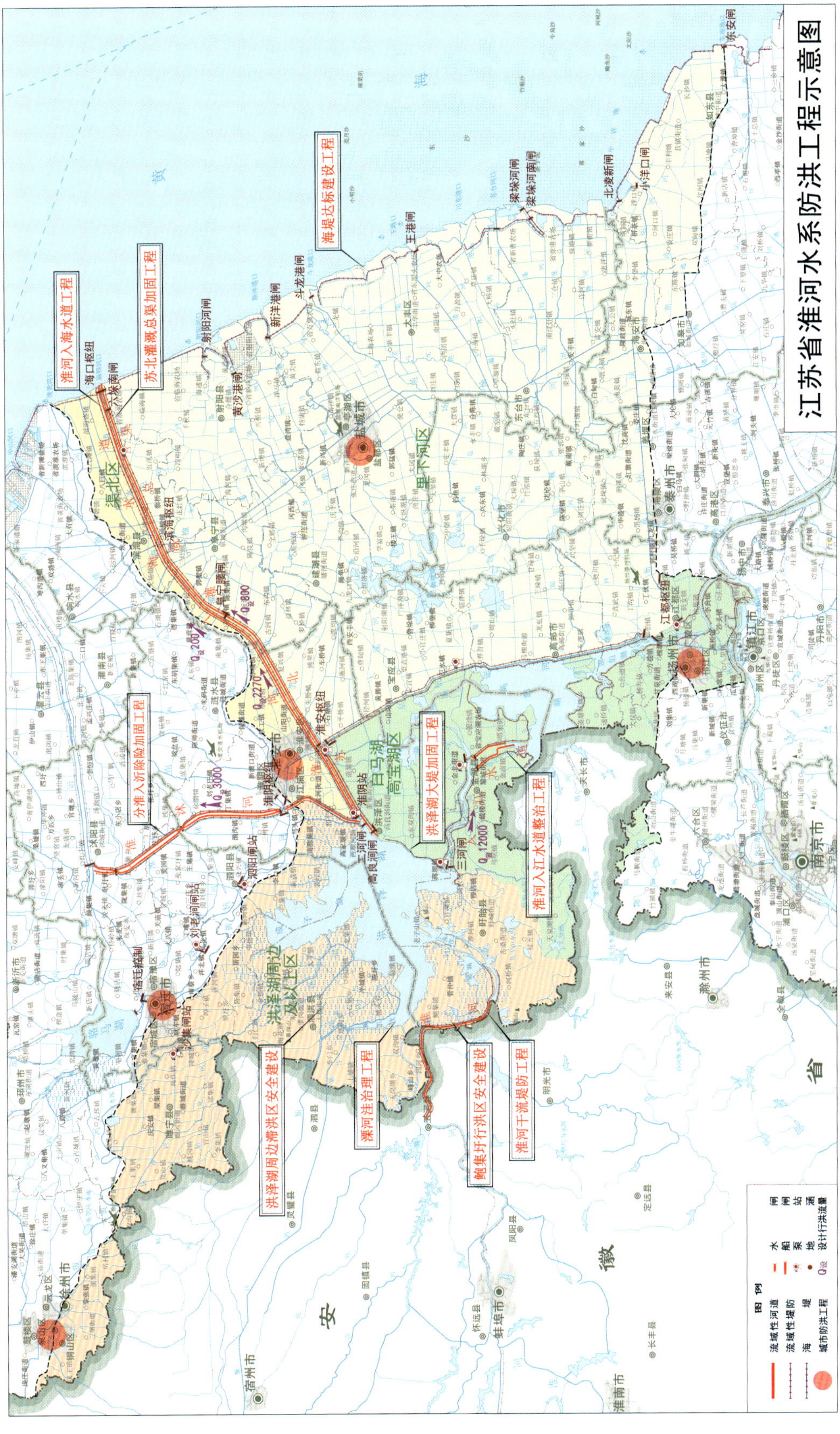
江苏省淮河水系防洪工程示意图
淮河入海水道工程
苏北灌溉总渠加固工程
海堤达标建设工程
分淮入沂除险加固工程
洪泽湖大堤加固工程
淮河入江水道整治工程
洪泽湖周边滞洪区安全建设
濉河洼治理工程
鲍集圩行洪区安全建设
淮河干流堤防工程
渠北区
里下河区
白马湖高宝湖区
洪泽湖周边及以上区
图例
流域性河道
流域性堤防
海堤
城市防洪工程
水闸
船闸
泵站
地涵
设计行洪流量

加固、淮河入江水道整治、分淮入沂整治、怀洪新河整治、奎濉河近期治理、湖洼及支流治理、鲍集圩行洪区安全建设、里下河地区治理等工程。2003 年建成淮河入海水道一期工程。从 2011 年起开展新一轮治淮工程建设，基本完成了淮河入江水道整治、分淮入沂整治、洪泽湖大堤加固、里下河川东港整治、新汴河治理工程等。

根据流域水系、地形和洪水特点，淮河流域防洪规划按照“蓄泄兼筹”的治淮方针，上游加固病险水库，兴建控制性水库，开展水土保持；中游整治河道、加固堤防，进行行蓄洪区调整和建设，建设临淮岗洪水控制工程；下游巩固现有河道的排洪能力，兴建淮河入海水道工程。目前，洪泽湖及淮河下游保护区防洪标准基本达到 100 年一遇。入江水道设计行洪流量 12 000 m^3/s，入海水道一期工程设计行洪流量 2 270 m^3/s，分淮入沂设计分洪流量 3 000 m^3/s，苏北灌溉总渠加废黄河设计行洪流量 1 000 m^3/s。规划通过实施淮河入海水道二期工程、洪泽湖周边滞洪区安全建设等，进一步提高洪泽湖下游防洪保护区防洪标准到 300 年一遇。

3. 长江水系防洪工程

长江流域大部分地区处于季风气候区，降水丰沛，多年平均降水量 1 100 mm，多年平均径流量 9 560 亿 m^3，汛期 5—10 月雨量约占全年的 70% ～ 90%，尤其是 6 月中旬至 7 月上旬的梅雨季节，雨区覆盖范围大，暴雨集中，常常引发流域性洪水，洪水呈现峰高量大、持续时间长等特点，对处于下游低洼平原的江苏省威胁较大，尤其是大洪水期常遇沿海风暴潮，对堤防安全、河势稳定、两岸排水等影响更大。长江中下游河道水沙丰沛且变化幅度大，导致主流摆动大、河床冲淤幅度大、崩岸切滩频繁，河道演变极为复杂，历史上江苏省长江经常发生江岸崩坍、主流变化、河势失稳等剧烈变化，影响较大。中华人民共和国成立后，先后发生了 1954 年、1974 年、1981 年、1983 年、1991 年、1996 年、1997 年、1998 年、1999 年、2016 年和 2020 年等流域大洪水或台风高潮。

江苏长江堤防先后于 20 世纪 50 年代、70 年代、80 年代进行了三次加高培厚，形成了较完善的防洪工程体系。1997 年 11 号台风后，江堤达标建设工程实施，至 2003 年基本完成，累计加固土堤 1 533 km，新建、改建护坡长 1 192 km，加固大中型闸 47 座，新建和加固护岸 140 km，堤防灌浆及插塑 850 km。近年来南京等地逐步开展江堤防洪能力提升工程建设，进一步巩固堤防。河道整治也从 20 世纪 50 年代、70 年代的局部保坍、重点部位控制，发展到 80 年代南京、镇扬两河段的初步系统治理，以及 90 年代的全河段节点控制。1998 年长江大水后，相继实施了南京河段下关浦口沉排及抛石护岸加固、镇扬河段二期整治和扬中河段、澄通河段、河口段（江苏）一期整治工程，南京河段二期整治工程、和畅洲左汊口门控制工程、新济洲河段河道综合整治工程，新通海沙水道、通州沙西水道、铁黄沙和福山水道综合整治工程等，交通部门实施了深水航道整治工程；全省境内长江崩岸长度约 450 km，累计护岸 384 km。

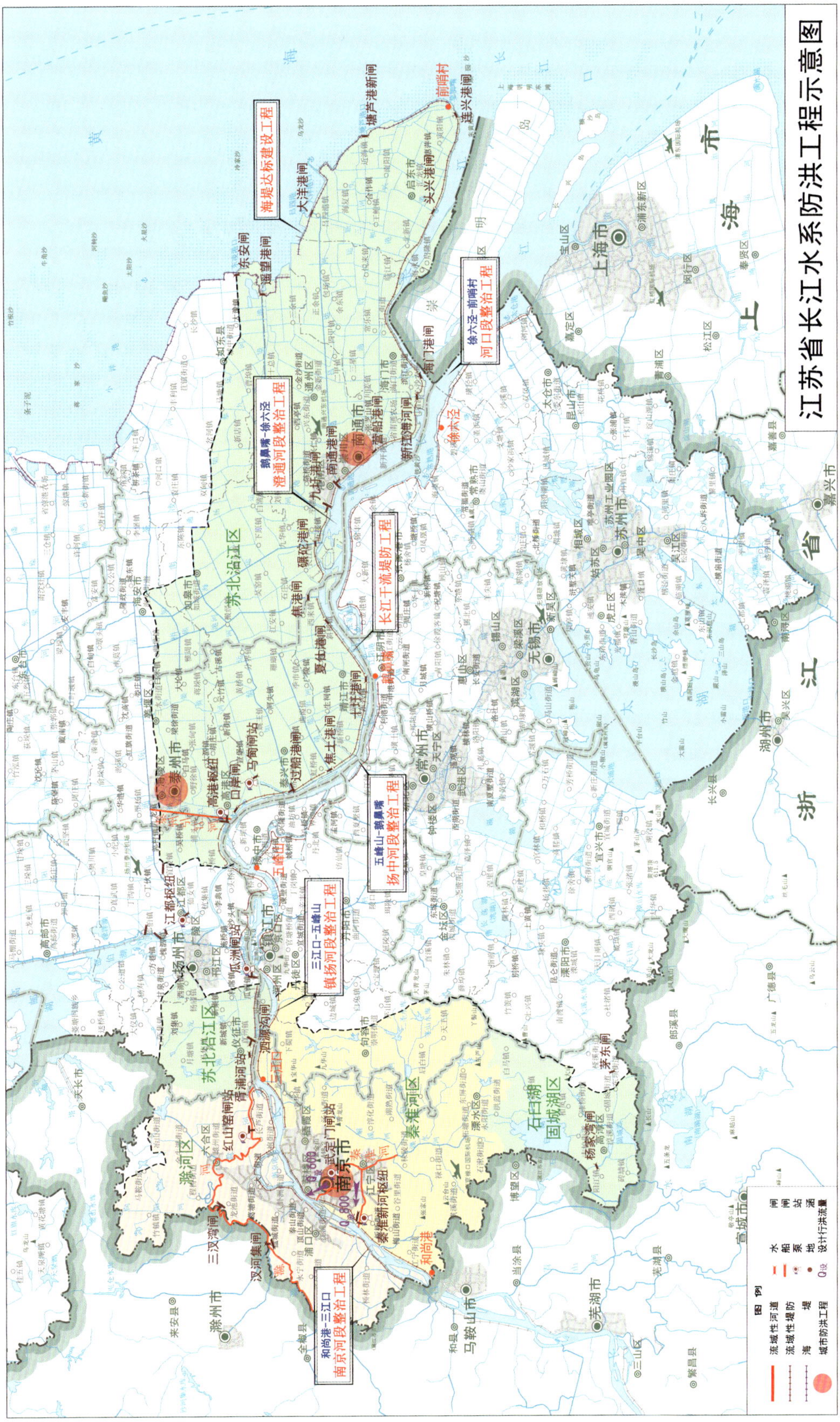
江苏省长江水系防洪工程示意图
海堤达标建设工程
鹅鼻嘴—徐六泾
澄通河段整治工程
长江干流堤防工程
徐六泾—前哨村
河口段整治工程
五峰山—鹅鼻嘴
扬中河段整治工程
三江口—五峰山
镇扬河段整治工程
和尚港—三江口
南京河段整治工程
苏北沿江区
滁河区
秦淮河区
石臼湖
固城湖区
图例
流域性河道
流域性堤防
海堤
城市防洪工程
水闸
船闸
泵站
地涵
设计行洪流量

根据长江流域综合治理规划，长江流域逐步形成了以堤防为基础，三峡工程为骨干，干支流水库、蓄滞洪区、河道整治相配合的综合防洪体系。江苏地处长江下游，采取“固堤防，守节点，稳河势，止崩坍”的防洪策略，形成了较为完善的堤防挡洪和河势控制工程体系，基本可以防御 1954 年型洪水（约 50 年一遇），长江河势得到初步控制，总体较为稳定，为沿江开发奠定了基础。规划推进江堤防洪能力提升工程建设，进一步巩固长江干支堤防，满足防御 1954 年型洪水的要求，河口段、重点城市和开发区段堤防按防御 100 年一遇洪潮水位加固；继续加强重点险工、主要节点、分汊河道和洲滩治理，保障岸线稳定。

4. 太湖水系防洪工程

太湖流域属亚热带季风气候区，雨量丰沛，多年平均降水量 1 177 mm。6—7 月份为梅雨期，梅雨期降水总量大、历时长、覆盖范围广，易形成流域性洪水。夏秋两季多台风暴雨，易形成局部区域洪涝。太湖西南部浙西天目山区东、西苕溪水系和湖西地区的南河、洮滆水系高地来水，在涨水初期注入太湖，与沿湖周边河道一起，逼高太湖水位，由于下游阳澄淀泖、武澄锡虞、杭嘉湖等区地势低平，水网通联，流域洪水与环湖各区的区域洪水往往相互交织、串通，河网尾闾受潮汐顶托影响，排水速度慢，排水难度大，太湖水位易涨难消，造成洪涝水共同危害的严重局面。1949 年以来，发生流域性大洪水的年份主要有 1954 年、1991 年、1999 年、2016 年等。

1954 年大水后，水利部组织开展流域综合治理规划，通过长期论证和多年协商，提出了《太湖流域综合治理总体规划方案》（以下简称《总体规划方案》），1987 年经原国家计委批复同意，并于 1991 年大水后全面实施。《总体规划方案》以防洪治涝为主（流域防洪以 1954 年降雨洪水为设计标准，90 天降雨量约相当于 50 年一遇），统筹考虑供水、航运等综合利用。历经十余年努力，“一轮治太”望虞河、太浦河、环太湖大堤以及湖西引排、武澄锡引排等十一项流域综合治理骨干工程全面建成，太湖流域初步形成了“北向长江引排、东出黄浦江供排、南排杭州湾，充分利用太湖调蓄”的防洪与水资源调控工程体系。1998 年水利部启动新一轮流域防洪规划修编工作。1999 年太湖发生特大洪水，对流域治理提出更高要求。2008 年 2 月，国务院批复《太湖流域防洪规划》，明确流域防洪标准由现状不足 50 年一遇提高到 100 年一遇，太湖设计洪水位 4.80 m。2007 年太湖蓝藻爆发引发无锡供水危机，2008 年 5 月，国务院批复同意《太湖流域水环境综合治理总体方案》，掀起了以太湖水环境治理为重点的新一轮综合治理，加快了流域防洪重点骨干工程的实施。目前，“二轮治太”走马塘拓浚延伸工程及望虞河常熟枢纽更新改造、东太湖综合整治等已全面完成，新沟河、新孟河延伸拓浚工程已基本完成，东太湖二期工程待开工建设。

太湖承接浙江天目山区东西苕溪来水及湖西宜溧山区、茅山山区来水，经调蓄后，目前主要由两条河入海、入江，一是太浦河，太湖洪水经太浦闸下泄，洪水穿过京杭运

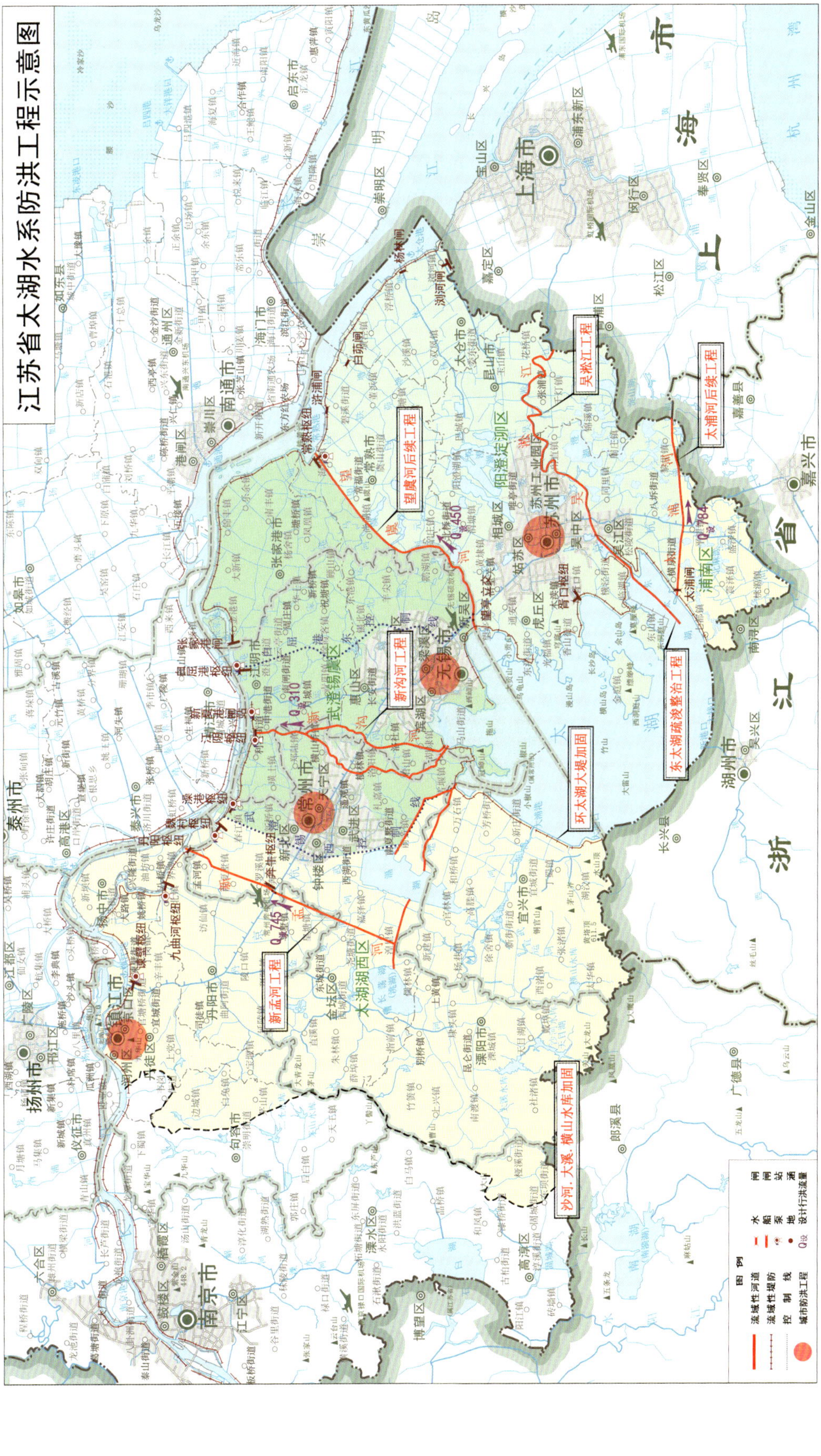
江苏省太湖水系防洪工程示意图
望虞河后续工程
吴淞江工程
太浦河后续工程
新沟河工程
东太湖疏浚整治工程
环太湖大堤加固
新孟河工程
沙河、大溪、横山水库加固
图例
流域性河道
流域性堤防
控制线
城市防洪工程
水闸
船闸
泵站
地涵
设计行流量

河（平交）后沿太浦河向东汇入黄浦江；二是望虞河，洪水经望亭立交下泄后沿望虞河至江边经常熟枢纽排入长江。太湖洪水经两河排泄后，其余洪水依赖环太湖大堤约束，保障周边地区防洪安全。目前，太湖流域基本能够防御 1954 年型 50 年一遇洪水。新一轮《太湖流域防洪规划》确定按照防御流域 100 年一遇洪水目标，坚持“蓄泄兼筹、洪涝兼治”，以“一轮治太”骨干工程为基础，以太湖洪水安全蓄泄为重点，进一步发挥太湖调蓄作用，妥善安排洪水出路，继续完善流域北排长江、东出黄浦江、南排杭州湾的防洪工程布局。

5. 海堤防洪工程

江苏大陆海岸线南起长江口的启东东南圆陀，北至海州湾赣榆苏鲁交界的绣针河口，海岸线全长 954 km，在长江、黄河及淮河入海泥沙沉积共同作用下，海岸线不断东移，1855 年黄河北徙改道后，受沿岸潮流影响，废黄河三角洲段海岸线不断侵蚀后退，随着人工防护工程的不断加强，现状岸线相对稳定。沿岸分为六个地貌区：（1）赣榆兴庄河以北为海州湾北部剥蚀海积平原，其中绣针河口为堆积岸段，柘汪至兴庄河口为侵蚀岸段；（2）兴庄河至灌河口为海州湾淤泥质海积平原，其中云台山以北海岸稳定，云台山以南属重侵蚀岸段；（3）海洲湾中云台山附近的云台山变质岩山地，为基岩港湾海岸；（4）灌河口至射阳河口为废黄河三角洲平原，该段岸线侵蚀严重，目前仍在发展；（5）射阳河口以南至北凌河口为海积平原，为淤长性岸段；（6）北凌河口以南为长江三角洲平原，其中东灶港至蒿枝港为侵蚀岸段，其余岸段稳定偏淤。

为保护沿海地区不受海侵，历史上在沿海地区开展了大量的海堤建设，围垦开发沿海滩涂，但修筑的海堤工程标准低，难以挡御较大风暴的侵袭。中华人民共和国成立后，开始大规模重建或修缮海堤，大部分河口建闸挡潮，经多年建设，形成了较为完整的防潮工程体系，现状主海堤长 854.5 km，其中处于侵蚀性岸段堤长 329 km，严重侵蚀段堤长 102 km。1997 年开始实施第一轮海堤重点堤段达标工程建设，完成投资 13.8 亿元。2006 年起又实施了第二轮海堤重点堤段达标工程建设，至 2010 年底基本完成，完成投资 15.4 亿元。两轮海堤达标建设效果显著，海堤防潮能力基本达到 50 年一遇高潮位加 10 级风浪的标准，成功抵御了近年来多次强台风和天文大潮的袭击，有力保障了人民群众生命财产安全。自 2011 年以来，据不同岸段的风暴潮特性、潮流特征及滩面冲淤规律，按“固堤挡潮、护坡防浪、保滩护岸”的治理方针，继续对重点堤段进行工程防护，对严重侵蚀段及潮滩不稳定区域实施保滩工程，又陆续实施了年度应急治理工程，完成投资 7 亿元左右。

江苏海堤战线长，堤线情况复杂，安全隐患较多，受海潮冲刷和强台风袭击，泥质海岸处于动态变化的过程中，特别是一些侵蚀性岸段的滩地侵蚀仍在加剧、保滩能力薄弱，大规模滩涂围垦区的一些新围海堤尚未经受特大风暴潮考验，因此，巩固和提高海

江苏省海堤防洪工程示意图
堤防工程
建筑物加固
图例
海堤
建筑物
黄
海
海州湾
连云港市
盐城市
淮安市
扬州市
泰州市
镇江市
南京市
常州市
南通市
无锡市
启东市
如东县
射阳县
东台市
大丰区
滨海县
响水县
灌云县
兴化市
高邮市
海安市
如皋市

堤的防潮防台能力，仍是今后的长期任务。

1.3.2 区域排涝

根据水系、地形和洪涝特点，江苏全省划分为17个水利分区，亦称防洪分区，实行分区规划与治理。沂沭泗水系划分为南四湖湖西区、骆马湖以上中运河两岸区、沂北区、沂南区4个分区；废黄河区为独立排水区；淮河水系划分为洪泽湖周边及以上区、渠北区、白马湖高宝湖区、里下河区4个分区；长江流域分为苏北沿江区、滁河区、秦淮河区、石臼湖固城湖区4个分区；太湖流域分为太湖湖西区、武澄锡虞区、阳澄淀泖区、浦南区4个分区。在防洪分区基础上，《江苏省治涝规划》进行了治涝区划工作，将平原洼地（圩区）、滨河（湖）洪水顶托区中低于最高行洪水位的区域、平原坡水区低于历史最高水位的区域划为涝区。江苏治涝分区采用三级区划体系，一级区划由全国统一确定，涉及淮河中下游平原区和长江下游平原区2个。二级及以下涝区由省确定，与防洪分区衔接，综合涝情特征、治理布局等因素，全省共划定二级涝区17个、三级涝区31个。三级涝区划分为91个涝片，实施分区、分片规划与治理。

各防洪治涝分区大都被流域性行洪河湖分割包围，由于区域洪涝与流域洪水经常同步发生，"因洪致涝"问题突出；还有一些分区内外水系相通，本地涝水与流域洪水难以分离，存在"洪涝不分"问题。受地形、工程等各种条件限制，一些区域涝水不能及时排出，洼地容易受涝；如遭遇流域较大洪水，区域涝水外排就更加困难，往往造成大范围淹没。其中面积较大或内部地面高程相差较大的分区，区内上游的涝水压向下游，对下游低地而言，构成了区域洪水。太湖地区和里下河地区所属的老河网地区，区域内的高地水和低洼圩区的外排水均汇入河网，逼高面上河网水位，共同构成对低洼圩区洪水威胁。

在17个水利分区中，直接排水入海的有沂北区、沂南区、渠北区（入海水道行洪时大部分失去排水入海出路）、里下河区，以及废黄河下段地区和通吕通启地区的东部，由于排水路程长、水面比降平缓，加之海潮顶托，改善排水条件的工程量较大。直接排水入长江的有苏北沿江区、滁河区、秦淮河区、太湖湖西区、武澄锡虞区、阳澄淀泖区（其中太湖湖西区和武澄锡虞区南部同时排水入太湖，阳澄淀泖区的淀泖片排水入太浦河），在遭遇长江高水位时，河道排水能力减小，甚至失去排水出路，需要辅以抽排。其他地区的主要排水出路，微山湖湖西排入南四湖，中运河两岸排入中运河及骆马湖，废黄河上段分别排入沂沭泗和淮河水系，洪泽湖周边及以上区排入洪泽湖，白马湖高宝湖区分别排入淮河入江水道、里运河与苏北灌溉总渠，石臼湖固城湖区排入水阳江，浦南区排入太浦河，这些区域排水的出路为流域河湖，因洪致涝经常发生，沿河沿湖低洼圩区需要抽排。

目前各分区普遍存在外排出路不足，河道淤积、湖泊衰减、堤防标准不足、涵闸病

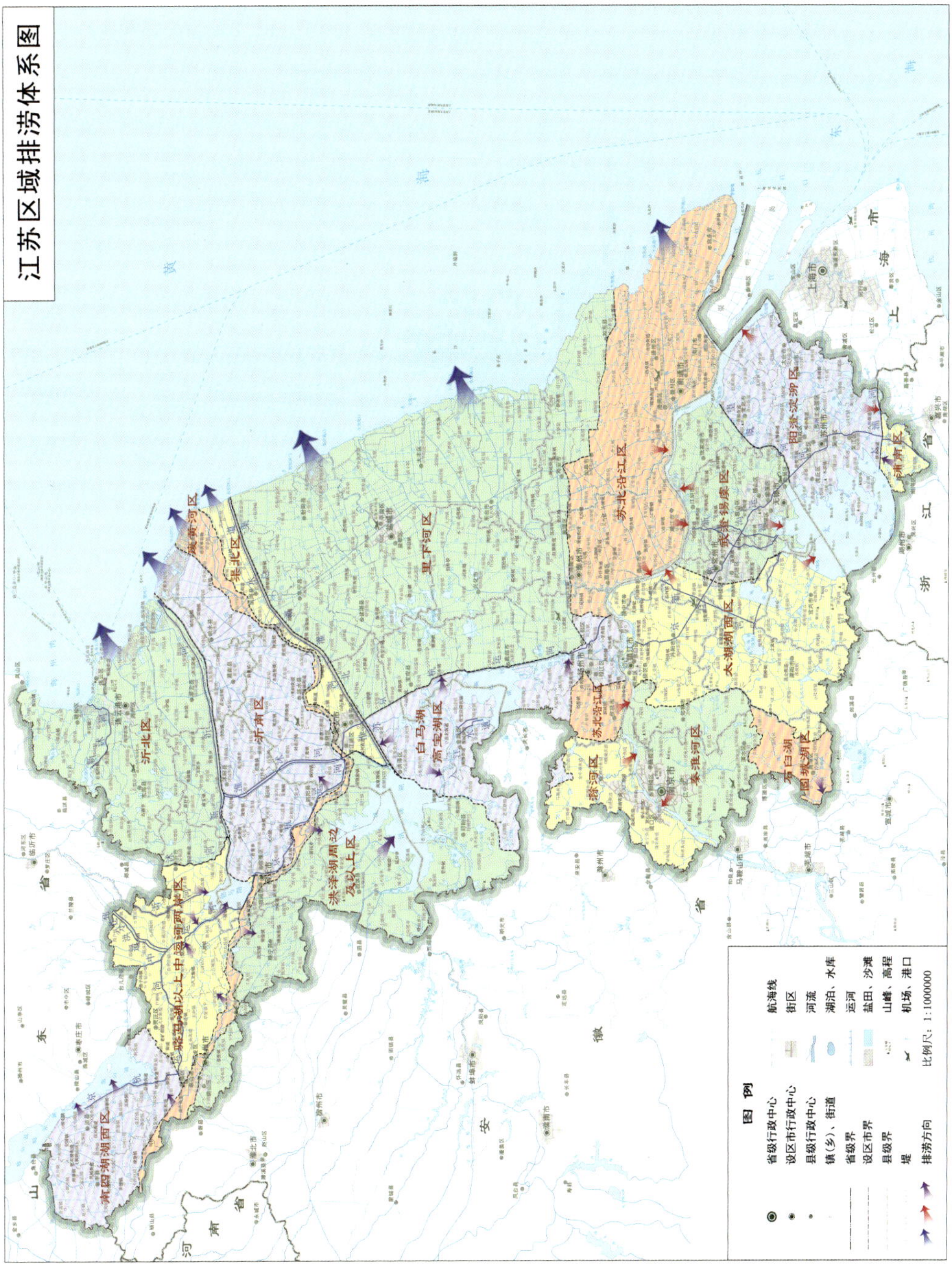
江苏区域排涝体系图
沂北区
沂南区
渠北区
里下河区
白马湖宝应湖区
洪泽湖周边及以上区
骆马湖以上中运河两岸区
南四湖湖西区
苏北沿江区
苏南沿江区
秦淮河区
滁河区
太湖湖西区
武澄锡虞区
阳澄淀泖区
浦南区
石臼湖固城湖区
山东省
河南省
安徽省
浙江省
上海市
图例
省级行政中心
设区市行政中心
县级行政中心
镇（乡）、街道
省级界
设区市界
县级界
堤
排涝方向
航海线
街区
河流
湖泊、水库
运河
盐田、沙滩
山峰、高程
机场、港口
比例尺：1:1000000

险等问题，防洪治涝标准还较低，区域内部防洪标准一般 10 ～ 20 年一遇。区域治涝标准，太湖湖西地区 10 ～ 20 年一遇，其余地区接近 20 年一遇；秦淮河、石臼湖固城湖、滁河区 10 年一遇；苏北沿江与里下河区 5 ～ 10 年一遇；淮河流域其他各区基本达到 5 年一遇，部分因洪致涝洼地 3 ～ 5 年一遇。区域治理关系大范围地区的防洪治涝安全，同时也是众多城镇防洪安全的基础。为了保障全省区域共同发展，规划骨干支流及区域重点排水河道的防洪标准达到 20 年一遇，其中苏南地区骨干排水河道的防洪标准争取达到 20 ～ 50 年一遇。治涝标准，太湖湖西区 10 ～ 20 年一遇，其他地区 20 年一遇；秦淮河、石臼湖固城湖、滁河区 10 ～ 20 年一遇；苏北沿江与里下河区 10 年一遇；其他地区 5 ～ 10 年一遇。

区域治理需要根据各分区的灾害特点与经济社会发展要求，统筹研究区域与流域、区域与城镇、防洪治涝与灌溉供水及改善水环境等相关方面的关系，提出各分区的防洪治涝对策和工程措施。区域洪涝治理按照洪涝分治、高低分排、自排为主、抽排为辅的方针，进行河道清淤，湖荡清理，以及病险涵、闸、站、库除险加固，大力恢复原有排水功能和调蓄能力，在此基础上，进一步扩大排水出路，挖河结合复堤，适当增建洼地抽排站，重点提高低洼易涝地区的治涝标准。

1.4 跨流域调配水体系

江苏降水年内、年际分布不均，蓄水条件差，本地水资源量不足，但入境水量较多，尤其是长江来水丰沛，是可靠的水源，淮沂沭泗诸河、太湖上游来水可用不可靠。根据水源及地形条件，自 20 世纪 60 年代开始，江苏扎根长江，蓄引提调并举，持续开展了跨流域、跨区域调配水工作体系建设，扩大供水覆盖范围，增加向沿海滩涂供水，逐步形成了江水北调供水区、江水东引供水区、引江济太供水区三大供水区，另有沿江分散供水区、纯本地径流供水区分散其间，基本形成了覆盖全省范围的供水工程体系，保障了经济社会发展供水需求。在江水北调工程基础上，根据国家安排，2002—2013 年，实施完成南水北调东线一期工程，进一步提高北调供水区供水标准。

1.4.1 江水北调与南水北调东线工程

江苏江水北调工程是一项扎根长江，实现江淮沂沭泗统一调度、综合治理、综合利用的工程。工程始建于 1961 年，是在原有防洪与治涝工程基础上自行规划、自行投资、自行建设、自行管理的区域性水利工程。经过几十年的建设，已经逐步形成了由 404 km 调水干线河道、9 个翻水梯级、3 座调蓄湖泊、24 座各类泵站、数千座控制建筑物组成的，具有调水、灌溉、防洪、排涝、航运等综合功能的水利工程体系。工程以江都站为起点、京杭运河为输水骨干河道，经过洪泽湖、骆马湖调蓄，可将江水送到南四湖下级湖，沿

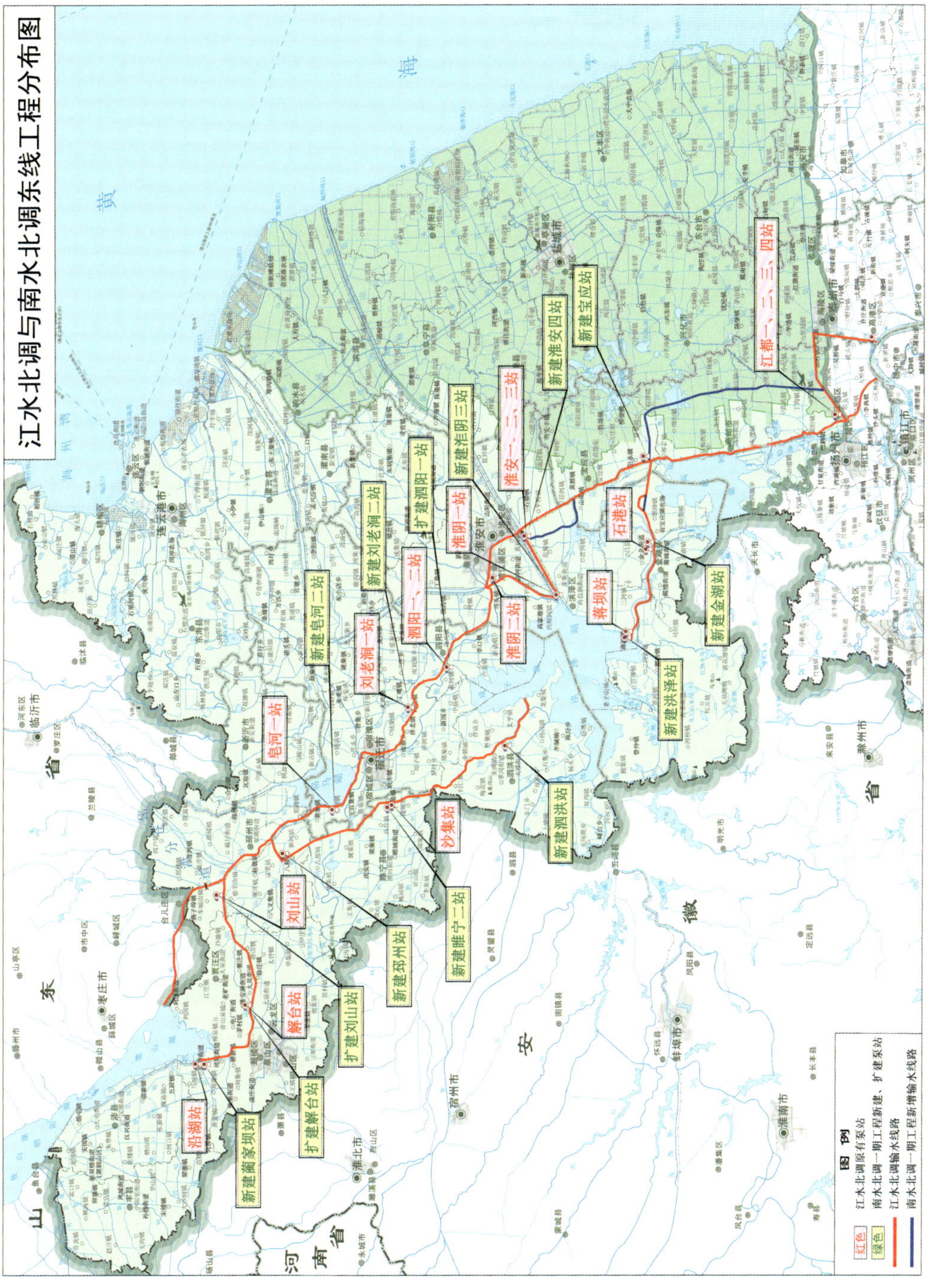
江水北调与南水北调东线工程分布图
黄
海
山
东
省
安
徽
省
河
南
省
江都一、二、三、四站
新建宝应站
新建淮安四站
淮安一、二、三站
新建淮阴三站
淮阴一站
扩建泗阳一站
石港站
新建金湖站
蒋坝站
新建洪泽站
淮阴二站
泗阳一、二站
新建刘老涧二站
刘老涧一站
新建皂河二站
皂河一站
新建泗洪站
沙集站
新建睢宁二站
新建邳州站
刘山站
扩建刘山站
解台站
扩建解台站
新建蔺家坝站
沿湖站
图例
红色 江水北调原有泵站
绿色 南水北调一期工程新建、扩建泵站
江水北调输水线路
南水北调一期工程新增输水线路

途已建成江都、淮安、淮阴、泗阳、刘老涧、皂河、刘山、解台、沿湖等 9 级抽水泵站。工程由江苏省水利厅直属管理处和沿线水利部门管理。

南水北调东线一期江苏段新建工程是在江苏江水北调工程基础上扩大规模、向北延伸，与原有江水北调工程共同组成更为完善的北调供水工程体系，新建工程不具备独立调水出省的功能。新建工程于 2002 年 12 月开工建设，2013 年 11 月建成通水，主要包括调水工程和治污工程两部分，总投资约 265.4 亿元。其中调水工程投资 132.4 亿元，包括新建、改扩建 14 座泵站，加固改造 4 座泵站，扩挖、疏浚、整治 100 km 左右的输水河道，实施里下河水源调整以及洪泽湖、骆马湖、南四湖影响处理工程等。治污工程投资 133 亿元，主要是实施尾水导流工程（30.1 亿元）、工业点源治理、城镇污水处理以及环境综合整治等水污染治理项目，实现输水水质达到地表Ⅲ类水的标准。

南水北调东线一期江苏段工程从扬州长江三江营抽水（泰州高港为备用抽水水源），分运河线、运河西线“两线”经 9 个梯级泵站、利用 3 个调蓄湖泊送水北上，输水干线长 404 km，提水扬程 40 m。其中，运河线由江都站抽引江水，沿高水河、里运河、中运河等河道，经淮安站、淮阴站、泗阳站、刘老涧站、皂河站逐级提水至骆马湖。出骆马湖后，经骆北中运河，一路沿不牢河经刘山站、解台站和蔺家坝站送水至南四湖下级湖出省，另一路沿韩庄运河由山东境内台儿庄泵站调水出省。运河西线由宝应站抽引江水，沿三阳河、潼河、金宝航道、三河，经金湖站、洪泽站逐级调水入洪泽湖，出洪泽湖后沿徐洪河、房亭河等河道，经泗洪站、睢宁站、邳州站逐级调水入骆马湖，之后仍沿不牢河和骆北中运河分别出省。

南水北调东线一期工程建成后，江都梯级（含宝应站）抽水能力从 400 m^3/s 提高到 500 m^3/s，多年平均净增供水水量 36.01 亿 m^3。一是缓解了北方缺水状况。一期工程山东、安徽两省净增供水 16.76 亿 m^3，较好地解决了调水沿线城市及工业用水，改善了北方地区的农业和生态用水条件。二是提高了江苏苏中局部及苏北地区供水保障能力。江苏境内南水北调一期新增工程建成后，长江至洪泽湖段沿线农业用水基本可以得到满足；其他地区供水保证率提高到 75% 左右；同时，省内沿线城市生活、工业生产、航运、生态环境等用水也得到很好保障。三是改善了沿线部分地区防洪排涝条件。四是改善了苏中、苏北部分地区生态环境。南水北调尾水导流、污水处理、工业点源治理、农业面源治理、水环境综合整治等治污工程建成后，苏中、苏北沿线部分地区生态环境将得到持续改善。

江苏江水北调工程运行几十年来，较好保障了江苏北调灌区供水。据统计，江都水利枢纽累计抽引江水 1 361 亿 m^3，同时发挥了防洪排涝、交通航运综合效益，为苏北地区粮食综合生产能力的提升和经济社会的快速发展提供了重要保障。2013 年南水北调东线一期工程建成后，江水北调工程和南水北调新建工程联合运行，发挥了较好的效益。

截至 2022 年 6 月，江苏南水北调工程已经连续 9 年高质量完成向省外调水任务，累计调水出省 54 亿 m^3，工程社会效益、经济效益、生态效益凸显，有效缓解了我国北方地区缺水状况。南水北调新建工程多次投入省内抗旱、排涝、生态补水等事项中，在灌溉、供水、防洪、排涝、航运、生态环境等方面综合效益良好。

1.4.2　江水东引工程

江水东引工程是解决江苏东部沿海地区水源的主要供水工程。规划供水范围包括原江水东引灌区的里下河腹部圩区、斗北垦区、斗南垦区和渠北东部地区、沂南响水地区，以及原属江水北调灌区的沿运沿总渠自灌区中地面高程 2.5 m 以下划入腹部供水的提水灌区（俗称砍尾巴），现状供水总面积 2.04 万 km^2，耕地 1 600 多万亩。此外，根据通榆河北延工程规划，还将通过本区相机补水给连云港东部沿海地区。由于供水区内地面高程大部分低于 5 m，本区主要依靠自流引江供水，在长江潮位低时，由高港泵站提水补给。

江水东引供水区原是淮河下游灌区，20 世纪 60 年代以前，依托淮河治理，从洪泽湖引水灌溉，开挖苏北灌溉总渠形成北干渠，整治里运河、加固里运河大堤形成西干渠，发展沿运河、沿总渠的淮水自流灌区，并建沿海挡潮闸保水。淮河中游建设蚌埠闸以后，淮水可用而不可靠，江苏省进行灌区水源调整，规划建设东引灌区，开挖了新通扬运河，引入长江水源，整治里下河内部水系，发展自流引江低扬程提水灌溉，初步形成自流引江的输送体系，并在自灌区尾部实施了补水保灌的相关工程。1991 年以后，继续加强引江口门建设，新辟了泰州引江河，建设了高港泵站，改善水源条件；并实施了通榆河中段工程（东台至响水段），结合南水北调完成三阳河延伸拓浚和卤汀河整治工程，启动实施泰东河工程，加快构建腹部骨干河网，增强了水源供给调度能力，供水范围延伸到渠北地区；近年又实施完成通榆河北延工程，供水线路延伸到连云港赣榆区，在里下河水源富裕时，可给连云港东部地区相机供水。目前，本供水区即将实施完成泰州引江河二期工程，进一步提高自流引江能力。当淮水丰沛时，沿里运河、苏北灌溉总渠、废黄河的一些地区也可短时段利用淮河余水。

江水东引供水体系按照“两河引水、三线输水”规划布局建设。“两河”为新通扬运河和泰州引江河，分别从江都和高港枢纽引江，现状自流引江能力分别为 550、300 m^3/s，泰州引江河二期工程实施完成后，泰州引江河自流引江能力达到 600 m^3/s，两个口门合计自流引江能力达到《里下河地区水利治理规划》确定的 1 150 m^3/s 规模。三线输水，“东线”由泰东河、通榆河组成，主要向沿海垦区和渠北滨海、响水地区供水，并相机向连云港供水。目前通榆河东台至灌河响水段，长 176.4 km，已全线贯通，设计流量 100 m^3/s。通榆河沿线已建有贲家集、东台、富安、安丰等翻水站，通过里下河腹部向斗南垦区供水。“中线”由卤汀河分别接下官河—黄沙港、上官河—新洋港组

江水东引工程分布图
图例
引水线路
引水方向
海州湾
黄
海
连云港市
善南站
灌北站
滨海站
淮安市
盐城市
扬州市
泰州市
镇江市
江都水利枢纽
高港水利枢纽
南水北调供水区
江水东引供水区
青龙大沟
通榆河
射阳河
黄沙港
新通扬运河
泰东河

成，是里下河腹部提升全区河网水位的主要河流，兼有引、排、航综合利用功能，卤汀河在里下河水源调整工程中争取了小标准开挖后，现状引排能力为 200 m^3/s 左右。按照东引灌区规划 400 m^3/s 要求，仍需扩挖卤汀河。“西线”由三阳河、大三王河、蔷薇河、戛粮河接射阳河组成，沿运、沿总渠自灌区尾部和盐城北部可通过西线供水。三阳河从新通扬运河至潼河口（杜巷）全长 66.6 km，樊川以南段已按引江 300 m^3/s 规模完成，樊川至三垛段 16.2 km，目前已开挖完成引江 150 m^3/s 规模，三垛至潼河口（杜巷）已按宝应站抽水引江 100 m^3/s 规模完成。潼河口（杜巷）以北段在里下河水源调整工程中按小标准 40 m^3/s 输水能力开通了大三王河至芦范河口，且在大三王河南端建有节制闸。在江苏省江河支流治理项目安排的射阳河上段蔷薇河、戛粮河治理工程，已按照规划引水标准进行了实施。按东引灌区规划要求，西线的三阳河樊川至杜巷段规模还需扩大，大三王河全线还需整治。

1.4.3 引江济太工程

引江济太工程是解决江苏太湖地区水质型缺水严重、本地水资源不足和水生态环境恶化等问题的流域水资源调控工程体系，也是实现太湖流域“静态河网、动态水体、科学调度、合理配置”战略目标的重大举措。引江济太工程供水范围为望虞河沿线及上海、

浙江等下游地区，涉及江苏省无锡、常州、苏州三市，浙江省嘉兴市、湖州市，以及上海市共 6 个城市，其中江苏省太湖流域境内除沿江自备水源和自来水厂供水部分，其余全部为引江济太供水范围，供水面积约为 1.8 万 km^2。本供水区水源，除通过太湖和河网调蓄利用本地径流和流域上游来水外，大部分地区可以直接通过通江河道或间接通过太湖获取长江水补给，自引为主，长江潮位低时，抽引补充，其中京杭运河以北的沿江地区，对江水依赖程度较高。

太湖流域属平原河网地区，水系连通性较好，长江与太湖等湖泊之间沟通河道较多，发挥着行洪、排涝、灌溉、供水、航运等综合效益。1987 年国家批复《太湖流域综合治理总体规划方案》，1991 年太湖大水后，开展了治太十一大骨干工程建设，江苏省实施的望虞河工程、湖西引排工程、武澄锡引排工程，灌排两用，自引抽引相结合，极大地改善了沿江地区的水源条件。20 世纪末，太湖流域水污染形势日趋严峻，为推进太湖流域水环境综合治理，提高流域水资源的有效供给，根据国务院召开的太湖水污染防治第三次工作会议精神，自 2002 年起流域内开始实施扩大“引江济太”调水试验，加大了望虞河引江济太调水力度，至 2007 年底，通过望虞河共调引 113.4 亿 m^3 长江水入流域，其中通过望亭立交入太湖 51.5 亿 m^3，并通过太浦河向下游地区增供水 85.7 亿 m^3，增加了流域水环境容量，加快流域水体流动，改善太湖和流域水体水质，并增加向太湖周边地区供水。尤其是 2007 年太湖暴发无锡供水危机后，把“调水引流”作为控制蓝藻、引清释污的直接有效手段，实施常年引江济太，同时，国务院批复实施《太湖流域水环境综合治理总体方案》，省政府制定了《太湖流域水环境综合治理实施方案》，实施了走马塘工程，控制望虞河西岸地区污水排入望虞河，并起步实施新沟河延伸拓浚工程，引江济太供水布局逐步形成。2008 年国务院批复的《太湖流域防洪规划》和 2013 年批复的《太湖流域综合规划（2012—2030）》进一步明确了引江济太规划布局，计划实施新孟河延伸拓浚工程，扩大望虞河工程，形成较为完善的引江济太供水格局。目前新沟河延伸拓浚主体工程、新孟河延伸拓浚工程基本完工。

引江济太工程按照“北引长江、太湖调蓄、环湖供水”的规划布局，主要利用骨干工程望虞河及今后的新孟河适时调引长江水补给太湖，兼顾引水通道两岸用水需求并增加太湖向周边地区供水水量；结合太浦河及走马塘、新沟河等排水通道，保障“引江济太”水质安全，并加快水体流动，提高水体自净能力，缩短太湖换水周期，“以动制静，改善水质”，实现流域水资源优化配置。

2 “北调之心、沂泗要津”水工程

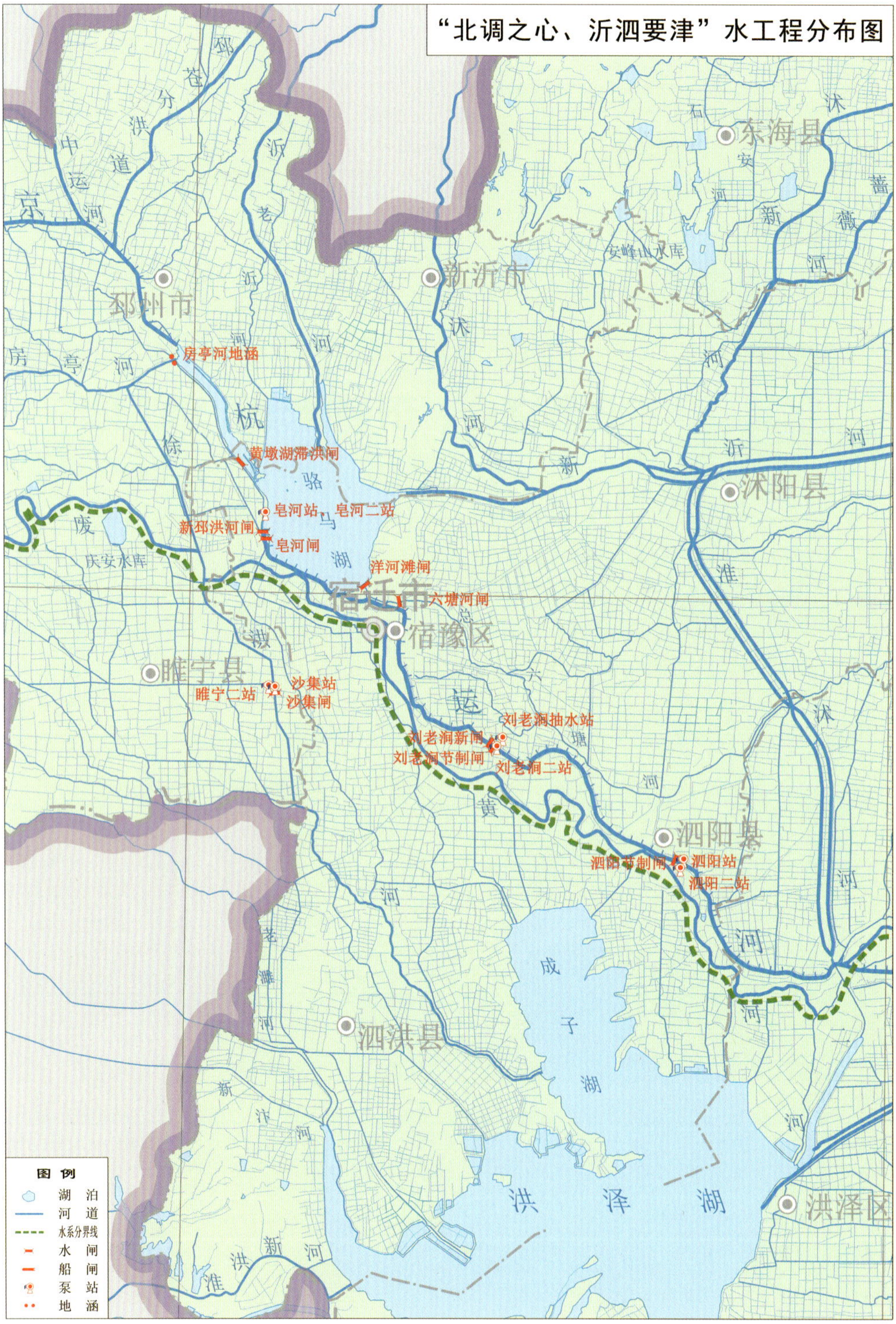

“北调之心、沂泗要津”水工程分布图

中运河上游为位于山东境内的韩庄运河，自苏鲁省界陶沟河口至杨庄，全长172.65 km，是南四湖洪水下泄的主要通道，也是南（江）水北调主要输水干线、京杭运河的一部分。南水北调运河线由江都站抽引江水，沿高水河、里运河、中运河等河道，经淮安站、淮阴站、泗阳站、刘老涧站、皂河站逐级提水至骆马湖，其中的泗阳水利枢纽、刘老涧水利枢纽、皂河水利枢纽等工程隶属江苏省骆运水利工程管理处（以下简称“省骆运管理处”）。

泗阳站位于宿迁市泗阳县境内，是江苏省江水北调工程第四梯级，与泗阳二站、泗阳节制闸共同组成中运河泗阳水利枢纽。刘老涧抽水站位于宿迁市宿豫区仰化镇境内，是江苏省江水北调工程第五梯级，与刘老涧二站、刘老涧新闸、刘老涧节制闸共同组成中运河刘老涧水利枢纽。皂河站位于宿迁市皂河镇北 5 km 的中运河与邳洪河夹滩上，东临中运河、骆马湖，西接邳洪河、黄墩湖，是江苏省江水北调第六梯级泵站，也是我国南水北调东线工程的第六梯级泵站之一，与皂河站、皂河二站等大型水工建筑物及其附属工程共同组成皂河水利枢纽。泗阳枢纽、刘老涧枢纽、皂河枢纽一起，南水北调时通过中运河向骆马湖输水 175 m^3/s，与运西徐洪线共同满足向骆马湖调水 275 m^3/s 的调水目标。

除中运河三级调水枢纽之外，省骆运管理处还管理着沙集闸站、黄墩湖滞洪闸、六塘河闸、洋河滩闸、房亭河地涵、新邳洪河闸等大、中型涵闸泵站；承担 2.1 km 邳洪河大堤的管理维护。所管工程共有大型抽水机组 16 台套，是南水北调第四、五、六梯级站，总装机容量 45 400 kW，抽水流量 565 m^3/s；所属十座涵闸与嶂山闸、宿迁闸等共同构成骆马湖、中运河防洪体系。拥有的一支国家级防汛机动抢险队，配备 124 台套柴油机泵、233 台套潜水电泵等防汛抢险设备。管理处所属工程在防洪、排涝、灌溉、供水、发电、航运、改善生态环境及保障人民生命财产安全和促进经济社会发展等方面发挥了重大作用。2016—2021 年，管理处所管泵站累计抽水 220.8 亿 m^3，涵闸及泵站发电泄水 206.7 亿 m^3，保证了徐州、宿迁地区工农业生产和航运用水需求，确保了沂沭泗流域防洪安全，充分发挥了水利工程的抗旱、防洪减灾效益。

省骆运管理处于 1985 年 8 月由江苏省骆马湖控制工程管理处与江苏省第三抗旱排涝队合并组建而成。现内设办公室、人事科、党委办公室、财审科、工管科（安监科）、水政科（湖泊管理科）、工会、纪律监督室、水情教育中心等 9 个科室，下设江苏省泗阳闸站管理所、江苏省刘老涧闸站管理所、江苏省沙集闸站管理所、江苏省皂河抽水站、江苏省皂河闸管理所、江苏省洋河滩闸管理所、江苏省房亭河地涵管理所、江苏省黄墩湖滞洪闸管理所、江苏省骆运水利工程管理处抗旱排涝队、江苏省骆运水利工程管理处水文站、江苏省骆运水利枢纽工程维修养护中心等 11 个单位。省编委核定编制 825 名，现有在职职工 555 人，退休职工 392 人，离休干部 3 人。

近年来，管理处全面提升管理水平，各项工作取得骄人成绩，多次获得国家级、省级、市级奖励。2019 年，管理处获得“全省水利系统先进集体”“江苏省文明单位”等系列荣誉，被宿迁市委、市政府授予“年度重大贡献奖”；2020 年，管理处获得“全省水利系统先进集体”“江苏省 2020 年度职业病防治工作先进单位”等荣誉，省沙集闸站管理所获“省工人先锋号”荣誉称号，沙集所视频短片《沙集站，我请战》荣获水利部“水利抗疫故事”主题作品征集活动一等奖;2021 年,管理处获评“江苏省文明单位”、2021 年全国水利安全生产知识网络竞赛——《水安将军》趣味活动优秀集体奖，省泗阳闸站管理所荣获“全国模范职工小家”等荣誉。省洋河滩闸管理所、黄墩湖滞洪闸管理所、房亭河地涵管理所、皂河抽水站、沙集闸站管理所、刘老涧闸站管理所等 6 家单位先后成功创建江苏省一级水利工程管理单位。省泗阳闸站管理所、皂河抽水站、沙集闸站管理所等 3 家单位先后成功创建省级水利风景区。2018 年 3 月，省洋河滩闸管理所成功创建农村水电站安全生产标准化一级单位，2019 年 1 月，管理处成功创建江苏省水利安全生产标准化二级单位。2021 年，省皂河抽水站成功创建省级水情教育基地；省洋河滩闸管理所成功创建绿色小水电示范电站，省皂河闸管理所成功创建农村水电站安全生产标准化一级单位；省皂河抽水站、黄墩湖滞洪闸管理所、房亭河地涵管理所、洋河滩闸管理所通过水利厅精细化管理单位验收；洋河滩闸列入首批省级水利遗产名录。

省骆运管理处下辖全民所有制企业江苏宿迁水利综合开发实业公司，具有水利水电施工总承包二级、电力工程施工总承包三级，水利水电机电安装工程专业承包三级、水工金属结构制作与安装工程专业承包三级和承装（修、试）电力设施许可四级资质，在水利工程施工、工程运行管理养护、机电设备维修养护、小水电生产、水下检查、供排水、电气试验、技术人才服务、技术培训等方面积累了丰富的施工经验，具有雄厚的技术力量。

2.1 泗阳水利枢纽（泗阳站、泗阳二站、泗阳节制闸）

泗阳水利枢纽包括泗阳站、泗阳二站和泗阳节制闸等三座大型水工建筑物及其附属工程，枢纽上承沂沭泗，下接洪泽湖，是中运河水系重要节点控制工程，是江苏省宿迁、徐州地区补水、泄洪的关键性口门工程。泗阳站、泗阳二站是江苏省江水北调暨南水北调东线一期工程的第四梯级、江苏省淮水北调第一梯级抽水泵站。

2.1.1 工程简介

1. 泗阳站

（1）工程位置及作用

泗阳站是江苏省江水北调工程第四梯级、淮水北调第一梯级主力抽水泵站，吞长江而吐淮水，襟沂沭泗而带两湖，与 1996 年 12 月建成的泗阳二站、泗阳节制闸共同组成

泗阳站

中运河泗阳水利枢纽。泗阳站设计调水流量 165 m^3/s；调水设计水位站下为 10.5 m，站上为 16.5 m；调水最低水位站下为 10.25 m，站上为 16.05 m。泵站设计防洪标准为 100 年一遇，校核防洪标准为 300 年一遇。建筑物抗震烈度按 7 度设计。

（2）主要机电设备参数

泗阳站设计扬程 6.3 m，装设 6 台套 3100ZLQ33-6.3 型立式全调节轴流泵（含备机 1 台），叶轮直径 3 100 mm，叶轮中心高程 6.75 m（废黄河口基准面，下同），单机设计流量 33 m^3/s，配 TL3000-48/3250 型立式同步电动机，单机功率 3 000 kW，总装机容量 18 000 kW。主电机反向发电电压 5 kV，频率 25 Hz，全站设置一套变频机组，变频发电机组的电动机型式为同步电动机，额定功率 3 800 kW，额定电压 5 kV，额定转速 500 r/ min，额定频率 25 Hz，与发电机配套并直接连接。变频发电机组的发电机型式为同步发电机，额定功率 3 550 kW，额定电压 10.5 kV，额定转速 500 r/ min，额定频率 50 Hz。设 110 kV 户内变电所，单母线接线，主变容量 31 500 kVA，由 110 kV 众兴变电站、110 kV 城南变电站两条线路供电，同时 110 kV 户内变电所担负向泗阳二站 35 kV 线路的供电任务。上游设拦污栅 12 台套，站下进水流道配平面钢质检修门 12 套共 12 扇，20 t 卷扬式启闭机起吊。下游布置拦污栅桥和拦污栅，配 HQ-A 型回转式清污机 12 台套。

（3）建筑物结构形式

泗阳站规模为大（2）型。泵站采用堤身式块基型结构，站身共分两块底板，三孔一联，肘形进水流道，虹吸式出水流道，电动式真空破坏阀断流。站上部布置主厂房，南端布置检修间、中控室、办公室，北端布置室内变电所及变频发电机组。电机层高程 19.50 m，水泵层高程 5.80 m。工程开展的观测项目有垂直位移、河道断面、建筑物伸缩缝、测压管水位。

（4）工程建设、改造情况

泗阳站工程于2009年12月开工建设。2012年5月4日至6日，完成机组试运行；2012年5月8日，按照江苏省防指指令，机组正式投入抗旱抽水运行。2012年7月24日完成发电预试运行，2012年8月2日通过发电试运行验收，随即机组正式投入发电运行。

2. 泗阳二站

泗阳二站

（1）工程位置及作用

泗阳二站工程位于江苏省泗阳县城东郊，与泗阳站、泗阳节制闸共同组成中运河泗阳水利枢纽。该站是江苏省江水北调第四梯级站，其主要作用是抽引由二河闸下泄的淮水或淮阴站转送的江水北送，满足泗阳闸上游地区的用水需求。该站设计流量为66 m^3/s，设计水位上游为17.0 m，下游为11.0 m；校核水位上游为17.5 m，下游为10.5 m。泗阳二站工程等别为Ⅱ等，工程规模为大（2）型，泵站站身、出水池、防渗范围内的翼墙为2级建筑物，其他次要建筑物为3级建筑物。防洪标准为50年一遇设计、200年一遇校核。

（2）主要机电设备参数

泗阳二站总装机容量6 000 kW，设计流量为66 m^3/s。装设利欧集团湖南泵业有限公司2950ZLQ33-6.3全调节轴流泵2台，单机设计流量33 m^3/s，扬程6.3 m。配套中电电机股份有限公司生产的TL3000-44同步电机，转速136.4 r/min，采用WKLF-102型励磁装置。35 kV户内变电所电源采用2回35 kV电源供电，1回主供电源由泗阳一站变电所35 kV母线引接，另1回备用电源由35 kV南翻361线供电。主变型号为S13-

10000/35。站内设铅酸蓄电池直流电源一组，在电网失电时供给控制、保护。

（3）建筑物结构形式

泗阳二站采用堤身式结构，肘形进水流道，虹吸式出水流道，驼峰顶高程为 20.10 m，底高程 18.20 m，真空破坏阀断流，上游设拦污栅，下游设检修门、拦污栅。站房分为电机层、联轴层、水泵层，房顶安装 30/5 t 桥式起重机，电机层安装同步电动机，联轴层安装压力油箱、电缆桥架和液压减载装置，水泵层安装主泵及供排水设施。叶轮中心高程 7.90 m。主厂房南端为检修间，北侧为户内变电所及中控室，西侧为真空破坏阀室，站身下游 100 m 处建有清污机桥一座。工程开展的观测项目有垂直位移、河道断面、测压管水位。

（4）工程建设、改造情况

泗阳二站系江苏省利用世界银行贷款和国内配套资金加强灌溉农业泵改项目之一，工程总投资 6 300 万元，1995 年 2 月 17 日动工，1996 年 12 月 5 日投入抽水试运，1997 年 3 月 8 日正式投入抽水运行。2016 年 3 月，经安全鉴定，泗阳二站为三类泵站，需加固改造。泗阳二站加固改造工程于 2021 年 11 月开工建设，施工总工期 12 个月。

3. 泗阳节制闸

泗阳节制闸

（1）工程位置及作用

泗阳节制闸位于泗阳县城东约 2.5 km 处的京杭运河上，是南水北调中运河段梯级控制之一，与泗阳站、泗阳二站及其他附属物组成泗阳水利枢纽。泗阳节制闸设计洪水位由泗阳枢纽其他建筑物的设计特征水位、节制闸上下游实测水位以及中运河行洪

1 000 m^3/s 时的水位综合确定。50 年一遇闸上洪水位 17.00 m，闸下洪水位 16.50 m；100 年一遇闸上洪水位 17.50 m，闸下洪水位 17.00 m。泗阳节制闸 5 年一遇闸下排涝水位为 13.35 m，闸上水位为 14.0 m；10 年一遇闸下排涝水位为 14.04 m，闸上水位为 14.64 m。泗阳站南水北调东线一期工程送水水位为：站下设计水位 10.5 m，最高水位 13.5 m，最低水位 10.5 m，平均水位 11.0 m；站上设计水位 16.5 m，最高水位 17.0 m，最低水位 16.0 m，平均水位 16.25 m。泗阳节制闸防洪标准按 50 年一遇设计，100 年一遇校核，设计过闸流量 1 000 m^3/s，按地震烈度 7 度进行设防。上游历史最高水位 17.56 m，最低水位 11.93 m；下游历史最高水位 16.31 m，最低水位 8.44 m；历史最大泄洪流量为 960 m^3/s。

（2）主要机电设备参数

泗阳节制闸闸门采用弧形钢闸门，门顶高程 18.50 m，配 QH-2×225kN 卷扬式启闭机。小水电布置在闸室南侧，为二孔一联，单孔净宽 3.0 m，布置 2 台套叶轮直径为 1.0 m 的立式轴流水轮机，单机配套电机功率 160 kW。主变型号为 SCB 10 kV/0.4 kV 干式变压器，额定容量 400 kVA。供电线路电压为 10 kV，共两条供电线路。一条电源为泗阳站来电，另外一条电源为 10 kV 环网柜来电。此外，节制闸配备 1 套柴油发电机组，作为备用电源并网，提供开关闸电源。

（3）建筑物结构形式

泗阳节制闸共 7 孔节制孔，单孔净宽 10.0 m，总净宽 70.0 m。闸室共分 4 块底板，闸底板宽 20.0 m，底板面高程 8.50 m，底板上设梯形滚水堰，堰顶高程 11.50 m。闸墩中墩厚 1.2 m，边墩厚 1.0 m，闸墩顶高程 20.00 m，排架顶高程 25.1 m；工作桥宽 5. 0 m，桥面高程 26.3 m，工作桥上建启闭机房。闸室下游侧设内部交通桥，桥面总宽 5.50 m，桥面高程 20.00 m。工程开展的观测项目有垂直位移、河道断面、测压管水位。

（4）工程建设、改造情况

原泗阳闸建成于 1960 年，共 17 孔，设计流量 1 000 m^3/s。2012 年 12 月，水利部核查认定为四类闸，列入全国除险加固规划，除险加固工程自 2013 年 1 月 28 日开工，总投资 7 938 万元，2015 年 11 月通过完工验收，2018 年 2 月通过省水利厅组织的竣工验收。

2.1.2 管理单位简介

江苏省泗阳闸站管理所成立于 1981 年 2 月，为省骆运管理处直属正科级事业单位。下设政办股、财务股、生产技术股、泗阳站、泗阳二站、泗阳节制闸六个职能部门。多年来，江苏省泗阳闸站管理所先后获得并保持“全国模范职工小家”“江苏省文明单位”，“宿迁市文明单位”“省水利厅系统先进基层党组织”“省级水利风景区”“江苏省水利系统文明服务示范单位”“省水利厅工人先锋号”等荣誉称号。

2.1.3 工程管理范围

（1）划界确权情况

泗阳站、泗阳二站、泗阳节制闸共同组成泗阳枢纽工程，三座工程合并管理范围，泗阳枢纽工程已确权面积 174 702.88 m^2，工程用地完成权籍信息化，管理范围具体如下：上下游连接中运河，上游距泗阳站中心线 1 280 m、泗阳二站中心线约 1 600 m、泗阳闸中心线 1 030 m，下游距泗阳站中心线 420 m、泗阳二站中心线 450 m、泗阳闸中心线 720 m；左岸基本以泗阳闸站管理所的围墙为界；右岸以泗阳闸站管理所的部分范围线、泗阳二站外侧的围墙为界。现场埋设界桩 50 个、界牌 1 个、告示牌 5 块、分界牌 5 块。

（2）安全警戒区划定情况

根据水利厅批复的省属水利工程安全警戒区划定实施方案，泗阳枢纽工程安全警戒区范围为水利工程管理范围。警戒区内禁止渔业养殖、捕（钓）鱼、停泊船舶、建设水上设施等行为。

2.1.4 工程效益

1. 泗阳站

（1）设计效益

泗阳站是泗阳泵站枢纽的重要组成部分。泗阳站是江苏省南水北调和江水北调第四梯级、淮水北调第一梯级主力抽水泵站，泗阳站主要任务是与泗阳二站共同运用，调水出洪泽湖 230 m^3/s，通过中运河输水线，与刘老涧泵站枢纽、皂河泵站枢纽联合运用，实现南水北调一期工程输水 175 m^3/s 入骆马湖的规划目标；同时为泗阳水利枢纽与刘老涧水利枢纽之间的乡镇生活、工农业生产和航运补充水源。

（2）实际效益

自 2012 年泗阳站改建投入运行以来，截至 2021 年 12 月 31 日，机组共抽水运行 7.87 万台时，抽水 60.39 亿 m^3；发电运行 3.31 万台时，发电量 1 193 万 kW·h，发电用水 27.90 亿 m^3。

2. 泗阳二站

（1）设计效益

泗阳二站作为江苏省淮水北调第一梯级，江水北调第四梯级，主要作用是抽引由二河闸下泄的淮水或淮阴站转送的江水，满足泗阳以北徐淮区工农业生产生活及中运河航运用水之需要。

（2）实际效益

自 1996 年泗阳二站投入运行以来，截至 2021 年 12 月 31 日，机组共抽水运行 6.33

万台时，抽水 75.20 亿 m^3。

3. 泗阳节制闸

（1）设计效益

泗阳节制闸具有防洪、灌溉、发电等综合效益。泗阳闸设计流量 1 000 m^3/s，汛期主要承泄骆马湖洪水、骆马湖以西地区及刘老涧枢纽以下中运河两岸的部分涝水，非汛期拦蓄刘老涧来水便于上游的灌溉、航运及工业、生活用水。

（2）实际效益

泗阳节制闸自 2013 年除险加固以来承泄骆马湖、黄墩湖地区大量洪水，截至 2021 年 12 月 31 日，共运行 316 天，行洪 23.75 亿 m^3。

2.2 刘老涧水利枢纽（刘老涧抽水站、刘老涧二站、刘老涧新闸、刘老涧节制闸）

刘老涧水利枢纽由刘老涧抽水站、刘老涧二站、刘老涧新闸和刘老涧节制闸共同组成，主要任务是南水北调时与泗阳枢纽、皂河枢纽一起，通过中运河向骆马湖输水 175 m^3/s，与运西徐洪线共同满足向骆马湖调水 275 m^3/s 的调水目标，同时为刘老涧闸至宿迁闸之间工农业生产、乡镇生活和航运补充水源。刘老涧抽水站还利用变频技术，在丰水季节可反向发电。

2.2.1 工程简介

1. 刘老涧抽水站

刘老涧抽水站

（1）工程位置及作用

刘老涧抽水站位于宿迁市宿豫区仰化镇境内中运河上，设计流量为 150 m^3/s，总装机容量为 8 800 kW，为大（2）型泵站，洪水标准按 100 年一遇设计、300 年一遇校核，为江水北调第五梯级站之一。刘老涧站抽水期站上设计、校核水位均为 19.5 m；站身稳定设计工况上游水位为 19.5 m，下游水位为 15.8 m；校核工况上游水位为 20.0 m，下游水位为 15.0 m；最高水位站上为 20.0 m，站下为 19.0 m。工程自 1996 年建成以来，上游最高水位为 19.2 m，最低水位为 16.94 m，多年平均水位为 18.43 m；下游最高水位为 16.7 m，最低水位为 14.73 m，多年平均水位为 15.72 m。

（2）主要机电设备参数

刘老涧抽水站安装四台套井筒分段式全调节轴流泵及立式同步电动机。水泵型号为 3100ZLQ38-4.2，设计扬程 4.2 m，设计流量 37.5 m^3/s，叶片调节角度为 ±4°，电动机型号为 TL2200-44/3250，额定功率 2 200 kW，转速为 136.4 r/min。该站还利用变频技术，在丰水季节可反向发电，配有 50Hz-3000 kW 的发电机和 30 Hz-3200 kW 的电动机各一台。该站由上级大兴变电所架设 1 回 35 kV 架空线路供电，采用高压交联电缆引入，内设主变 S13-12500/35、所变 SCB13-630/35、站变 SCB13-630/6 各一台。泵站辅机系统有供水系统、抽真空系统及通风系统，起重设备为 32/5t 桥式起重机 1 台。泵站进出口设有拦污栅，站上布置交通桥、工作桥以及起吊便桥，并在下游侧布置了清污机桥及回转式清污机。

（3）建筑物结构形式

刘老涧抽水站主要建筑物为 1 级，次要建筑物为 3 级，堤防工程为 2 级建筑物（与中运河堤防等级同）。泵站采用簸箕型进水流道，虹吸式出水流道，真空破坏阀断流方式，出水流道与站身为分段式结构。主厂房呈“一”字型南北设置，长 53.22 m，宽 12.4 m，分电机层和联轴层两层；副厂房长 37.4 m，宽 3.6 m。站身底板顺水流方向长 17.7 m，垂直水流宽度为 37.4 m。站身设有 4 孔，每孔净宽 8.0 m，边墩宽 1.20 m，中墩宽 1.0 m，小隔墩宽 0.60 m，胸墙厚 0.4 m。工程开展的观测项目有垂直位移、河道断面、测压管水位。

（4）工程建设、改造情况

刘老涧抽水站工程利用世界银行贷款和国内配套资金兴建，于1995年1月20日开工，1996 年 6 月竣工，工程建设分为土建和机电安装两部分，工程造价 6 239.9 万元。2019 年 1 月江苏省水利厅批复 8 937 万元省级资金对泵站进行加固改造，改造工程于 2019 年 8 月开工，2020 年 4 月 24 日通过工程水下阶段验收，2020 年 9 月 28 日通过泵站机组启动验收并具备运行条件，2020 年底基本完成全部工程批复建设内容，2022 年 7 月 17 日完成单位工程暨合同工程完工验收。

2. 刘老涧二站

刘老涧二站

（1）工程位置及作用

刘老涧二站位于江苏省宿迁市宿豫区仰化镇境内的大运河上，与刘老涧抽水站、徐洪河上的沙集站、睢宁二站等工程共同组成南水北调东线第一期工程的第五梯级。

（2）主要机电设备参数

刘老涧二站设计调水流量 80 m^3/s，设计净扬程 3.7 m，考虑梯级备用机组，泵站选用 4 台（含一台备机）3000ZLQ29.4-3.7 立式轴流泵，配 2 000 kW 立式同步电机 4 台套，单机流量为 29.4 m^3/s，总装机流量为 117.5 m^3/s，总装机容量 8 000 kW。刘老涧二站 35 kV 户内变电所电源从宿豫县 35 kV 大兴变电所引接，主变压器型号为 S11- 12500-35/6，主接线形式为单母线，设置 35 kV 进线一回、主变出线一回、电压互感器间隔 1 回、备用出线两回。另由仰化变电所 10 kV185 船闸线 54 号杆支接一回 10 kV 保安电源，保安电源容量 500 kVA。

（3）建筑物结构形式

刘老涧二站主体工程采用闸站合一的形式，采用堤身式块基型结构，肘形进水流道，整体虹吸式出水流道，真空破坏阀断流，相应的防洪标准为 100 年一遇设计，300 年一遇校核。设计水位上游 19.55 m，下游 15.85 m。最低运行水位上游 18.65 m，下游 15.85 m。工程开展的观测项目有垂直位移、河道断面、测压管水位、伸缩缝等。

（4）工程建设、改造情况

工程总投资 2.23 亿元。工程于 2009 年 6 月 30 日开工，2011 年 9 月通过泵站机组试运行验收，2012 年 12 月通过设计单元工程通水验收，2014 年 9 月通过设计单元完工技术性初验。2016 年 1 月，通过设计单元工程完工验收，移交管理单位。

3. 刘老涧新闸

刘老涧新闸

（1）工程位置及作用

刘老涧新闸位于宿迁市宿豫区仰化镇境内的京杭运河中运河段上，是刘老涧枢纽排泄沂、泗、黄墩湖、宿迁闸下游地区洪涝任务的控制性建筑物。

（2）主要机电设备参数

刘老涧新闸工作闸门为潜孔式平面定轮钢闸门，检修门采用 1 套浮箱叠梁钢闸门。工作闸门启闭设备采用 QP−2×320kN 型闭式双机驱动卷扬式启闭机，配套电机功率为 2×15kW。检修闸门启闭设备采用 1 台 SGCD1−2×30kN−18m 双钩同步电动葫芦配自动抓梁起吊。主供电电源由刘老涧站 400V 电源引接，备用电源采用 1 台 150kW 柴油发电机组供电。

（3）建筑物结构形式

刘老涧新闸共 3 孔，每孔净宽 10.0 m，设计流量 400 m^3/s，采用钢筋混凝土整体式平底板胸墙式结构，两侧翼墙为钢筋混凝土扶壁式结构，底板面高程 12.5 m，闸顶高程 22.0 m，闸上设交通桥、检修便桥及检修门槽。

（4）工程建设、改造情况

2020 年 11 月 17 日，工程按原规模进行加固改造。2021 年 6 月 10 日完成通水验收。

4. 刘老涧节制闸

（1）工程位置及作用

刘老涧节制闸位于宿迁市宿豫区仰化镇境内的大运河上，主体工程采用闸站合一的形式。该工程是集调水、防洪、排涝于一体的综合性控制工程。

刘老涧节制闸

（2）主要机电设备参数

刘老涧节制闸采用平面钢闸门，配 QP2×250kN 卷扬式启闭机，备用电源柴油发电机型号为 R6105ZD1-1。

（3）建筑物结构形式

刘老涧节制闸共三孔，单孔净宽 10.0 m，设计流量 500 m^3/s。闸总长 227.0 m，闸总宽 33.26 m。工程开展的观测项目有垂直位移、河道断面、测压管水位。

（4）工程建设、改造情况

刘老涧节制闸为原刘老涧闸的赔建工程，刘老涧节制闸和刘老涧二站采用闸站合一形式，工程总投资 2.07 亿元，工程于 2009 年 6 月开工建设，2011 年 8 月具备运行条件。

2.2.2 管理单位简介

江苏省刘老涧闸站管理所成立于 1997 年 3 月，负责刘老涧抽水站、刘老涧节制闸、刘老涧新闸工程管理及南水北调刘老涧二站的委托管理，为省骆运管理处直属正科级事业单位，下设政办股、财务股、生产技术股、抽水站、节制闸五个职能部门。多年来，江苏省刘老涧闸站管理所先后获得并保持了“省一级水利工程管理单位”“江苏省文明单位”“宿迁市文明单位”“管理处综合经营先进单位”等荣誉称号。

2.2.3 工程管理范围

（1）划界确权情况

刘老涧抽水站、刘老涧新闸和刘老涧节制闸共同组成刘老涧枢纽工程，三座工程合并管理范围，刘老涧枢纽工程已确权面积 259 995.95 m^2，工程用地完成权籍信息化，管理范围具体如下：上下游连接中运河，上游距刘老涧抽水站中心线 870 m，距刘老涧新闸中心线 360 m，距刘老涧节制闸中心线 930 m；下游距刘老涧抽水站中心线约 800 m，距刘老涧新闸中心线 1 250 m，距刘老涧节制闸中心线 1 000 m。现场埋设界桩 41 个、告示牌 5 个、分界牌 6 个。

（2）安全警戒区划定情况

根据江苏省水利厅批复的省属水利工程安全警戒区划定实施方案，刘老涧枢纽工程安全警戒区范围为水利工程管理范围。警戒区内禁止渔业养殖、捕（钓）鱼、停泊船舶、建设水上设施等行为。

2.2.4 工程效益

1. 刘老涧抽水站

（1）设计效益

刘老涧抽水站位于宿迁市宿豫区仰化镇境内，主要以中运河为输水干线，抽引泗阳站来水，送至皂河站。刘老涧抽水站工程的主要任务是调水、防洪、排涝，兼顾通航与生态补水，保证苏北地区农田灌溉、工业及通航用水，工程同时具备发电功能。

（2）实际效益

自 1996 年刘老涧抽水站投入运行以来，截至 2021 年 12 月 31 日，机组共抽水运行 11.58 万台时，抽水 150.38 亿 m^3；反向发电运行 11.64 万台时，发电量 4 960.35 万 kW · h，发电用水 104.76 亿 m^3。

2. 刘老涧二站

（1）设计效益

刘老涧二站位于江苏省宿迁市宿豫区仰化镇境内的大运河上，为南水北调东线一期工程第五梯级。该站的主要作用是通过中运河抽引泗阳站来水，沿中运河向北输送到皂河站。

（2）实际效益

刘老涧二站工程建成后，多次投入调水运行，截至 2021 年 12 月 31 日，机组共抽水运行 1.9 万台时，抽水 18.76 亿 m^3；反向发电运行 3 327 台时，发电量 101.77 万 kW · h。

3. 刘老涧节制闸和新闸

（1）设计效益

刘老涧节制闸和新闸是刘老涧枢纽排泄沂、泗、黄墩湖、宿迁闸下游地区涝洪任务的控制性建筑物，汛期时根据上游来量适当控制下泄，尽可能兼顾洋北洼地自排；非汛期控制上游水位以满足灌溉、航运要求。刘老涧节制闸（2011 年汛期投运）与刘老涧新闸共同承担排泄中运河 800 ～ 1 000 m^3/s 洪水的任务，同时兼顾洋北地区排涝；关闸蓄水，以满足刘老涧至宿城段运河航运及工、农业生产用水的需要；在丰水期间挡高上游水位配合抽水站发电。

（2）实际效益

刘老涧新闸自建成以来已累计排泄涝水超过 240 亿 m^3，已于 2020 年底进行除险加固，2021 年 6 月 9 日完成水下阶段验收；刘老涧节制闸 1980—2021 年累计泄洪 257.8 亿 m^3。

2.3 皂河水利枢纽（皂河站、皂河二站）

2.3.1 工程简介

1. 皂河站

皂河站

（1）工程位置及作用

皂河抽水站（以下简称皂河站）位于江苏省宿迁市皂河镇北 5 km 的中运河与邳洪河夹滩上，东临中运河、骆马湖，西接邳洪河、黄墩湖，是江苏江水北调第六梯级泵站、南水北调东线工程的第六梯级泵站之一。江水北调时，与泗阳泵站、刘老涧泵站、沙集站一起，通过中运河和运西徐洪线向骆马湖调水 200 m^3/s；此外，还承担黄墩湖滞洪区排涝、改善中运河航运条件等任务。皂河抽水站装机流量 200 m^3/s；设计水位下游为 18.22 m，上游为 23.00 m；校核水位下游为 18.50 m，上游为 26.00 m；防洪标准为 100 年一遇设计水位、300 年一遇校核水位。

（2）主要机电设备参数

皂河站水泵型号为 6HL-70 立式全调节导叶式混流泵，水泵叶轮直径 5 700 mm，钟形进水流道，双螺旋蜗壳式出水室，平直管出水管，液压快速闸门断流，水泵与电机直接连接。配套电机为三相立式同步电动机，型号为 TL7000－80/7400，额定功率 7 000 kW，额定电压 10 kV，额定转速 75 r/ min。110 kV 皂河站变电所主电源由宿迁市西郊变电所两条 110 kV 专线供电，非运行期电源由皂河变电所 35 kV 专线供电。变电所配置 SSZ11－31500/110、S11－31500/110 主变压器各一台。变电所主变的 10 kV 出线经高压电缆接入泵房 10 kV 母线，为主机及站用变压器提供电源，站用电低压母线分段设置，与所用电互为备用。

（3）建筑物结构形式

皂河站厂房为半堤身式块基型。厂房整块底板与站身四周墙体构成一个大型混凝土框架，自下而上第一层站身底板厚度为 1.5 ～ 1.8 m；第二层是进水流道和蜗壳底板，在每台中心挖有一个直径 6.0 m 的圆孔，安装水泵；第三层是蜗壳顶板，厚度 1.0 m 至 3.0 m 不等，在每台中心挖有一个直径 6.5 m 的圆孔；第四层电机层为预制楼板。电机层地面高程 28.87 m，高出地面 1.37 m。工程开展的观测项目有垂直位移、测压管水位及引河河床变形。

（4）工程建设、改造情况

工程于 1978 年 11 月开工建设，1987 年 3 月正式验收后交付管理单位管理。2010 年对皂河站更新改造，新建下游引水闸及穿邳洪河地涵，对 2 台套主机进行改造，更换所有高低压设备，和皂河二站一起新建室内变电所。工程总投资 1.32 亿元。工程于 2010 年 6 月正式开工，2011 年 5 月通过试运行验收，2012 年 12 月顺利通过设计单元工程通水验收。2016 年 1 月，通过设计单元工程完工验收。

2. 皂河二站

皂河二站

（1）工程位置及作用

皂河二站位于江苏省宿迁市皂河镇北 5 km 处，上游为骆马湖，下游为邳洪河，与皂河站并列布置，是南水北调东线第一期工程的第六梯级泵站之一。皂河二站主要任务是与皂河抽水站联合运行向骆马湖输水 175 m^3/s，与运西线共同实现向骆马湖调水 275 m^3/s 的目标，并结合邳洪河和黄墩湖地区排涝，为骆马湖以上中运河补水，改善航运条件。皂河二站设计流量 75 m^3/s；设计水位下游为 18.30 m，上游为 23.00 m；校核水位下游为 18.30 m，上游为 23.50 m；防洪标准为 100 年一遇设计水位、300 年一遇校核水位。

（2）主要机电设备参数

皂河二站安装 2700ZLQ25-4.7 立式轴流泵，配 TL2000-40 同步电机 3 台套。水泵叶轮直径 2.70 m，叶轮中心高程 15.0 m。单机流量 25 m^3/s，配套电机功率 2 000 kW，总装机容量 6 000 kW。皂河二站和皂河站共用一座 110 kV 专用变电站，邳洪河北闸设功率为 75 kW 的柴油发电机组一台，在市电停电情况下，保障闸门启闭应急供电。

（3）建筑物结构形式

皂河二站采用堤身式块基型结构，采用肘形进水流道、低驼峰虹吸式出水流道，真空破坏阀断流。泵站主要建筑物泵房、进水池、出水池、防渗体系内的翼墙为 1 级水工建筑物，上、下游引河堤防为 2 级，其余建筑物为 3 级，下游邳洪河东堤公路桥荷载标准为公路－Ⅱ级。泵房水泵层高程为 14.15 m，联轴层高程为 22.85 m，电机安装高程为 25.4 m，电机层高程为 27.65 m。工程开展的观测项目有垂直位移、河道断面、建筑物伸缩缝、测压管水位。

（4）工程建设、改造情况

工程总投资 2.73 亿元。工程于 2010 年 1 月正式开工，2012 年 5 月通过泵站机组试运行验收，标志着江苏省南水北调运河线工程全线建成通水。2012 年 12 月通过设计单元工程通水验收。2015 年 12 月，通过设计单元工程完工验收并移交管理单位。

2.3.2 管理单位简介

江苏省皂河抽水站成立于 1985 年 8 月，负责皂河抽水站、穿邳洪河地涵的管理及南水北调皂河二站的委托管理，为省骆运管理处直属正科级事业单位，下设生产运行股、技术管理股、财务股、政办股。多年来，江苏省皂河抽水站先后获得并保持了“省工人先锋号”“省青年文明号”“最美的水地标”“省级文明单位”“全省水利系统先进集体”“全省水利系统工程管理先进单位”“省级水利风景区”“省级水情教育基地”等荣誉称号，入选水利部 2021 年“水工程与水文化有机融合案例”。

2.3.3 工程管理范围

1. 皂河站

（1）划界确权情况

皂河抽水站、皂河二站及其配套工程穿邳洪河地涵共同组成皂河枢纽工程。皂河枢纽工程已确权，工程用地完成权籍信息化，管理范围具体为上游连接骆马湖，距皂河抽水站中心线 500 m；下游连接黄墩小河，距穿邳洪河地涵中心线 200 m；左右岸以东西走向的两条道路外侧为界，上游左岸以堤顶道路外侧为边界，上游右岸以右岸的围墙为边界。现场埋设界桩 60 个。

（2）安全警戒区划定情况

根据江苏省水利厅批复的省属水利工程安全警戒区划定实施方案，皂河枢纽工程安全警戒区范围为水利工程管理范围。警戒区内禁止渔业养殖、捕（钓）鱼、停泊船舶、建设水上设施等行为。

2. 皂河二站

（1）划界确权情况

皂河二站管理范围主要包括皂河二站工程、清污机桥、邳洪河北闸、变电所及相应水工程用地范围及相关配套设施，管理内容主要有工程建（构）筑物、设备及附属设施的管理，工程用地范围土地、水域及环境等水政管理，工程运行管理及工程档案管理等。

（2）安全警戒区划定情况

皂河二站未划定安全警戒区。

2.3.4 工程效益

1. 皂河站

（1）设计效益

皂河抽水站是江水北调第六梯级站，也是南水北调第六梯级站。江水北调时，与刘老涧泵站、泗阳泵站一起，通过中运河向骆马湖调水 100 m^3/s；南水北调时，与南水北调运西线共同实现向骆马湖调水 275 m^3/s 的目标；此外，还承担黄墩湖滞洪区排涝、改善中运河航运条件等任务。

（2）实际效益

自 1986 年皂河站投入运行以来，截至 2021 年 12 月 31 日，机组共抽水运行 79 859.48 台时，累计抽水量 185.1 亿 m^3。

2. 皂河二站

（1）设计效益

皂河二站主要任务是与皂河站联合运行向骆马湖输水 175 m^3/s，与运西线共同实现向骆马湖调水 275 m^3/s 的目标，并结合邳洪河和黄墩湖地区排涝，为骆马湖以上中运河补水，改善航运条件。

（2）实际效益

自 2012 年工程交付使用，截至 2021 年 12 月 31 日，皂河二站共开机运行 523 天，其中抽水 187 天，机组运行 1.0 万台时，抽水 9.24 亿 m^3；发电 312 天，机组运行 19 372 万台时，发电 675 万 kW · h。

2.4 黄墩湖滞洪闸

黄墩湖滞洪闸

2.4.1 工程简介

（1）工程位置及作用

黄墩湖滞洪闸位于徐州、宿迁两市交界处，宿迁市宿豫区皂河镇，中运河西堤堤后滩地上，距民便河船闸中心线南 370 m。闸上为与骆马湖相接的中运河，闸下为邳洪河、民便河船闸引航道的交汇处。黄墩湖滞洪闸设计平均流量为 2 000 m^3/s，设计滞洪水位为 25.8 m，校核滞洪水位为 26.3 m，采用三孔一联，计四单元，总宽度 137.46 m。

（2）主要机电设备参数

黄墩湖滞洪闸共 12 孔，选用弧形钢闸门，支臂半径 6.6 m，配用 QH-2×100kN 卷扬式启闭机 12 台套。闸上配备 6 台型号为 XL 的闸门动力柜；低压室配备一台型号为 GCS 的发电机进线柜、一台型号为 GCS 的计量柜、一台型号为 GCS 的进线柜、一台型号为 GCS 的馈线柜、一台型号为 GCS 的视频监控屏；高压室配备一台型号为 SCB10-

100/10 的电力变压器、一台型号为 XGN15-12 的 10 kV 负荷开关柜；发电机房配备 2 台型号为 C150D5B 的柴油发电机组，在市电停电情况下，保障闸门启闭应急供电。

（3）建筑物结构形式

黄墩湖滞洪闸共 12 孔，单孔净宽 10 m，总净宽 120 m，闸身采用开敞式钢筋混凝土框架整体结构形式，闸四周采用地下连续墙防渗，墙底高程 12.0 m，闸上公路桥宽 7.0 m，设计荷载标准为公路-Ⅱ级，闸上游设 20 m 混凝土防渗护坦，下游设长 32 m 的消力池，池后设直径 1 m 的防冲灌注桩，桩后设顶宽 6.0 m、底宽 3.0 m、深 3.0 m 的抛石防冲墙。闸上游采用圆弧形扶臂式斜底板混凝土翼墙，下游设重力式斜底板翼墙。工程开展的观测项目有垂直位移、测压管水位。

（4）工程建设、改造情况

黄墩湖滞洪闸由江苏省水利设计研究院设计，徐州市水工程建设有限公司施工，江苏省苏源监理中心水科所监理部负责建设监理。工程自 1997 年 11 月 24 日开工，1998 年 6 月 8 日通过水下验收，1999 年 1 月 15 日通过工程竣工验收，并交付江苏省骆运水利工程管理处管理，工程总造价 4 473 万元。黄墩湖滞洪闸是沂沭泗水系黄墩湖滞洪区的主要控制建筑物，是江苏省重点防洪保安工程。

2018 年 8 月开始对黄墩湖滞洪闸部分工程设施进行加固和更新改造，主要包括：闸门止水改造，增设双向止水，闸门喷锌防腐；重建启闭机房、桥头堡；闸门控制柜更换；视频监视系统改造等，2020 年 12 月通过完工验收。

2.4.2 管理单位简介

江苏省黄墩湖滞洪闸管理所成立于 1999 年 1 月，负责黄墩湖滞洪闸工程及曹甸、双河两个爆破口门的管理，为省骆运管理处直属正科级事业单位，下设生产运行股、技术管理股、财务股、政办股。多年来，江苏省黄墩湖滞洪闸管理所先后获得并保持了“省一级水利工程管理单位”“省三星级档案室”“市级文明单位”“省精细化管理一级工程”等荣誉称号。

2.4.3 工程管理范围

（1）划界确权情况

黄墩湖滞洪闸已确权，工程用地完成权籍信息化，管理范围具体为上游连接骆马湖，距黄墩湖滞洪闸中心线 500 m；闸下为黄墩湖滞洪区，距黄墩湖滞洪闸中心线 300 m；左岸以堤顶道路终点连接下游权属地块最东南角的拐点的连线为界，反向延伸至和管理范围线的交点；右岸界线为以堤顶道路终点作垂直于堤顶道路方向的垂线，延伸至和上下游管理范围线的交点。

（2）安全警戒区划定情况

根据江苏省水利厅批复的省属水利工程安全警戒区划定实施方案，黄墩湖滞洪闸安全警戒区范围为水利工程管理范围。警戒区内禁止渔业养殖、捕（钓）鱼、停泊船舶、建设水上设施等行为。

2.4.4 工程效益

（1）设计效益

黄墩湖滞洪闸的建成便于控制泄洪量，充分利用骆马湖的调蓄库容，减少黄墩湖的滞洪量，相应减少滞洪区的淹没范围、水深及历时的损失。建闸后，可及时、灵活地开闸滞洪，减少人力、物力，而且便于汛后生产的迅速恢复，减少滞洪区的经济损失。

（2）实际效益

黄墩湖滞洪闸建成至今未开闸泄洪。

2.5 沙集水利枢纽（沙集站、沙集闸、睢宁二站）

2.5.1 工程简介

1. 沙集站

沙集站

（1）工程位置及作用

沙集站位于徐州市睢宁县沙集镇南约 2 km 处的徐洪河上，下游距洪泽湖 72 km，与沙集闸、睢宁二站组成一级水利枢纽工程。该站作为江苏省继中运河江水北调干线之外的又一输水干线上的重要建筑物，泵站接引洪泽湖水源，在灌溉徐州地区 3 000 万亩农田，提供工业及生活用水，保证徐洪河航运、环保，调节骆马湖湖面水位方面起着重要的作用。

（2）主要机电设备参数

沙集站设计流量为 50 m^3/s，总装机容量为 8 000 kW，安装 5 台套半调节立式混流泵。水泵型号为 1800HD-10.5，设计扬程 10.5 m，设计流量 10 m^3/s，配套电动机型号为 TL1600-20/2150，额定功率 1 600 kW，转速为 300 r/ min。该站还利用变频技术，在丰水季节可反向发电，配有 TF 2400-10 的变频发电机和 TD 2500-8 的变频电动机各一台。该站由沙翻线 35 kV 架空线路供电，内设型号 S11-10000/35 主变、SCB10-500/35 所变、SCB10-500 站变各一台。

（3）建筑物结构形式

沙集站设计水位上游为 21.5 m，下游为 13.5 m；校核水位上游为 21.5 m，下游为 12.0 m；整体结构采用闸站合一的形式，中间为抽水能力 50 m^3/s 的抽水站，两侧布置设计流量为 200 m^3/s 的节制闸，全部工程按 1 级水工建筑物设计，抗震标准按 9 度地震烈度设防。沙集站站身为堤身式块基型结构，进水流道采用肘形管，出水流道采用平直管。电机层高程 21.50 m，联轴层高程 18.00 m，水泵层高程 9.77 m，叶轮中心高程 10.50 m，交通桥高程 22.00 m，进水池底高程 7.50 m，出水池底高程 15.00 m。沙集站工程自 1993 年建成以来，上游最高水位为 21.0 m，最低水位为 18.19 m；下游最高水位为 18.65 m，最低水位为河干。防洪设计标准为 100 年一遇。工程开展的观测项目有垂直位移、河道断面、测压管水位。

（4）工程建设、改造情况

沙集站是江苏省第一批利用世界银行贷款兴建的大型水利工程，属江苏省首家采用国际国内招标建设的泵站工程，于 1992 年 4 月开工，1993 年 6 月竣工，工程造价 4 500 万元。2018 年 6 月，工程经安全鉴定为三类泵站；2022 年 11 月 14 日沙集泵站加固改造工程开工。

2. 沙集闸

沙集闸

（1）工程位置及作用

沙集闸坐落于徐州市睢宁县沙集镇南约 2 km 的徐洪河上，直接和下游相距 72 km 的洪泽湖相通，与沙集站、睢宁二站组成一级水利枢纽工程。沙集闸在正常情况下，只排泄上游徐洪河和沿线濉安河地区涝水。当濉安河地区降雨量不大，洪泽湖水位不高，黄墩湖地区出现洪水险情时，为确保大面积的防洪安全，可通过废黄河北闸至沙集闸分泄部分洪水。

（2）主要机电设备参数

沙集闸采用 QPQ-2×160kN 卷扬式启闭机，闸门为钢质平面直升门，与沙集站共同由沙翻线 35 kV 架空线路供电，共用 S11-10000/35 主变、SCB10-500/35 所变、SCB10-500 站变各一台。

（3）建筑物结构形式

沙集闸共 6 孔，两侧各 3 孔，每孔净宽 6 m，净高 4 m，设计泄洪流量 200 m^3/s，校核泄洪流量 400 m^3/s。工程自 1993 年建成以来，上游最高水位为 21.0 m，最低水位为 18.19 m；下游最高水位为 18.65 m，最低水位为河干。防洪设计标准为 100 年一遇。工程开展的观测项目有垂直位移、河道断面、测压管水位。

（4）工程建设、改造情况

沙集闸于 1992 年 4 月开工，1993 年 6 月竣工。

3. 睢宁二站

（1）工程位置及作用

睢宁二站是南水北调东线工程的第五级泵站，位于江苏省徐州市睢宁县沙集镇境内

睢宁二站

的徐洪河输水线上。该站的主要作用是通过徐洪河抽引泗洪站来水，沿徐洪河向北输送到邳州站，再由邳州站向东经房亭河调入中运河。睢宁二站设计流量 60 m^3/s，沙集站、睢宁二站共用备用流量 20 m^3/s，睢宁二站装机流量为 80 m^3/s。睢宁二站设计水位下游为 13.30 m，上游为 21.60 m；校核水位下游为 21.49 m，上游为 22.50 m；防洪标准为 100 年一遇设计水位、300 年一遇校核水位。

（2）主要机电设备参数

睢宁二站安装 2600HDQ20-9 立式混流泵 4 台套，单机流量 20.0 m^3/s，配 TL3000-40/3250 同步电机，总装机容量 12 000 kW。睢宁二站变电所供电电压等级为 110 kV，采用单电源、单变压器供电，睢宁二站主机组采用 10 kV 供电。

（3）建筑物结构形式

泵站为堤身式布置，块基型结构，肘形进水、虹吸出水，真空破坏阀断流。泵站进水流道设检修闸门，采用汽车吊启闭。泵站上游引河长 364 m，底宽 34 m，底高程 15.0 m，东侧滩地高程 23.0 m，西侧堤顶高程 24.0 m，边坡比 1∶2.5。下游引河长 370 m，底宽 31 m，底高程 8.5 m，滩面高程 14.8 m，堤顶高程 23.7 m，边坡比 1∶3，其中清污机桥至站身段长 120 m，滩面以下至高程 8.5 m 设直立式挡土墙。工程开展的观测项目有垂直位移、河道断面、建筑物伸缩缝、测压管水位。

（4）工程建设、改造情况

睢宁二站主体工程于 2011 年 3 月正式开工建设，2018 年 9 月通过省南水北调办组织的设计单元工程完工验收，工程总投资为 25 518.00 万元。

2.5.2 管理单位简介

江苏省沙集闸站管理所成立于 1993 年 2 月，负责沙集闸站工程管理及南水北调睢宁二站工程的委托管理，为省骆运管理处直属正科级事业单位，下设生产运行股、技术管理股、财务股、政办股。多年来，江苏省沙集闸站管理所先后获得“江苏省工人先锋号”“江苏省水利系统文明单位”“江苏省模范职工之家”“省级水利风景区”“江苏省水利厅先进基层党支部”等荣誉称号。

2.5.3 工程管理范围

1. 沙集站、沙集闸

（1）划界确权情况

沙集站、沙集闸为闸站合一工程，沙集闸站工程已确权面积 291 533.90 m^2，工程用地完成权籍信息化，现场埋设界桩 27 个、界牌 2 个、告示牌 2 个、分界牌 5 个、控制点 6 个。

（2）安全警戒区划定情况

根据江苏省水利厅批复的省属水利工程安全警戒区划定实施方案，沙集闸站工程安全警戒区范围为上、下游分别距闸站中心线 204 m、387 m 河道范围内的水域。警戒区内禁止渔业养殖、捕（钓）鱼、停泊船舶、建设水上设施等行为。

2. 睢宁二站

睢宁二站已确权面积 33 711.23 m^2，土地正式取得了权属证明。

2.5.4 工程效益

1. 沙集站

（1）设计效益

沙集站是江苏省徐洪河输水干线上的重要水利工程建筑物，泵站抽引洪泽湖水源，可灌溉徐州地区 3 000 万亩农田，提供工业及生活用水，保证徐洪河航运、环保，调节骆马湖湖面水位。

（2）实际效益

至 2021 年底，开机抽水共计 149 898 台时，抽水共计 53.63 亿 m^3，发电共计 78 684 台时，发电量共计 1 703.02 万 kW·h。

2. 沙集闸

（1）设计效益

沙集闸在正常情况下，只排泄上游徐洪河和沿线濉安河地区涝水。当濉安河地区降雨量不大、洪泽湖水位不高、黄墩湖地区出现洪水险情时，为确保大面积的防洪安全，可通过废黄河北闸至沙集闸分泄部分洪水。

（2）实际效益

沙集闸自 1993 年 6 月投运以来，截至 2021 年底，共计排泄涝水 48.42 亿 m^3。

3. 睢宁二站

（1）设计效益

睢宁二站工程是南水北调东线工程的第五级泵站，该站的主要作用是通过徐洪河抽引泗洪站来水，沿徐洪河向北输送到邳州站，再由邳州站向东经房亭河调入中运河。

（2）实际效益

睢宁二站工程建成后，多次投入调水运行，截至 2021 年底，已累计运行 4.8 万台时，调水 34.97 亿 m^3。

2.6 皂河闸枢纽（皂河闸、新邳洪河闸）

2.6.1 工程简介

1. 皂河闸

皂河闸

（1）工程位置及作用

皂河闸位于江苏省宿迁市湖滨新区皂河镇北约 2.5 km 处的中运河上，东与骆马湖南堤相连、西与皂河船闸东堤相接，与洋河滩闸和骆马湖南堤等组成骆马湖一线控制工程。

（2）主要机电设备参数

皂河闸采用平板钢闸门，配 QPB−2×250kN 卷扬式启闭机。小水电装机容量 4×160 kW，发电设计流量 20 m^3/s，安装 ZDK400−LH−120 型立式水轮机组 4 台，水轮机叶轮直径 1 200 mm，单机流量 5.0 m^3/s，配套 SF160−24/1180 型同步发电机，发电机额定功率 160 kW。皂河闸利用 10 kV 皂甸 137 线路供（送）电，选用 SCB10−1000/0.4/10 型升压变压器 1 台，用于水电站发电。

（3）建筑物结构形式

皂河闸设计流量 500 m^3/s，校核流量 1000 m^3/s，工程规模为大（2）型，等别为Ⅱ等。水闸设计为 6 孔，单孔净宽 10 m，总宽度 68.0 m。闸室为整体钢筋混凝土平底板胸墙式结构，闸室顺水流方向长 22.0 m。闸室底板面高程为 15.85 m，底板厚 1.5 m。闸墩顶高程 27.5 m，工作桥面高程 34.9 m。闸室下游侧设钢筋混凝土胸墙挡水，上游侧设检修门槽。闸室东侧设 4 孔小水电，单孔净宽 3.7 m，底板顺水流方向长 26 m，垂直水流方向宽 26 m（东侧边设扶壁和楼梯间，宽 6 m），底板顶面高程 15.85 m。上、下游翼墙均采用钢筋混凝土扶壁式挡土墙结构。工程开展的观测项目有垂直位移、河道断面、测压管水位。

（4）工程建设、改造情况

皂河闸建于1950年，1952年6月完成，1972年加固增设了翼墙空箱小水电，装机容量4×100 kW，1980年进行局部加固，1994年按抗震烈度7度进行抗震加固，并对小水电进行了发电机增容改造。2009年安全鉴定为三类闸，2015年进行除险加固，2019年7月完成单位工程完工验收，12月完成竣工验收，改造后水闸规模保持不变，工程投资7 377万元。

2. 新邳洪河闸

新邳洪河闸

（1）工程位置及作用

新邳洪河闸位于江苏省宿迁市湖滨新城管委会皂河镇北约3 km处的邳洪河、黄墩湖小河上，东与二线船闸相连，西与骆马湖二线大堤相接，是中运河的入水口门之一，是黄墩湖滞洪区主要退洪口门。

（2）主要机电设备参数

新邳洪河闸采用平面钢闸门，配QPB2×250kN卷扬式启闭机8台套，变压器型号为SCB13-200。

（3）建筑物结构形式

新邳洪河闸设计流量1 000 m^3/s，为钢筋混凝土结构，共8孔（邳洪河5孔1#–5#孔，黄墩湖小河3孔6#–8#孔），每孔净高7.0 m，闸孔净宽6.60 m，1990年将6#孔改建为通航孔，净高8.50 m。闸身、上游引河大堤接线为1级建筑物，设计抗震烈度为9度。

两河中间采用混凝土隔水墙隔开，闸底板高程14.50 m，闸顶高程28.00 m。闸上设有汽-15级净宽10 m公路桥一座，高程为28.00 m；工作桥一座，桥面高程为35.0 m。工程开展的观测项目有垂直位移、河道断面。

（4）工程建设、改造情况

新邳洪河闸建成于1986年，1990年将6#孔改建为通航孔，1993年增建了启闭机房，2006年对上游隔水墙进行修复加固，2012年启闭机房拆除重建，对闸门及门槽喷锌防腐并更换闸门止水橡皮，2018年进行加固改造，2020年完成单位工程完工验收。

2.6.2 管理单位简介

江苏省皂河闸管理所成立于1952年8月，负责皂河闸、新邳洪河闸及2.1 km邳洪河大堤的管理，为省骆运管理处直属正科级事业单位，下设生产运行股、技术管理股、财务股和政办股。多年来，江苏省皂河闸管理所先后获得并保持了“安全生产先进单位”“工程管理先进单位”“宿迁市文明单位”“全国水利管理先进单位”“农村水电站安全生产标准化一级单位”等荣誉称号。

2.6.3 工程管理范围

1. 皂河闸

（1）划界确权情况

皂河闸已确权面积117 888.00 m^2，工程用地完成权籍信息化，现场安装控制点3个，埋设界桩21根、告示牌3块、分界牌5块。

（2）安全警戒区划定情况

根据江苏省水利厅批复的省属水利工程安全警戒区划定实施方案，皂河闸工程警戒范围为上、下游400 m以内。警戒区内禁止渔业养殖、捕（钓）鱼、停泊船舶、建设水上设施等行为。

2. 新邳洪河闸

（1）划界确权情况

新邳洪河闸已确权面积72 975.18 m^2，工程用地完成权籍信息化，现场安装控制点3个，埋设界桩21根、界牌1块，告示牌2块，分界牌2块。

（2）安全警戒区划定情况

根据江苏省水利厅批复的省属水利工程安全警戒区划定实施方案，新邳洪河闸工程警戒范围为右侧自栏杆向外延伸40 m，上游至隔水墙末端裹头，下游至翼墙脚下；左侧至二线船闸院墙脚下，下游至下游引河裹头；此外，还包括骆马湖1 700 m防洪大堤。警戒区内禁止渔业养殖、捕（钓）鱼、停泊船舶、建设水上设施等行为。

2.6.4 工程效益

1. 皂河闸

（1）设计效益

皂河闸东接骆马湖南堤、西接皂河船闸东堤，与洋河滩闸、骆马湖南堤等组成骆马湖一线控制工程，是骆马湖泄洪口门之一。皂河闸是中运河水位的控制工程，具有防洪、灌溉、发电、保航等功能。

（2）实际效益

皂河闸在防洪、灌溉、航运、水力发电方面充分发挥工程效益，建成至2021年底，累计泄洪约953.32亿 m^3。同时4台小水电利用泄洪弃水、下游生态补水时机进行发电，年平均发电量100万kW·h，2021年发电量148万kW·h。

2. 新邳洪河闸

（1）设计效益

新邳洪河闸具有以下作用。①排涝作用：排泄黄墩湖地区150 km^2 及邳洪河上游600 km^2 内涝来水；②挡洪作用：当骆马湖退守宿迁大控制后，防止洪水进入黄墩湖地区；③引江作用：南水北调时，打开邳洪河闸1#—5#孔，从中运河取水，向皂河站供水；④通航作用：正常水位时打开6#孔，保证通航。⑤退洪作用：当启用黄墩湖滞洪区滞洪结束时，开启新邳洪河闸向中运河退洪。

（2）实际效益

新邳洪河闸在2018年6月加固工程水下验收后即投入运行，南水北调、江水北调期间为皂河站向骆马湖补水提供引水通道。同时保障黄墩湖小河上游蓄水灌溉及涝水外排。

2.7 房亭河地涵

2.7.1 工程简介

（1）工程位置及作用

房亭河地涵位于江苏省邳州市新河镇境内，穿房亭河，距中运河西堤340 m，对消除内河决口泛滥、保证东陇海铁路安全起到了重要作用。

（2）主要机电设备参数

房亭河地涵采用平面钢闸门，配手电两用10 t螺杆式启闭机，配有12 kV高压开关柜1台、低压配电柜5台、闸门控制柜9台，SC10-80/10变压器1台，50 kW柴油发电机组1台。

房亭河地涵

（3）建筑物结构形式

房亭河地涵设计流量为 134 m^3/s，为箱式地涵，共 6 孔，每孔净宽 3 m，高 3.2 m，闸身总宽 21.2 m，洞总长 207 m，房亭河洞首洞顶高程 21.70 m、洞底高程 18.50 m，邳洪河洞首洞顶高程 21.20 m、洞底高程 18.00 m。该工程等别为Ⅲ等，主要建筑物为 3 级，按地震基本烈度 8 度设防。工程开展的观测项目有垂直位移、河道断面。

（4）工程建设、改造情况

该工程于 1965 年 9 月开工，1966 年 5 月竣工；2013 年 3 月 9 日除险加固工程开工，2014 年 4 月 30 日完工，2016 年 12 月 27 日通过竣工验收。

2.7.2 管理单位简介

江苏省房亭河地涵管理所成立于 1966 年 5 月，负责房亭河地涵工程运行管理。江苏省房亭河地涵管理所为省骆运管理处直属正科级单位。多年来，江苏省房亭河地涵管理所先后获得“江苏省一级水利工程管理单位”“江苏省水利工程精细化管理单位”“邳州市园林式单位”“邳州市文明单位”等荣誉称号。

2.7.3 工程管理范围

房亭河地涵已确权面积 98 554 m^2，工程用地完成权籍信息化，现场埋设界桩 20 个、告示牌 4 个、分界牌 2 个、控制点 6 个。

（2）安全警戒区划定情况

根据江苏省水利厅批复的省属水利工程安全警戒区划定实施方案，房亭河地涵安全警戒区为：上游距离地涵中心线 200 m，上游浮筒外扩 10 m；中间为房亭河地涵上下游翼墙端点确定的四边形所包含的中间水面；下游距离地涵中心线 363 m。警戒区内禁止渔业养殖、捕（钓）鱼、停泊船舶、建设水上设施等行为。

2.7.4 工程效益

（1）设计效益

房亭河地涵为中运河以西、房亭河以北、宿占河以东、不牢河以南，高程 25.0 m 以下地区提供自排出路。而且由于彭河出口封闭，洪水不再倒灌，对消除内河决口泛滥和保障陇海线安全亦起到了重要作用。房亭河地涵房亭河洞首可以引骆马湖水灌溉黄墩湖地区 10 万亩农田，邳洪河洞首灌溉涵洞也具有引水灌溉功能。房亭河地涵可为邳州市刘集翻水站提供抗旱水源。

（2）实际效益

房亭河地涵自除险加固后投入运行以来，截至 2021 年底累计泄洪 13.42 亿 m^3，年均泄洪 1.68 亿 m^3，为彭河地区八个乡镇解决内涝问题。

2.8 洋河滩闸、六塘河闸

2.8.1 工程简介

1. 洋河滩闸

（1）工程位置及作用

洋河滩闸位于江苏省宿迁市湖滨新区晓店镇洋河滩村，闸上游为骆马湖，闸下接总六

洋河滩闸

塘河，与骆马湖南堤、皂河闸、黄墩湖滞洪闸等共同组成骆马湖一线控制工程。该闸除承担挡洪任务外，还承担来龙灌区 40 万亩农田灌溉任务；在中运河水位较低、河湖分开后，还可以通过该闸引骆马湖底水向中运河补水，以满足中运河航运需要。工程自建成以来，上游最高水位为 25.46 m，最低水位为 16.04 m；下游最高水位为 25.0 m，最低水位为 14.43 m。

（2）主要机电设备参数

洋河滩闸泄水孔采用平面钢闸门，配卷扬式启闭机；发电孔采用平面钢闸门，配液压式启闭机。闸内安装三台套卧式发电机组和两台套立式发电机组，发电总装机容量 1 450 kW。卧式水轮机型号为 GDJ735A-WS-160，设计水头 3.6 m，设计流量 3.6 ～ 35 m^3/s，转速为 120 ～ 280 r/min；发电机型号为 SFW400-8/850-W，额定容量 500 kVA，转速为 750 r/min；中间由型号为 HGX400 的行星齿轮减速器连接。立式水轮机型号为 ZDT03-LM-120，设计水头 3.6 m，设计流量 3.0 ～ 6.67 m^3/s，转速为 250 ～ 275 r/min；发电机型号为 SF125-24/1180-W，额定容量 156 kVA，转速为 250 r/min。辅机系统有供水系统、气系统，起重设备为 LX-10T 单梁桥式行车 1 台。水闸上游设有拦污栅及 XHG-II-5600(3200) 型回转式清污机，闸上布置交通桥、工作桥，并在下游侧布置了工作便桥。该闸由上级罗曼变罗薇 1#922 线 75-F6 供电，采用高压交联电缆引入，内设主变 S11-1600/10、所变 SC(B)10-100/10 各一台。

（3）建筑物结构形式

洋河滩闸共分六孔，三孔泄水，三孔发电。泄水孔闸孔净宽 3.20 m，净高 4.50 m；发电孔闸孔净宽 5.40 m，净高 4.50 m。洋河滩闸稳定设计工况上游水位 23.0 m、下游水位 15.0 m；设计消能工况上游水位 24.5 m，下游水位 19.5 m；校核消能工况上游水位 25.5 m、下游 15.5 m。洋河滩闸闸身为钢筋混凝土结构，总宽 30.8 m，总长 133.7 m；主要建筑物等级为 2 级，设计抗震烈度 7 级。上游底板高程 15.50 m，交通便桥顶高程 23.50 m，闸室底板高程 16.30 m，顶面高程 21.40 m，交通桥面高程 26.00 m，启闭机房地面高程 25.10 m，负一层地面高程 20.50 m，下游底板高程 14.00 m。工程开展的观测项目有垂直位移、河道断面。

（4）工程建设、改造情况

工程于 1952 年建成，1996 年进行抗震除险加固，将原 9.2×3 孔的水闸改造为 3 个泄水孔（3.2×3 孔）、3 个发电孔。增设 3 台 320 kW 水轮发电机组，配 SFW320-8/850 发电机。2003 年在闸上游增设了挡洪门；2007 年在闸上游增建 12.5 m 宽交通桥一座，重建上游翼墙和护底、护坡；2010 年更换边孔两台立式发电机组，型号为 ZDT03-LM-120 水轮机，配 SF125-24/1180-W 发电机，由原来的皮带传动改为直联式轴传动，大大地提高了机组运行效率；2014 年初上游增设型号为 XHG-II-5600(3200) 回旋式格栅清污机，同年改造更换三台水轮发电机组，型号为 GDJ735A-WS-160，配 SFW400-8/850-W 发电机，单机发电功率 400 kW。

2. 六塘河闸

六塘河闸

（1）工程位置及作用

六塘河闸位于宿迁城北约 4 km 的六塘河上，为骆马湖宿迁大控制工程之一。在一般水情下，骆马湖湖水位仍由皂河闸—洋河滩闸—嶂山闸一线控制，本闸仅作为来龙灌区灌溉渠首，引水灌溉 40 多万亩农田。设计水位组合上游 25.1 m，下游 17.4 m；校核水位组合上游 26.0 m，下游 17.4 m；截至目前，该闸上游历史最高水位 24.90 m，最低水位 15.50 m，下游历史最高水位 21.22 m，最低水位无水，历史最大泄洪流量 471 m^3/s。

（2）主要机电设备参数

六塘河闸闸门采用平板直升式钢闸门，选用 QP-2×300kN 固定卷扬式启闭机。六塘河闸利用节制闸附近 380V 线路供电，配电室内设 2 台低压柜及 1 台自动控制柜。六塘河闸配备型号为 VP85-100 的 80 kW 柴油发电机组 1 台，作为闸门启闭的备用电源。闸上两路电源互为备用，只能投一路电源，二者之间实现电气及机械闭锁。

（3）建筑物结构形式

六塘河闸设计工程等别为 I 等，主要建筑物为 1 级，次要建筑物为 2 级，抗震设防烈度为 8 度。六塘河闸共三孔，单孔净宽为 9.5 m，孔高 5.0 m；闸门挡水尺寸为 8.56 m×5.2 m。闸身为钢筋混凝土结构，总长 165 m，总宽 34.6 m；闸室一块底板，未分缝，底板面高程为 15.0 m；工作桥、公路桥、检修便桥顶高程 28.0 m，公路桥净宽 9.0 m。工程开展的观测项目有垂直位移。

（4）工程建设、改造情况

六塘河闸建于1958年，1978年进行抗震加固施工，1986年在工作桥上增建启闭机房，2006年对六塘河闸进行除险加固。

2.8.2 管理单位简介

江苏省洋河滩闸管理所成立于1981年，负责洋河滩闸、六塘河闸工程管理，为省骆运管理处直属正科级事业单位，下设生产运行股、技术管理股、财务股、政办股。多年来，江苏省洋河滩闸管理所先后获得并保持“江苏省五一劳动奖状”“全省水文系统先进集体”“宿迁市文明单位”“全省水利系统文明单位”“档案工作一级单位”“江苏省骆运管理处安全生产先进单位”“宿迁市绿化达标单位”“农村水电站安全生产标准化一级单位”“江苏省水利工程精细化管理单位”“水利部绿色小水电示范电站”等荣誉称号。

2.8.3 工程管理范围

1. 洋河滩闸

（1）划界确权情况

洋河滩闸已确权面积：洋河滩闸东院3 883.99 m^2，洋河滩闸西院9 357.88 m^2，工程用地完成权籍信息化，管理范围具体为：上游连接骆马湖，距工程中心线200 m；下游连接总六塘河，距工程中心线200 m；左右两岸基本沿堤顶线方向，并向外偏移。现场埋设控制点3个、界桩15个、界牌3个、告示牌2个、分界牌2个、工作基点1个。

（2）安全警戒区划定情况

根据江苏省水利厅批复的省属水利工程安全警戒区划定实施方案，洋河滩闸的安全警戒区范围为水利工程管理范围。警戒区内禁止渔业养殖、捕（钓）鱼、停泊船舶、建设水上设施等行为。

2. 六塘河闸

（1）划界确权情况

六塘河闸已确权面积50 146.00 m^2，工程用地完成权籍信息化，管理范围具体如下：上下游连接总六塘河，上下游距工程中心线200 m；左右两岸基本沿堤顶线方向，并向外偏移。现场埋设控制点3个、界桩24个、界牌13个，六塘河闸告示牌3个、分界牌2个、工作基点1个。

（2）安全警戒区划定情况

根据江苏省水利厅批复的省属水利工程安全警戒区划定实施方案，六塘河闸的安全警戒区范围为水利工程管理范围。警戒区内禁止渔业养殖、捕（钓）鱼、停泊船舶、建设水上设施等行为。

2.8.4 工程效益

1. 洋河滩闸

（1）设计效益

洋河滩闸为骆马湖控制工程之一，目前，骆马湖洪水主要依靠新沂河、中运河和徐洪河排泄，洋河滩闸不再承担排洪任务，其主要功能为农业灌溉用水，一般引水流量不大于 100 m^3/s。

（2）实际效益

自 1986 年有统计以来，截至 2021 年 12 月 31 日，洋河滩闸共泄水 143.67 亿 m^3，小水电自 1998 年投运以来，共发电 3 970.5 万 kW · h。

2. 六塘河闸

（1）设计效益

六塘河闸为骆马湖宿迁大控制工程之一，当退守宿迁大控制时关闸挡洪。目前，骆马湖洪水主要依靠新沂河、中运河和徐洪河排泄，六塘河闸不再承担排洪任务，为来龙灌区渠首工程，其主要功能为向来龙灌区供水。

（2）实际效益

自 2014 年有统计以来，截至 2021 年 12 月 31 日，六塘河闸共泄水引水 15.32 亿 m^3。

3 “淮沭三闸、清水北送”水工程

“淮沭三闸、清水北送”水工程分布图

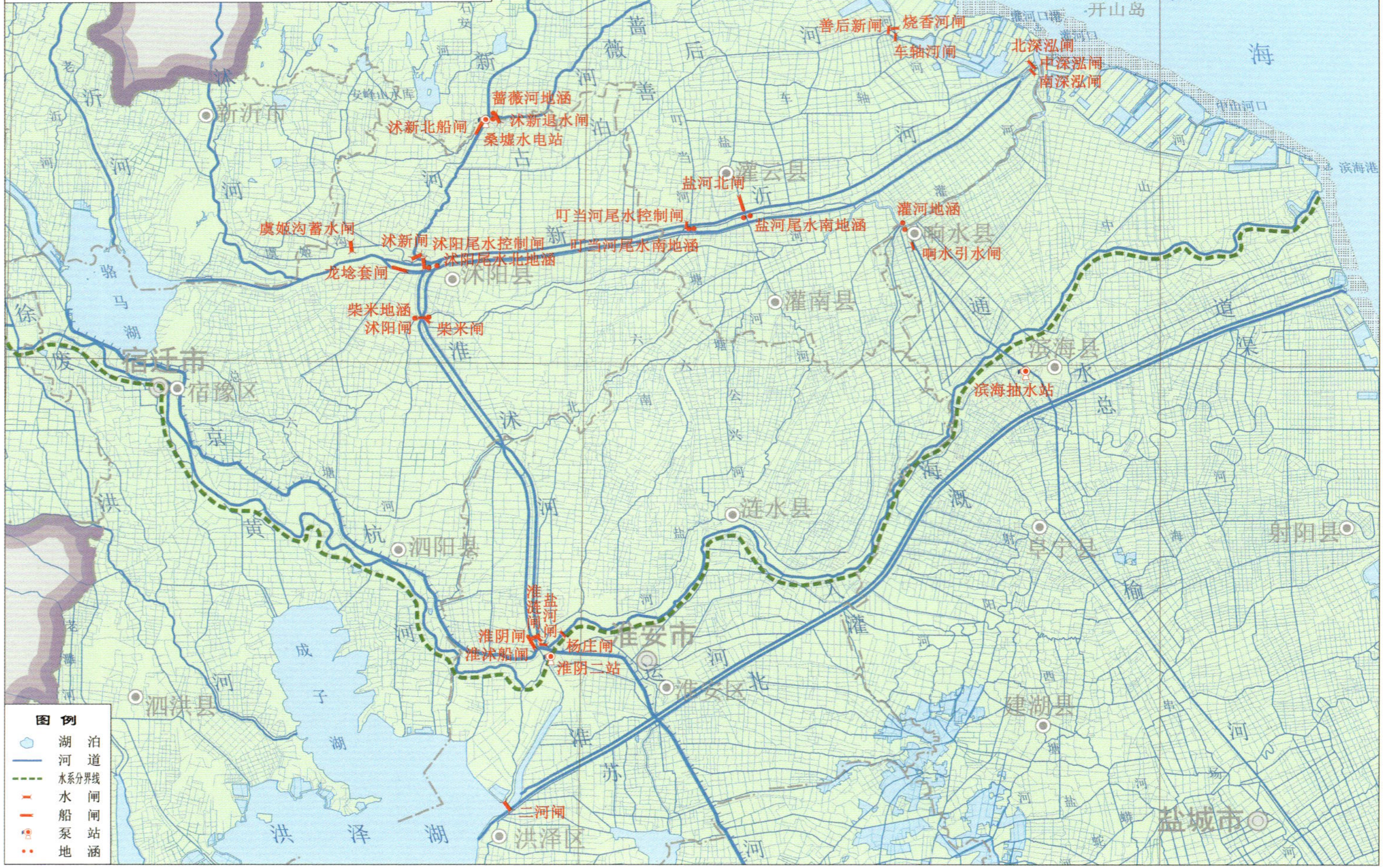

分淮入沂工程由二河、淮沭河两段组成，南起洪泽湖，北至新沂河交汇口，全长 97.6 km，淮水北调工程则在以上河段的基础上增加了一段沭新河，全长 182.4 km。河道自南向北穿越京杭运河、六塘河、柴米河等，汛期可分泄淮河洪水入新沂河入海，最大泄洪量为 3 000 m^3/s，旱季则引洪泽湖水或调引由江都水利枢纽和淮安抽水站抽引的江水北上，补给沂沭河下游平原灌溉用水，并保证淮沭河航运和连云港市用水。作为淮河下游防洪体系的重要组成部分，淮水北调、分淮入沂工程使得淮河水系和沂沭泗河水系相互紧密联系，发挥着泄洪、灌溉、航运、发电等综合效益，是江苏省治理淮河工程从单一治理走向综合开发利用的标志。河道沿线建有二河闸、淮阴闸、沭阳闸等一批水利工程，其中二河闸、淮阴闸、盐河闸、杨庄闸、淮涟闸、淮沭船闸、沭阳闸、柴米闸、柴米地涵、沭新闸、沭新退水闸、蔷薇河地涵、沭新北船闸、桑墟水电站、新沂河海口控制南中北深泓闸等 17 座工程隶属于省淮沭新河管理处。

蔷薇河位于江苏省连云港市的中部，发源于徐州市的马陵山、踢球山，横跨新沂、沭阳、东海县和连云港市区四个县市，于连云港市海州区浦南镇太平庄处与新沭河交汇入临洪河。蔷薇河作为连云港饮用水水源，用于改善连云港市的供水水质。蔷薇河送清水工程于 1996 年 3 月批准建设，主要将徐州、宿迁及总沭河等下泄的尾水，通过沭阳立交控制、灌云叮当河立交控制、盐河立交控制及尾水专道，经新沂河海口控制工程下泄入海，是实现清污分流，保证沭新河、新沂河南偏泓、叮当河等供水河道水质，保障宿迁市的沭阳及连云港市所辖的东海、灌云、灌南、赣榆等县的工农业生产和城镇生活用水水质的重要控制工程。省管水利工程包括龙埝套闸、龙埝中坝、沭阳尾水控制闸、沭阳尾水北地涵、叮当河尾水控制闸、叮当河尾水南地涵、盐河尾水南地涵等 7 座工程。

通榆河南起南通九圩港，北达连云港赣榆县，全长 415 km，是江苏省东部沿海地区江水东引北调的水利、水运骨干河道。通榆河北延送水是江苏省实施沿海开发国家战略、促进东部沿海水运发展而兴建的战略性水资源工程，利用已建的通榆河中段工程和连云港疏港航道，增做部分调水工程，自滨海县境内的滨海抽水站引水至赣榆县，沿线途经盐城市的滨海、响水和连云港市的灌南、灌云、海州、赣榆等县（区），终点为赣榆最北边的柘汪开发区，全长 190 km。该工程输水规模为 30 ～ 50 m^3/s。省管水利工程包括滨海抽水站、响水引水闸、灌河地涵 3 座工程。

古泊善后河，原为古涟、泊阳、善后三条河；1952 年相互连通取直，以三河之首字命名，西起万公河，经湖东、龙直、板浦镇，至埒子口入黄海，全长 91 km，流域面积 1 230 km^2；1958 年河口建善后新闸，是新沂河以北地区主要排涝河道。烧香河流域西起盐河黑风口，东行经南城闸，再东至东辛农场五分场西侧，主河道东流至小岛河口分岔：一支经小板跳，穿驳盐河到大板跳的烧香河北闸入海；另一支折弯南下，经海堤河到东陬山西山嘴的烧香河南闸，出埒子口入海，全长 46 km，流域面积 427 km^2。车轴河是灌云县善后河以南、牛墩界圩河以北地区一条主要引排河道，车轴河上游在下车镇大柴市与盐河相接，下游在圩丰镇小湾闸折弯分为两支：一支从小湾闸至东陬山车轴河闸排水，经埒子口入海；另一支从小湾闸至五图闸、图西闸排水，经埒子口入海，河道全长 44.2 km，流域面积 333 km^2。位于埒子口的善后新闸、烧香河闸、车轴河闸 3 座工程，隶属于江苏省淮沭新河管理处。

江苏省淮沭新河管理处与江苏省通榆河蔷薇河送清水工程管理处合署办公，为省水利厅直属正处级事业单位，主要负责淮沭新河（分淮入沂）、蔷薇河送清水、通榆河北延等省管水利工程的管理和运行，承担管理区域内的防汛防旱、清污分流、河道管理、水政执法等工作职能。江苏省淮沭新河管理处内设办公室、工程管理科（安监科）、财供科（审计科）、水政科、河道科、组织人事科（团委）、党委办公室、纪律监督室、工会，下设江苏省淮沭新河管理处水文站、江苏省二河闸管理所、江苏省淮阴闸管理所、江苏省杨庄闸管理所、江苏省淮阴第二抽水站管理所、江苏省沭阳闸管理所、江苏省蔷薇河地涵管理所、江苏省沭新闸管理所、江苏省盐河北闸管理所、江苏省善后闸管理所、江苏省新沂河海口控制工程管理所。江苏省通榆河蔷薇河送清水工程管理处内设办公室（与江苏省淮沭新河管理处办公室合署办公）、工程管理科（与江苏省淮沭新河管理处工程管理科合署办公）、财务科（与江苏省淮沭新河管理处财供科合署办公）、水质监测科（与江苏省淮沭新河管理处水文站合署办公），下设江苏省龙埝控制工程管理所、江苏省沭阳控制工程管理所、江苏省叮当河控制工程管理所、江苏省盐河地涵管理所、江苏省滨海抽水站管理所、江苏省灌河响水地涵管理所。

3.1 二河闸

二河闸

3.1.1 工程简介

（1）工程位置及作用

二河闸位于江苏省淮安市洪泽区高良涧镇东北约 7 km 处、洪泽湖大堤和苏北灌溉总渠北堤之三角地带，系淮河下游洪水分泄入新沂河、淮河入海水道及渠北临时分洪的关键性工程，又是淮水北调的渠首工程和引沂济淮的主要工程，下游为二河段，发挥着泄洪、灌溉、航运、发电等综合效益。工程自建成以来，上游最高水位为 14.33 m，最低水位为河干（低于底板顶高程 8.0 m），多年平均水位为 12.79 m；下游最高水位为 13.8 m，最低水位为 8.7 m，多年平均水位为 11.45 m。

二河闸使淮河下游的防洪标准提高到 300 年一遇，校核标准可达千年一遇，即由二河闸分泄淮河洪水 3 000 ～ 4 000 m^3/s，并为万年一遇洪水作了出路安排，最大流量可达 9 000 m^3/s，经渠北分洪 5 000 m^3/s（含入海水道 2 270 m^3/s），淮沭河分 4 000 m^3/s 经新沂河入海，确保里下河地区人民生命财产安全。同时，设计灌溉引水 750 m^3/s，沂、沭、泗丰水年份，可将沂沭泗水经中运河反向运行调入洪泽湖，设计流量 300 m^3/s，校核流量 1 000 m^3/s。

（2）主要机电设备参数

二河闸设计流量 3 000 m^3/s，校核流量 9 000 m^3/s，为大（1）型水闸工程。二河闸总宽 401.82 m，分 12 块底板（三孔一块计 11 块，二孔一块计 1 块），计 35 孔，孔宽 10.0 m，孔高 8.0 m。闸门为实腹式弧形钢闸门，采用 35 台 2×250kN 卷扬式启闭机启闭。从下游开关站接引西洪线 35 kV 网线。现场配有 1# 主变压器 SC10-Z-80/35，2# 主变压器 SC10-Z-315/35 作为备用，还配备高压保护装置、低压控制柜、计算机监控系统、视频监视系统、闸身震动在线检测系统、水文测井自动温控系统、S-75GF 备用柴油发电机一套。

（3）建筑物结构形式

二河闸闸身为钢筋混凝土结构，闸底板高程 8.0 m（废黄河口基准面，下同），闸顶高程 19.5 m，胸墙底高程 16.0 m，工作便桥桥面高程 19.5 m。岸、边墩厚 0.9 m，中墩厚 1.3 m。岸墙为钢筋混凝土空箱扶壁式，顶部高程 19.5 m。闸墩下游侧设公路桥，净宽 7.0 m，按汽 -10 级设计、拖 -60 级校核，桥面高程 19.5 m。工作桥宽 4.5 m，桥面高程 28.25 m。工程开展的观测项目有垂直位移、河床变形、扬压力。

（4）工程建设、改造情况

二河闸 1958 年建成后，于 1979 年 10 月获批进行除险加固工程，1980 年 9 月竣工；于 1995—1996 年获批进行了抗震除险加固；于 2004—2007 年获批进行了除险加固。

3.1.2 管理单位简介

二河闸于1958年建成后成立江苏省水利厅二河闸管理处；1966年3月，经江苏省人民委员会和江苏水利厅批准，撤销原“江苏省水利厅二河闸管理处”，成立“江苏省水利厅淮沭新河管理处”，并成立“二河闸管理所”，隶属于管理处。多年来，江苏省二河闸管理所先后获得并保持了“江苏省人民政府嘉奖令”“全国工人先锋号”“全国青年文明号”“江苏省水利系统文明单位”“全国模范职工之家”“全省水利系统文明标兵单位”“全省水利系统先进集体”“全省水利系统工程管理先进单位”“全省水利系统防汛防旱先进单位”“省属水利工程管理工作先进集体”“江苏省水利厅文明水文测站”“全国文明水文站”“全国先进报汛站”“省水利厅水文先进集体”“国家级水管单位”“省级水利风景区”“省水利工程精细化管理单位”等82项荣誉称号。

3.1.3 工程管理范围

（1）划界确权情况

二河闸已确权面积198 357.4 m^2，工程用地完成权籍信息化，现场埋设界桩33根、告示牌4个、分界牌4个。

（2）安全警戒区划定情况

根据江苏省水利厅批复的省属水利工程安全警戒区划定实施方案，二河闸安全警戒区范围为上游500 m，右岸至总渠间的堤顶，左岸与张福河堤顶交界，下游500 m。警戒区内禁止渔业养殖、捕（钓）鱼、停泊船舶、建设水上设施等行为。

3.1.4 工程效益

（1）设计效益

二河闸为大（1）型水闸工程，设计功能是淮河下游洪水分泄入新沂河、淮河入海水道及渠北临时分洪的关键性工程，又是淮水北调的渠首工程和引沂济淮的主要工程，兼泄洪、航运、发电等综合效益，确保里下河地区人民生命财产安全，同时，设计要求在灌溉季节引水750 m^3/s，供给盐城、淮安、连云港、宿迁市工农业生产和生活用水。

（2）实际效益

自1958年6月建成以来，二河闸发挥着泄洪、灌溉、航运、发电等综合效益，确保了里下河地区人民生命财产安全，常年向连云港缺水地区供应200～300 m^3/s的日常用水，在农业大用水灌溉季节供水750～1 000 m^3/s，供给盐城、淮安、连云港、宿迁市工农业生产和生活用水。汛期按控制运用原则泄洪入新沂河或入海。截至目前出湖最大流量3 250 m^3/s（2003年7月11日），入湖最大流量1 030 m^3/s（1985年9月18日）。1991年淮河洪水期间，二河闸12天泄洪9亿 m^3；2003年淮河特大洪水期间，二河闸泄洪 65 亿 m^3;2007 年，淮河洪水期间，二河闸 23 天泄洪 40 亿 m^3。截至 2021 年 12 月底，二河闸泄水总量近 4 474 亿 m^3，入湖总量为 168 亿 m^3/s。自 1964 年以来，二河闸年均泄水总量约 78 亿 m^3，发挥了显著的社会效益。

3.2 淮阴枢纽（淮阴闸、淮沭船闸、淮涟闸、杨庄闸、盐河闸、淮阴二站）

3.2.1 工程简介

1. 淮阴闸

淮阴闸

（1）工程位置及作用

淮阴闸地处淮安市淮阴区王家营街道杨庄，中运河与淮沭新河交汇处，是淮水北调、分淮入沂淮阴枢纽的主体工程，建成后其主要作用是在淮河发生洪水时泄 3 000 ～ 4 000 m^3/s 入新沂河，以提高淮河下游的防洪能力，一般年份和桃汛期，泄 400 ～ 500 m^3/s 预降洪泽湖水位，可保护淮沭河滩地农作物免遭水害；调节航运水位，为三市十一个县区工农业生产及人民生活提供水源，保障该地区的经济社会发展。工程设计流量 3 000 m^3/s，校核流量 4 000 m^3/s，设计防洪标准为 300 年一遇。

（2）主要机电设备参数

淮阴闸总宽 345.4 m，共 30 孔，每孔净宽 10 m。闸门采用 10.48 m × 9.95 m（宽 × 高）弧形钢闸门，配 QH-2 × 225kN-12.0 m 卷扬式启闭机。主变压器型号 SC10-125/10，供电线路编号为 10 kV 江淮 132 线淮阴大闸线。淮阴闸水电站由 1 台轴流式水轮发电机组和四台（27#、28#、29#、30# 闸孔内）浮沉箱可移式船体发电装置构成，总装机容量为 925 kW。配有 5 台 HQ-N 清污机。

（3）建筑物结构形式

淮阴闸主体工程为钢筋混凝土结构，启闭机房为轻型彩钢板房，闸底高程 6.1 m，闸顶高程 17.0 m，工作桥面高程 24.8 m，工作便桥桥面高程 17.0 m。工程开展的观测项目有垂直位移、河床变形、扬压力。

（4）工程建设、改造情况

淮阴闸 1959 年建成后，于 1994 年 12 月进行工程加固，1995 年 11 月完工；再次除险加固于 2004 年 3 月 16 日开工，2005 年 11 月 30 日完工。

2. 淮沭船闸

淮沭船闸

（1）工程位置及作用

淮沭船闸地处淮安市淮阴区马头镇，位于中运河与淮沭新河交汇处，是分淮入沂综合利用工程之一，与淮阴闸等建筑物组成淮阴枢纽，发挥防洪及航运的作用，是沟通中运河与淮沭新河的通航建筑物，上游最高洪水位 16.43 m，最低通航水位 10.50 m，下游最低通航水位 8.50 m，最小通航水深 2.5 m，引航道采用Ⅴ级设计标准，上游引河长 980 m，下游引河长 740 m，底宽均为 15 m。

（2）主要机电设备参数

淮沭船闸闸室有效长度 135.0 m，闸首净宽 10.0 m，闸室净宽 12.0 m，按 800 t 级设计。上下游大门系钢质人字门，门宽 5.95 m，采用 4 台 4 t 推杆启闭机。上下游阀门系钢质平面直升门，门宽 2.6 m，门高 2.2 m，采用 4 台 10 t 螺杆启闭机，消能采用头部短廊道集中输水系统。船闸由型号为 SC10-125/10 的变压器（与淮阴闸共用）提供电源，配有 3 台 HXGND-12、2 台 XGN66-12（10 kV）高压开关柜及 1 台 MNS、2 台 GGD 低压配电柜。

（3）建筑物结构形式

淮沭船闸上下闸首为钢筋混凝土结构，闸室为混凝土透水底板，闸室墙为钢筋混凝土重力式结构。工程开展的观测项目有垂直位移、河床变形。

（4）工程建设、改造情况

淮沭船闸于1964年建成，2001年进行了大修改造。

3. 淮涟闸

淮涟闸

（1）工程位置及作用

淮涟闸位于淮安市淮阴区王家营街道杨庄，在中运河与淮沭新河的交汇处，与淮阴闸相距200 m，是分淮入沂综合利用工程之一。淮涟闸为淮涟灌区和徐溜灌区引水渠首工程，灌区范围北至六塘河，南至盐河，西至淮沭河，东至张家河，灌溉面积119万亩。

淮涟闸原为6孔，设计流量110 m^3/s，重建后改为3孔，每孔净宽8 m，设计流量不变。

（2）主要机电设备参数

淮涟闸为3孔，每孔净宽8 m。闸门形式为平面直升钢闸门，配有3台套QP-2×160kN-12 m卷扬式双吊点启闭机，主变压器型号为SC10-125/10（与淮阴闸共用），供电线路编号为10 kV江淮132线淮阴大闸线。

（3）建筑物结构形式

淮涟闸主体工程为钢筋混凝土结构，新建淮涟闸总净宽24 m，共3孔，单孔净宽8 m。采用1块底板，闸室底板高程为7.5 m；胸墙底高程为12.0 m；上游墩顶高程为18.0 m，边墩上部厚度为1.0 m，下部逐渐加厚为1.5 m，中墩厚度1.0 m；交通桥顶高程为16.0 m，总宽7.5 m；工作桥顶高程为24.928 m，总宽4.5 m；检修便桥顶高程为18.0 m，总宽3.0 m。

工程开展的观测项目有垂直位移、河床变形、扬压力。

（4）工程建设、改造情况

淮涟闸建于 1959 年 4 月，于 2015 年 9 月拆除重建，2017 年 12 月通过完工验收，2020 年 5 月通过竣工验收，工程总投资 2 458 万元。

4. 杨庄闸

杨庄闸

（1）工程位置及作用

杨庄闸位于淮安市西郊活动坝，是废黄河入海的控制工程之一。2015 年 10 月老杨庄闸（原杨庄活动坝）进行除险加固，拆除闸门后老杨庄闸成为开敞建筑物，退出运行。

新建杨庄闸位于老杨庄闸上游约 70 m 处，其主要作用是在汛期承担排泄淮水或沂泗洪水，灌溉季节可输送灌溉水解决废黄河两岸农田用水，枯水时可控制中运河水位以利于航运。杨庄新闸设计流量 200 m^3/s，校核流量 500 m^3/s。

（2）主要机电设备参数

新建杨庄闸共 5 孔，每孔净宽 8 m。闸门为平面钢闸门，每孔设 2×250kN 卷扬机一台，配 SC10-125/10 干式变压器一台。

（3）建筑物结构形式

新建杨庄闸工程级别为Ⅲ等，主要建筑物级别为 1 级，其他次要建筑物级别为 3 级。闸身为钢筋混凝土结构，闸室基底采用搅拌桩基础处理，闸室基底四周采用混凝土地连墙围封。闸顶高程 18.00 m，门顶高程 14.00 m，闸底高程 8.00 m。工程开展的观测项目有垂直位移、河道变形、扬压力。

（4）工程建设、改造情况

老杨庄闸于 1936 年建成后，在抗日战争中遭破坏，于 1952 年由苏北水利局修复。2015 年 10 月老杨庄闸进行除险加固，拆除闸门后老杨庄闸成为开敞建筑物。老杨庄闸退出运行。新建杨庄闸于 2015 年 10 月开工建设，2022 年 1 月，杨庄闸除险加固工程通过单位工程验收，工程投资 5 100 万元。

5. 盐河闸

盐河闸

（1）工程位置及作用

盐河闸位于淮安市淮阴区王家营街道杨庄，在中运河与淮沭河交汇处东侧，是分淮入沂综合利用工程之一，为盐河灌区渠首工程。该闸由进水闸、水电站两部分组成。电站隶属淮阴区水利局。

该闸汛期控制中运河及淮沭河洪水不致进入盐河，保证闸下 200 km^2 地区的排涝；灌溉期引水灌溉盐河地区的 258 万亩农田；尽可能地保证盐河通航水位，便于发展水运事业，促进盐河两岸工农业生产。盐河闸设计流量 230 m^3/s，校核流量 276 m^3/s，最大引水流量 246 m^3/s。

（2）主要机电设备参数

盐河闸共 12 孔，每孔净宽 2.7 m，总计宽度为 44 m。采用 12 扇单吊点平面钢闸门，配 12 台套 QP-250kN 卷扬式启闭机。水电站装机容量为 3×500 kW，年发电 400 万 kW · h。

（3）建筑物结构形式

盐河闸系开敞式涵洞结构，闸室底板高程为 6.30 m，检修便桥高程为 13.50 m，交通桥面高程为 15.80 m，工作桥面高程为 21 m。工程开展的观测项目有垂直位移、河床变形。

（4）工程建设、改造情况

盐河闸于 1959 年建成后，于 2012 年 9 月 25 日进行除险加固，2014 年 12 月工程竣工。

6. 淮阴二站

淮阴二站

（1）工程位置及作用

江苏省淮阴第二抽水站（简称淮阴二站）位于淮安市区西南沟通里运河、二河的头河上。工程为南水北调东线应急工程之一，属于江水北调第三梯级泵站。淮阴二站承担向洪泽湖和淮北地区补水的任务。设计流量 100 m^3/s，设计扬程 4.4 m。防洪标准按 50 年一遇设计，200 年一遇校核。

（2）主要机电设备参数

淮阴二站共安装 3 台 3.1ZLQ-5 型轴流泵、TLW2800-40/3250 型同步电动机，总装机容量为 8 400 kW。主变压器为 SZ9-16000/110 型两圈式油浸自冷变压器。该站主供电源为 110 kV 专线供电，备供及发电出线为城南变电所 10 kV 线路。

（3）建筑物结构形式

淮阴二站为块基式整体钢筋混凝土结构，肘形进水流道，虹吸式出水流道，真空破坏阀断流。站身厂房内部自下而上分别为流道与排水廊道层、水泵层、联轴层和电机层。主厂房跨度 12.7 m，高度 14.37 m，厂房内部布置 QD32/5 t 桥式起重机 1 台，主厂房南部（右侧）为检修间，北侧为控制楼。主厂房及检修间为排架结构，单层球铰网架层面，控制楼为框架结构，整体三层，局部四层。站身采用天然地基，检修间及控制楼采用钢筋混凝土灌注桩基础。工程开展的观测项目有垂直位移、河床变形、扬压力。

（4）工程建设、改造情况

淮阴二站工程于 2000 年 12 月 27 日开工，2002 年 12 月 22 日通过竣工验收，工程投资规模为 11 065 万元。工程建成后未除险加固。

3.2.2 管理单位简介

1. 江苏省淮阴闸管理所

淮阴闸始建于1958年，1962年水利厅在淮阴地区成立江苏省二河闸管理处，随后淮阴闸交由省二河闸管理处管理，并成立淮阴闸管理所。1966年省二河闸管理处更名为省淮沭新河管理处，同时撤销淮阴闸管理所，由管理处直接管理。后于1979年重新设立为淮阴闸管理所。1989年将原属于淮阴闸管理所管理的淮沭船闸单独设立为淮沭船闸管理所，与淮阴闸分开管理。直到1992年将淮阴闸管理所与淮沭船闸管理所又重新合并，仍称淮阴闸管理所至今。

江苏省淮阴闸管理所负责淮阴闸、淮沭船闸、淮涟闸、盐河闸工程管理，为江苏省淮沭新河管理处直属正科级事业单位，下设工务、水文、财务、后勤、电站运行班、船闸运行班。

多年来获得了安全生产先进集体、水利工程经营管理工作先进单位、思想政治工作先进单位、工程管理工作先进单位、青年文明号、全省水利系统文明单位、2009年度省属水利工程管理工作先进集体、工人先锋号、淮安市文明单位、2018年度经营管理工作先进集体、档案管理三星级单位、2019年度“百日竞赛”船闸电站经营创收先进集体、2019年度目标管理先进集体、2019年度“船闸优质服务月”活动优胜单位、2018—2019年度文明班组、2020年汛前工作先进单位、2020年汛前工作进步单位、2020年度目标管理先进集体和2021年汛前工作先进单位等荣誉。

2. 江苏省杨庄闸管理所

杨庄闸1958年起属淮阴专区闸坝管理处管理，20世纪60年代起先后属省二河闸管理处、省淮沭新河管理处领导。1964年杨庄闸管理机构撤销，受淮阴闸管理所直接管理。1978年重新设立省杨庄闸管理所。1993年省淮沭新河管理处由杨庄迁至杨庄闸管理所，杨庄闸管理所建制未撤，但已停止单独活动，由管理处直管。1998年管理处迁至淮安市经济开发区，杨庄闸管理所重新单独设置，隶属于江苏省淮沭新河管理处。

多年来，管理所获得了“淮安市精神文明建设工作先进单位”“淮安市经济开发区文明单位”“管理处安全生产先进集体”“管理处先进党支部”等多项荣誉。

3. 江苏省淮阴第二抽水站管理所

根据江苏省水利厅《关于淮阴二站运行管理体制的通知》（苏水管〔2002〕27号）、《关于同意成立江苏省淮阴第二抽水站管理所的批复》（苏水人〔2002〕29号）文件精神，省淮沭新河管理处决定成立江苏省淮阴第二抽水站管理所。

多年来，淮阴二站管理所先后获得了“2015—2016年度先进党支部”“江苏省文明单位”“江苏省工人先锋号”“2018年度目标管理先进集体”“2018年度经营管理工作先进集体”“2018年度信息宣传工作先进集体”“江苏省水利厅系统先进基层党组织”“江苏省文明单位”等荣誉称号。

3.2.3 工程管理范围

1. 淮阴闸、淮沭船闸、淮涟闸、盐河闸

（1）划界确权情况

淮阴闸、淮沭船闸、淮涟闸、盐河闸四座工程确权面积为 1 103 400.00 m^2，工程用地完成权籍信息化，现场埋设界桩 57 个、界牌 10 个、告示牌 4 个。

（2）安全警戒区划定情况

根据江苏省水利厅批复的省属水利工程安全警戒区划定实施方案，淮阴闸、淮沭船闸、淮涟闸、盐河闸四座工程警戒区范围如下：以淮阴闸边缘线算起，上游为 1 300 m，下游为 550 m，右侧宽 50 ～ 250 m；上游左岸长 1 300 m，与淮沭船闸上游引河交界；上游右岸长 1 200 m，与盐河闸上左堤防交界；下游左岸（西偏泓）长 700 m，与淮沭船闸下游引河交界，右岸（东偏泓）长 530 m，左右岸均以迎水面堤顶、工程轮廓线为界。警戒区内禁止渔业养殖、捕（钓）鱼、停泊船舶、建设水上设施等行为。

2. 杨庄闸

（1）划界确权情况

杨庄闸确权面积为 38 988.7 m^2，工程用地完成权籍信息化，管理范围为上游 200 m，下游右侧 370 m，左侧 500 m，左侧宽 10 ～ 100 m，右侧宽 40 ～ 110 m。现场埋设界桩 27 根、告示牌 1 个、分界牌 4 个。

（2）安全警戒区划定情况

根据江苏省水利厅批复的省属水利工程安全警戒区划定实施方案，杨庄闸工程警戒区范围为上游左右岸堤防长 50 m，下游右岸堤防长 370 m，左岸堤防长 500 m，左岸以迎水面堤顶为界，右岸宽距河口线 40 ～ 110 m，与管理范围线重合。

3. 淮阴二站

（1）划界确权情况

淮阴二站确权面积为 347 066.9 m^2，工程用地完成权籍信息化，淮阴二站上游引河长 470 m，上游管理范围为沿上游河中心线右侧 90 m，左侧 200 m。下游引河长 1.9 km，下游管理范围为沿下游引河中心线两侧各 90 m。现场埋设地界桩 88 根。

（2）安全警戒区划定情况

根据江苏省水利厅批复的省属水利工程安全警戒区划定实施方案，淮阴二站警戒区范围为下游引河 1 800 m，上游引河 380 m，左侧宽 5 ～ 230 m，右侧宽 5 ～ 140 m。警戒区内禁止渔业养殖、捕（钓）鱼、停泊船舶、建设水上设施等行为。

3.2.4 工程效益

1. 淮阴闸

（1）设计效益

在淮河发生洪水时泄 3 000 ～ 4 000 m^3/s 入新沂河，以提高淮河下游的防洪能力，一般年份和桃汛期，泄 400 ～ 500 m^3/s 预降洪泽湖水位，可保护淮沭河滩地农作物免遭水害，并调节航运水位。

（2）实际效益

工程自建成以来，极大增强了淮河下游的防洪能力。

主要泄洪情况：1991 年 7 月 4 日至 7 月 20 日行洪，最大行洪流量为 7 月 17 日 1 270 m^3/s。2003 年 7 月 5 日至 8 月 4 日行洪，最大行洪流量为 7 月 11 日 1 440 m^3/s。工程为三市十一个县区工农业生产及人民生活提供水源，为该地区的经济发展发挥了积极作用。

2. 淮沭船闸

（1）设计效益

淮沭船闸设计功能为沟通淮沭河与大运河航运，设计年通航能力 225 万 t。

（2）实际效益

年通航能力已超过 400 万 t。

3. 淮涟闸

（1）设计效益

灌溉功能：淮涟闸承担着北至六塘河、南至盐河、西至淮沭河、东至张家河 119 万亩农田灌溉的引水任务。

（2）实际效益

工程自 2018 年重建后投入使用，截至 2021 年底已经为下游供水 13.42 亿 m^3，为下游农业生产及人民生活用水提供了丰富的水源，由于灌区渠系工程未相应跟上，效益尚未全部发挥，目前灌溉面积达 85 万亩。

4. 杨庄闸

（1）设计效益

杨庄闸设计功能是排泄沂沭泗洪水入海的重要通道，同时是控制废黄河入海水量的建筑物，汛期开闸放水入海，此时应当根据上游洪水泄洪总调度原则，并视雨情、水情及时进行调度，适时开闸泄洪。枯水季节，关闸蓄水，以供中运河、里运河航运及灌溉。

（2）实际效益

杨庄闸自建成以来，在排洪、灌溉、调节航运水位等方面发挥了重大作用，由于下游河床不稳定，两岸冲刷严重，实际下泄量不断减小，现最大下泄流量为 200 m^3/s。灌溉效益基本达到，灌溉面积 162 万亩，枯水期兼顾中运河段通航。

5. 盐河闸

（1）设计效益

盐河闸汛期控制中运河及淮沭河洪水不致进入盐河，保证闸下200 km^2 地区的排涝；灌溉期引水灌溉盐河地区258 万亩农田；尽可能地保证盐河通航水位，便于发展水运事业，促进盐河两岸工农业生产；水电站装机3×500 kW，年发电400 万kW·h。

（2）实际效益

盐河闸 2018 年至 2021 年引排水量分别为 12.81 亿 m^3、3.47 亿 m^3、2.92 亿 m^3、4.85 亿 m^3，共计 24.05 亿 m^3。

6. 淮阴二站

（1）设计效益

淮阴二站具有灌溉、调水、发电的作用，并承担向洪泽湖和淮北地区补水的任务，同时，淮阴二站的运用对改善淮安市区居民生活用水及工农业用水环境、构筑淮安市绿水城市有着重要的现实意义。

（2）实际效益

自 2015 年投入运行以来，截至 2021 年底，淮阴二站累计运行 590 天，调水近 30 亿 m^3，累计发电量 148.67 万 kW·h。一直以来工程未超设计标准运行，未遭受地震、风暴潮、台风等自然灾害袭击，工程安全运行无事故。

3.3 沭阳枢纽（沭阳闸、柴米闸、柴米地涵、龙埝套闸、沭阳尾水控制闸、沭阳尾水北地涵、沭新闸、虞姬沟蓄水闸）

3.3.1 工程简介

1. 沭阳闸

沭阳闸

（1）工程位置及作用

沭阳闸位于淮沭河尾闾、新沂河以南 7 km 处，设计标准为 300 年一遇，其主要作用是当淮沭河发生 50 年一遇洪水时，分泄 3 000 m^3/s 洪水经新沂河入海；正常年份，向沂北地区输送 100 ～ 250 m^3/s 灌溉水，解决农田用水以及沟通沭阳到淮安的航运；在新沂河洪水时期，防止沂水倒灌，确保淮沭河滩地农田正常生产，并减轻淮沭河堤防的负担；还可分泄新沂河部分桃汛经柴米闸下泄入柴米河，以保证新沂河下游滩地一季三麦的生长、收获。目前，该工程的航运、灌溉、排涝、保护滩地等效益已基本达到，1991 年、2003 年淮河流域发生特大洪水，该工程先后两次参与分淮入沂。

（2）主要机电设备参数

沭阳闸共 25 孔，每孔净宽 10 m，闸门为梁板实腹式弧形钢闸门，共配备 25 台套 QH-2×160KN-12m 卷扬式启闭机、14 台 SJ-500 启闭机 LCU 控制柜、1 台 XL21 低压控制柜、1 台 SJ-02 网络照明柜、1 台 XGN15-12（31.5A）高压出线柜、1 台 XGN15-12（1A）高压计量柜、1 台 XGN15-12（630A）高压进线柜、1 台 MNS 电容补偿柜、2 台 MNS 配电柜、1 台 MNS 低压进线柜。

（3）建筑物结构形式

沭阳闸共 25 孔，闸孔净宽 10 m，分 13 块底板，其中 1 号孔单独一块底板，其余每两孔一块底板；1 号孔和 25 号两边孔为通航孔，闸身总宽 288.15 m，设计标准为 300 年一遇，是大（2）型水工建筑物。设计流量为 3 000 m^3/s，校核流量为 4 000 m^3/s，采用梁板实腹式弧形钢闸门挡水。

工程底板及上下游护坦、消力池系柴米河地下涵洞之洞身，柴米河上游因淮沭河开挖被切断后，涝水经柴米地涵排泄。工程开展的观测项目有垂直位移、河床变形。

（4）工程建设、改造情况

沭阳闸于 1959 年 10 月建成，于 2013 年 9 月进行除险加固，2017 年 12 月通过竣工验收。

2. 柴米闸

柴米闸

（1）工程位置及作用

柴米闸地处江苏省宿迁市沭阳县沭城镇以南 7km 处，位于沭阳闸上游右岸淮沭河东堤，距沭阳闸 150 m 处（淮沭河桩号 K58+200）。柴米闸上游为淮沭新河，下游为柴米河，是分淮入沂工程之一。

（2）主要机电设备参数

柴米闸共 9 孔，每孔净宽 4 m，共配备 9 扇钢结构平板直升门、9 台套 QL-100kN 螺杆式启闭机、9 台套 XL 启闭机控制柜、1 台 SCB11-315/10 干式变压器、1 台 GGD 低压配电柜、1 台 120 KW 柴油发电机组。

（3）建筑物结构形式

柴米闸为钢筋混凝土结构，共 9 孔，单孔净宽 4 m，闸身总宽 44 m，闸长 126.5 m，设计标准为排涝 20 年一遇，设计流量为 352 m^3/s，校核流量为 460 m^3/s。闸身采用钢筋混凝土倒“л”形结构，底板高程 5.0 m，净高 3.50 m，闸墩顶部设有钢筋混凝土工作桥与公路桥，上游设有插板门槽，便于修理。下游设汽-10 级公路桥一座，为装配式预制钢筋混凝土门形梁，桥面高程 15.0 m，净宽 6.5 m。上下游两岸为浆砌块石重力式翼墙及挡土墙。上游顶高 15.0 m，下游顶高 8.0 m。

岸墙为钢筋混凝土和浆砌块石组合的重力式结构，前墙为钢筋混凝土，兼作闸身边墩，墙身为浆砌石重力式结构。上下游翼墙均采用浆砌石重力式结构。闸身上游设长 19 m 的钢筋混凝土防渗护坦和长 10 m 的砌石海漫。下游设长 29 m 的钢筋混凝土消力池，池底高程 1.8 m，尾坎高程 3.4 m，池深 1.6 m，消力池后为长 45 m 的砌石海漫和深 2.0 m 的抛石防冲槽。两岸河坡上游为干砌块石混凝土抹面，下游为浆砌、干砌块石抹缝。

工程开展的观测项目有垂直位移、河床变形。

（4）工程建设、改造情况

柴米闸于 1961 年建成后，于 2003 年进行除险加固，工程投资 334 万元。

3. 柴米地涵

柴米地涵

（1）工程位置及作用

柴米地涵位于淮沭河尾闾、新沂河以南 7 km 处。柴米地涵与沭阳闸为闸涵结合的立体交叉建筑物，沭阳闸底板及上下游护坦为箱式结构，作为柴米地涵洞身。

（2）主要机电设备参数

柴米地涵共 22 孔，每孔净宽 3 m，上、下游闸门均采用平面直升钢闸门，每孔设 QL-100kN 启闭机 1 台。共配备 22 台套 ST-500 启闭机控制柜、4 台 LCU 现地控制柜、2 台 XL 低压开关柜。

（3）建筑物结构形式

柴米河地下涵洞洞身系钢筋混凝土结构，共 22 孔，洞身尺寸为 3 m×3 m，分成 5 组，为 4 孔、4 孔、6 孔、4 孔、4 孔，其中 6 孔一组兼做沭阳闸底板，洞顶高程 5.0 m（以废黄河零点为准，下同），其余各组 16 孔兼做沭阳闸上下游钢筋混凝土护坦及消力池，洞顶高程为 4.4 m，进出口洞底高程均为 1.4 m，洞身全长 356.8 m，宽为 81.1 m，洞门设在下游出口端，后因蓄水防淤、冲淤，增设了上游闸门，均用 10 t 螺杆启闭机。在上下游洞首均设有工作桥，上游桥面高程为 9.0 m，下游桥面高程为 8.0 m，设计流量为 360 m^3/s。柴米河地下涵洞上下游挡土墙均为浆砌重力式。工程开展的观测项目有垂直位移、河床变形。

（4）工程建设、改造情况

柴米河地下涵洞建成于 1959 年 10 月，于 2013 年 9 月进行除险加固，2017 年 12 月竣工。

4. 龙埝套闸

龙埝套闸

（1）工程位置及作用

龙埝套闸位于新沂河南堤34K+300处的南偏泓内，距沭阳县城约24 km，是蔷薇河送清水工程的主要建筑物之一，它与中泓拦污坝（含子坝）一起组成龙埝控制工程。主要作用是：龙埝套闸与沭阳尾水控制闸、中泓拦污坝(含子坝)一起协同作用，在非行洪期拦截王庄闸下泄的污水将之逼入北偏泓，经穿淮沭河口的尾水北地涵下泄至北偏泓下，经北偏泓送到蔷薇河送清水工程中的叮当河尾水南地涵，最后经排污专道下泄入海。

龙埝套闸为无等级航道，故龙埝套闸定为4级水工建筑物，按基本地震烈度7度设防。

（2）主要机电设备参数

龙埝套闸闸首总宽12.0 m，净宽10.0 m，单孔通航。闸门为钢结构平面直升门，门体尺寸3.8 m×10.12 m（高×宽），配QPQ-2×100kN卷扬式启闭机。上游设8.0 m长钢筋混凝土护坦，下游设10.0 m长钢筋混凝土消力池。上、下游导航墙均为钢筋混凝土直立式墙，呈八字型。闸首两侧采用漫水坝与两岸河坡相接。龙埝套闸10 kV供电线路1条；油浸式变压器1台，型号：S11- M-80/10，额定容量：80 kVA，额定电压：10±2×5%/0.4 kV，额定电流：4.62/115.5A。

（3）建筑物结构形式

龙埝套闸上、下闸首均采用钢筋混凝土开敞式结构（结构几何尺寸相同）。龙埝套闸闸底高程6.0 m。闸底板厚1.3 m，闸首长8.0 m，上下闸首导航墙墙顶高10.0 m，排架顶高程19.2 m。上下闸首中心线相距80.0 m。工程开展的观测项目有垂直位移、河床变形。

（4）工程建设、改造情况

龙埝套闸建成于1997年12月，于1999年新建上下闸首启闭机房，于2011年6月整修闸室护底。

5. 沭阳尾水控制闸

沭阳尾水控制闸

（1）工程位置及作用

沭阳尾水控制闸位于江苏省沭阳县扎下镇境内的新沂河北偏泓上，是蔷薇河送清水工程的主要控制建筑物之一，它与沭阳尾水北地涵及其引河共同构成蔷薇河送清水工程沭阳枢纽。该工程的主要作用是拦截上游下泄的污水，将之逼入穿淮沭河口沭阳尾水北地涵，送至北偏泓闸下，确保淮沭河水质不受污染。

沭阳尾水控制闸设计级别为 2 级水工建筑物，按基本地震烈度 7 度设防。

（2）主要机电设备参数

沭阳尾水控制闸闸身为钢筋混凝土结构，总宽为 46.02 m，闸型为开敞式宽顶堰型，底板为二孔一联，计 4 孔，每孔宽 10 m。闸门为钢质平面定轮门，采用 4 台 2×100kN 卷扬式启闭机启闭。上下游翼墙均为钢筋混凝土扶壁式结构。沭阳尾水控制闸 10 kV 供电线路 1 条，油浸式变压器 1 台，型号：S11−M−125/10，额定容量：125 kVA，额定电压：10±5%/0.4 kV，额定电流：7.2/180.4A。

（3）建筑物结构形式

沭阳尾水控制闸闸底高程为 5.0 m，闸顶高程为 9.3 m。工作桥桥面高程 18.0 m，净宽为 3.6 m。上游侧近闸处为钢筋混凝土护坦，长 10 m，厚 0.5 m。消力池长 15.0 m，池底高程 4.4 m，厚 0.6 ～ 0.8 m。消力坎顶高程 5.0 m，下接浆砌块石护底长 15.0 m，厚 0.55 m；干砌块石护底 20.0 m，厚 0.55 m。护底后接抛石防冲槽，深 1.6 m，截面面积为 5.68 m^2。工程开展的观测项目有垂直位移、河床变形。

（4）工程建设、改造情况

沭阳尾水控制闸建成于 1997 年 12 月，于 1999 年 5 月份新建启闭机房，于 2013 年 11 月新建左侧堤顶上闸便桥，于 2019 年 9 月启闭机房维修，同年 11 月增设自动化监控及视频监控系统。

6. 沭阳尾水北地涵

沭阳尾水北地涵

（1）工程位置及作用

沭阳尾水北地涵位于江苏省沭阳县扎下镇境内的新沂河河槽内、淮沭河与新沂河北偏泓的交汇口，与沭阳尾水控制闸共同构成蔷薇河送清水工程沭阳枢纽，系蔷薇河送清水工程的主要控制建筑物之一。主要作用是与沭阳尾水控制闸共同作用，将上游下泄的污水引入北偏泓闸下，确保淮沭河水质不受污染。

沭阳尾水北地涵设计级别为 2 级水工建筑物，按基本地震烈度 7 度设防。

（2）主要机电设备参数

沭阳尾水北地涵采用钢筋混凝土矩形箱式结构，单孔尺寸为 4 m×3.2 m，共两孔，过水断面为 25.24 m^2，总宽为 11.4 m。涵洞总长 110 m（其中洞身长 80 m，上洞首长 16 m，下洞首长 14 m），洞身段穿淮沭河底，两岸以混凝土扶壁式挡土墙分别与上下洞首联结。上洞首闸门为钢质平面定轮门，采用 2 台 1×160 kN 卷扬式启闭机启闭。下洞首设钢筋混凝土排架，闸门为钢质平面定轮门。

（3）建筑物结构形式

沭阳尾水北地涵洞身段顶面高程为 4.5 m，洞底面高程为 −0.1 m。上洞首挡水高程 10.0 m，工作桥桥面高程 17.0 m，净宽 3.6 m。下洞首设钢筋混凝土排架，顶高程为 18.2 m，工程上游河底高程 5.50 m，混凝土护底长 21.4 m、厚 0.15 m，接斜坡段护底水平长 13.6 m、厚 0.12 m，再接斜坡混凝土护坦水平长 15.0 m、厚 0.60 m，斜坡坡比均为 1 ∶ 7，末端高程 1.41 m。出水口（反坡）护坦、护底与进水口基本为对称结构，不同的是斜坡段末设混凝土格埂 0.4 m×1.0 m（宽 × 高），高出 0.5 m 兼作消力坎，坎顶高程 6.0 m。护底后接抛石防冲槽。下游河底高程为 5.5 m。工程开展的观测项目有垂直位移、河床变形。

（4）工程建设、改造情况

沭阳尾水北地涵于 1997 年 12 月建成，于 2019 年 11 月增设自动化监控及视频监控系统；2020 年 8 月，启闭机房维修完成。

7. 沭新闸

沭新闸

（1）工程位置及作用

沭新闸位于沭阳县扎下镇境内，新开河入新沂河交叉口处的新沂河北大堤上，是向沂北地区输送工农业用水的渠首工程，主要担负沭阳县与东海县共66万亩农田的灌溉用水以及连云港市的工农业及生活用水。

工程设计按新沂河防洪标准为100年一遇，工程等别为Ⅱ等，主要建筑物等级为1级，次要建筑物为3级，交通桥汽车荷载设计等级为公路－Ⅱ级。根据《中国地震动参数区划图（GB 18306—2015）》，工程场地区域地震动峰值加速度为0.15 g，地震基本烈度为7度。

（2）主要机电设备参数

拆建工程项目内容为原址重建新闸1座，共3孔，单孔净宽8.0 m，以及工程管理设施完善等。偏下游侧安装直升式平面钢闸门，门顶高程14.5 m，共3扇，门叶尺寸4.80 m×8.15 m，配平门卷扬式启闭机，闭式双机驱动;配套电气设备及自动化监控设备；新建启闭机房及管理用房。

（3）建筑物结构形式

新建沭新闸闸室采用胸墙式结构，闸孔总净宽24 m，共3孔，每孔净宽8 m。闸底板顶面高程4.50 m，底板厚1.4 m。闸中墩厚1.1 m，边墩厚1.1 ～ 1.4 m。闸室顺水流向长18 m，垂直水流向宽29.0 m。闸门偏下游侧布置，采用平面直升式钢闸门，配QP-2×250 kN-11m平门卷扬式启闭机。闸门上方设工作桥，桥面高程22.0 m，宽5.0 m。上、下游翼墙为直线接圆弧形平面布置形式，采用钢筋混凝土结构。上游翼墙墙顶高程13.0 m，上设1.2 m高挡浪板，第一至三节翼墙均采用钢筋混凝土扶壁式结构，第四节翼墙采用悬臂式结构；下游翼墙墙顶高程9.0 m，上设栏杆，第一、二、三节翼墙采用钢筋混凝土扶壁式结构，第四节为悬臂式结构。工程开展的观测项目有垂直位移、测压管、河床变形。

（4）工程建设、改造情况

沭新闸于1971年建成，2020年10月11日开始进行除险加固，2021年5月8日通过水下阶段验收，6月7日正式通水。

8. 虞姬沟蓄水闸

（1）工程位置及作用

虞姬沟蓄水闸坐落于沭阳县颜集镇程圩村北虞姬沟河床上，拦蓄虞姬沟水供颜集镇3万亩水田灌溉用水。

（2）主要机电设备参数

虞姬沟蓄水闸闸身为钢筋混凝土结构，总宽47.02 m，总长55.34 m，底板为三孔一联，每孔净宽4.3 m，计9孔。底板长6.5 m。闸门为升卧式平面钢闸门，配QPQ-2×80kN启闭机。

虞姬沟蓄水闸

虞姬沟蓄水闸 10 kV 供电线路 1 条，油浸式变压器 1 台，型号：S9−50/10，额定容量：50 kVA，额定电压：10 ± 5%/0.4 kV，额定电流：2.87/72.2A。

（3）建筑物结构形式

虞姬沟蓄水闸设计级别为 3 级水工建筑物。闸底高程 6.9 m，底板厚度 80 cm，闸墩顶高程 11.0 m，中墩厚度 80 cm，缝墩厚度 58 cm，墩底均设 0.5 m × 0.5 m 的贴角。工程开展的观测项目有垂直位移、河床变形。

（4）工程建设、改造情况

虞姬沟蓄水闸于 1993 年 10 月建成，于 2006 年 9 月进行除险加固，2007 年 10 月工程竣工。

3.3.2 管理单位简介

1. 江苏省沭阳闸管理所

江苏省沭阳闸管理所成立于 1959 年 7 月 20 日，1962 年 9 月收归江苏省淮沭新河管理处管辖，为江苏省淮沭新河管理处直属正科级事业单位，下设工务、财务、运行班组，管辖着由沭阳闸、柴米闸、柴米地涵 3 座工程组成的沭阳枢纽。

多年来，在处党委的正确领导下，在全体职工的共同努力下，管理所各项工作迈上一个新台阶，工程效益发挥显著，工程管理水平逐步提升，工程环境大幅改善，多次获得上级部门的褒奖。获得的荣誉主要有：中华全国总工会“工人先锋号”、江苏省工会“工人先锋号”、省二级水管单位、安全标准化二级单位、省水利工程精细化管理单位、省级水利风景区、管理处“目标管理先进集体”“安全生产先进集体”“防汛防旱先进集体”“经营管理工作先进集体”“模范职工小家”等，并连续保持“宿迁市市级文明单位”荣誉。

2. 江苏省龙埝控制工程管理所

江苏省龙埝控制工程管理所成立于 1998 年 5 月，负责龙埝套闸工程管理，为江苏省通榆河蔷薇河送清水工程管理处直属正科级事业单位。

多年来，江苏省龙埝控制工程管理所先后获得并保持了“国家级水利工程管理单位”“江苏省档案工作三星单位”“宿迁市文明单位”“管理处先进党支部”“管理处模范职工小家”“管理处目标管理先进集体”“管理处安全生产先进集体”“省水利工程精细化管理单位”等荣誉称号。

3. 江苏省沭阳控制工程管理所

江苏省沭阳排污地涵管理所成立于 1998 年 5 月，2013 年 4 月更名为江苏省沭阳控制工程管理所，负责沭阳尾水控制闸、沭阳尾水北地涵 2 座工程管理，为江苏省通榆河蔷薇河送清水工程管理处直属正科级事业单位。

多年来，江苏省沭阳控制工程管理所先后获得并保持了“国家级水利工程管理单位”“管理处先进党支部”“管理处模范职工小家”“管理处目标管理先进集体”“管理处安全生产先进集体”“省水利工程精细化管理单位”等荣誉称号。

4. 江苏省沭新闸管理所

江苏省沭新闸管理所成立于 1972 年 6 月，负责沭新闸、虞姬沟蓄水闸 2 座工程管理，为江苏省淮沭新河管理处直属正科级事业单位。

多年来，江苏省沭新闸管理所先后获得并保持了“管理处先进党支部”“管理处模范职工小家”“管理处目标管理先进集体”“管理处安全生产先进集体”等荣誉称号。

3.3.3　工程管理范围

1. 沭阳闸

（1）划界确权情况

沭阳闸确权面积为 448 101 m^2，工程用地完成权籍信息化，管理范围是以闸边缘线算起，上下游各 500 m，左侧宽 50 ～ 450 m，右侧宽 80 ～ 370 m。

（2）安全警戒区划定情况

根据江苏省水利厅批复的省属水利工程安全警戒区划定实施方案，沭阳闸警戒区范围为上游堤防长 500 m，下游堤防长 500 m；左右岸以迎水面堤顶、工程轮廓线为界。警戒区内禁止渔业养殖、捕（钓）鱼、停泊船舶、建设水上设施等行为。

2. 柴米闸

（1）划界确权情况

柴米闸确权面积为 47 995 m^2，工程用地完成权籍信息化，划定范围为以闸边缘线算起，上游 100 m，下游 340 m，左岸与柴米地涵相邻，右侧宽 80 ～ 100 m。

（2）安全警戒区划定情况

根据水利厅批复的省属水利工程安全警戒区划定实施方案，柴米闸警戒区范围为下游堤防长 340 m；左右岸以迎水面护坡顶、河口线为界，上游至拦河锁，上游左右岸堤防长 110 m。警戒区内禁止渔业养殖、捕（钓）鱼、停泊船舶、建设水上设施等行为。

3. 柴米地涵

（1）划界确权情况

柴米地涵确权面积为 99 567 m^2，工程用地完成权籍信息化，划定范围为从工程边缘线算起，以地涵上下洞口为标准，分别向外 370 m，左右岸各 50 m。

（2）安全警戒区划定情况

根据江苏省水利厅批复的省属水利工程安全警戒区划定实施方案，柴米地涵警戒区范围为上游堤防长 350 m，下游右岸堤防长 390 m，左岸堤防长 360 m；左右岸以迎水面护坡顶、工程轮廓线为界。警戒区内禁止渔业养殖、捕（钓）鱼、停泊船舶、建设水上设施等行为。

4. 龙埝套闸

（1）划界确权情况

龙埝套闸确权面积为 3 137.10 m^2，工程用地完成权籍信息化，管理范围为以闸边缘线算起，上游 50 m，下游 100 m，左侧宽 5 ～ 10 m，右侧宽 40 m。现场埋设界桩 14 个、界牌 4 块、管理范围告示牌 1 块。

（2）安全警戒区划定情况

根据江苏省水利厅批复的省属水利工程安全警戒区划定实施方案，龙埝套闸警戒区范围：上游为上闸首向上堤防长 50 m，下游为下闸首向下堤防长 100 m；左岸宽距河口线 3 ～ 10 m，与管理范围线重合，右岸以护坡顶为界。警戒区内禁止渔业养殖、捕（钓）鱼、停泊船舶、建设水上设施等行为。

5. 沭阳尾水控制闸、沭阳尾水北地涵

（1）划界确权情况

沭阳尾水控制闸、沭阳尾水北地涵管理用地连为一体，因此作为一个整体开展划界确权及安全警戒区划定工作。两座工程确权总面积 6 099.30 m^2，工程用地完成权籍信息化，管理范围以工程边缘线算起，上下游各 200 m，左右两侧宽 5 ～ 50 m。现场埋设界桩 37 个、界牌 5 块、管理范围告示牌 2 块。

（2）安全警戒区划定情况

根据江苏省水利厅批复的省属水利工程安全警戒区划定实施方案，沭阳尾水控制闸警戒区范围为上下游长各 200 m，左右岸以护坡顶、工程外轮廓线为界；沭阳尾水北地涵警戒区范围为上游引河右岸 450 m，左岸 370 m，下游 250 m，左右两侧宽均为 5 ～ 40 m。

警戒区内禁止渔业养殖、捕（钓）鱼、停泊船舶、建设水上设施等行为。

6. 沭新闸

（1）划界确权情况

沭新闸确权面积为 118 964.50 m^2，工程用地完成权籍信息化，管理范围为以闸边缘线算起，上游右岸 450 m，左岸 330 m，下游右岸 600 m，左岸 530 m，左侧宽 50 ～ 450 m，右侧宽 80 ～ 370 m。现场埋设界桩 26 个、界牌 2 块、管理范围告示牌 1 块。

（2）安全警戒区划定情况

根据江苏省水利厅批复的省属水利工程安全警戒区划定实施方案，沭新闸警戒区范围为上游右岸堤防长 450 m，左岸堤防长 300 m，下游右岸堤防长 600 m，左岸堤防长 540 m；左岸以迎水面护坡顶、工程轮廓线、河口线为界，右岸宽距河口线 25 ～ 55 m，与管理范围线重合。警戒区内禁止渔业养殖、捕（钓）鱼、停泊船舶、建设水上设施等行为。

7. 虞姬沟蓄水闸

（1）划界确权情况

虞姬沟蓄水闸确权面积为 30 410.90 m^2，工程用地完成权籍信息化，管理范围为上游左岸 40 m，右岸 189 m，左岸至青坎外侧线，与沭阳县岔流新开河堤防管理所交界；右岸至背水坡堤脚线外 20 m，与周圩村交界。下游左岸管理范围为 35 m，右岸为 185 m，左岸至青坎外侧线，与沭阳县岔流新开河堤防管理所交界；右岸至外堤脚线向外 20 ～ 37 m，与司程圩村交界。现场埋设界桩 13 个、界牌 4 块、管理范围告示牌 1 块。

（2）安全警戒区划定情况

根据江苏省水利厅批复的省属水利工程安全警戒区划定实施方案，虞姬沟蓄水闸警戒区范围为上游堤防长 40 m，下游堤防长 35 m；左岸宽距河口线 15 ～ 22 m，与管理范围线重合；右岸以工程轮廓线、护坡顶为界。警戒区内禁止渔业养殖、捕（钓）鱼、停泊船舶、建设水上设施等行为。

3.3.4 工程效益

1. 沭阳闸

（1）设计效益

一是新沂河洪水期间关闸，防止沂水倒灌，确保淮沭河滩地 7 万亩农田正常生产，并减轻淮沭河堤防的负担；二是当淮河发生 50 年一遇洪水时，分泄 3 000 m^3/s 经新沂河入海；三是在正常年份向沂北地区送水 100 ～ 250 m^3/s 灌溉，解决 160 万亩农田用水；四是分泄新沂河部分桃汛经柴米闸下泄入柴米河，以保证新沂河下游滩地一季三麦的生长收获；五是沟通淮安与沭阳的航运。

（2）实际效益

该闸自运行以来，较好地发挥了防洪、航运、灌溉、排涝等设计效益；1991 年、2003 年淮河流域发生特大洪水，该工程先后两次参与分淮入沂，其中 1991 年分淮入沂过闸流量 1 220 m^3/s，2003 年分淮入沂流量 1 440 m^3/s。

2. 柴米闸

（1）设计效益

柴米闸上游为淮沭新河，下游为柴米河，柴米闸是分淮入沂工程之一，排泄老沭河、柴沂河及淮沭河滩面（六塘河至新沂河之间）总面积 1 226 km^2 的桃汛入柴米河；在淮沭河放泄 4 000 m^3/s、淮沭河或新沂河堤防出险时，利用该闸退洪，设计最大泄洪流量为 460 m^3/s；并可以为柴米河输送部分航运水。

（2）实际效益

该闸运行多年来，较好地发挥了防洪、灌溉、排涝等设计效益。1991 年 7 月分淮入沂时，柴米闸参加分洪，分洪流量最大达 329 m^3/s。

3. 柴米地涵

（1）设计效益

排泄新沂河以南、淮沭河以西、六塘河以北 550km^2 洪水，兼蓄水灌溉。

（2）实际效益

建成 60 多年来，工程在排涝、灌溉等方面发挥了巨大作用。排泄涝水 170 多亿 m^3，受益面积 550km^2。

4. 龙埝套闸

（1）设计效益

龙埝套闸与中泓拦污坝（含子坝）一起组成龙埝控制工程。主要作用是：龙埝套闸与沭阳尾水控制闸、中泓拦污坝（含子坝）一起协同作用，在非行洪期拦截王庄闸下泄的污水将之逼入北偏泓，经穿淮沭河口的尾水北地涵下泄至北偏泓下，经北偏泓送到蔷薇河送清水工程中的叮当河尾水南地涵，最后经排污专道下泄入海。

（2）实际效益

在改善连云港市工业、生活用水水质的同时，确保新沂河南偏泓的航运。

5. 沭阳尾水控制闸

（1）设计效益

沭阳尾水控制闸的主要作用是：在改善连云港市工业、生活用水水质的同时，确保新沂河南偏泓的航运。拦截上游下泄的污水，将之逼入穿淮沭河口沭阳尾水北地涵，送至北偏泓闸下，确保淮沭河水质不受污染。

（2）实际效益

在改善连云港市工业、生活用水水质的同时，确保新沂河南偏泓的航运。拦截上游下泄的污水，将之逼入穿淮沭河口沭阳尾水北地涵，送至北偏泓闸下，确保淮沭河水质不受污染。

6. 沭阳尾水北地涵

（1）设计效益

沭阳尾水北地涵的主要作用是：与沭阳尾水控制闸共同作用，将上游下泄的污水引入北偏泓闸下，确保淮沭河水质不受污染。

（2）实际效益

与沭阳尾水控制闸共同作用，将上游下泄的污水引入北偏泓闸下，确保淮沭河水质不受污染。

7. 沭新闸

（1）设计效益

沭新闸担负沭阳县与东海县共 66 万亩农田的灌溉用水以及连云港市的工农业及生活用水。

（2）实际效益

沭新工程的建成，极大地减轻了沭阳、东海县灌溉用水及连云港工农业及生活用水压力。截至 2020 年底，该工程已经累计供水 517.515 亿 m^3，年平均供水约 11 亿 m^3，为保证沭阳、东海县 60 万亩农田灌溉用水及连云港工农业及生活用水作出了卓越贡献。

8. 虞姬沟蓄水闸

（1）设计效益

虞姬沟蓄水闸的主要作用是：拦蓄虞姬沟水供颜集镇 3 万亩水田灌溉用水。

（2）实际效益

拦蓄虞姬沟水供颜集镇 3 万亩水田灌溉用水。

3.4 蔷薇河枢纽（蔷薇河地涵、沭新退水闸、桑墟水电站、沭新北船闸）

3.4.1 工程简介

1. 蔷薇河地涵

（1）工程位置及作用

蔷薇河地涵位于沭阳县桑墟镇蔷薇河村与东海县房山镇吴场村交界处。工程建成于 1959 年 7 月，与沭新北船闸、沭新退水闸、桑墟水电站构成沭新河渠尾水利工程控制枢纽。

蔷薇河地涵

淮沭新河从淮阴（现淮安市）向北经沭阳，穿过新沂河到新海连（现连云港市），并取淮阴、沭阳、新海连三地的首字命名。由沭阳县至连云港市河道叫沭新河，全长 69 km。蔷薇枢纽又称沭新河渠尾控制枢纽，沭新河在蔷薇河相汇处建立渠尾控制枢纽，人为截断并抬高水位，综合利用，以便灌溉、通航和发电。沭新河过蔷薇河分为两支：东侧沭新干渠经蔷薇河地涵高水头自流灌溉沿线农田；西侧沭新河作为航道和截水沟阻挡西部丘陵来水，同时也是东海引淮入石（石梁河）工程取水口，经梯级泵站向东海县西部丘陵供水；并由蔷薇河直接送水给连云港市区，解决新海电厂和市区的生产、生活用水。蔷薇河地涵主要功能为向连云港市及东海县输送灌溉用水和工业、生活用水。蔷薇河地涵设计流量为 65 m^3/s，设计标准为 20 年一遇。

（2）主要机电设备参数

蔷薇河地涵共有 3 孔，孔径尺寸为 3.50 m × 3.35 m，涵洞总长 214.7 m，宽 13.15 m。上洞首设 3 扇 3.50 m × 3.35 m 钢质平面直升闸门，配 QP−2 × 80kN 卷扬式启闭机 3 台套。上洞首设安全格栅 3 扇，尺寸为 5.0 m × 3.35 m，采用 50kN 电动葫芦启闭。上下游各设钢制检修叠梁门 2 套。主变电路 1 路，干式变压器型号为 SC10−63/10 ± 2 × 2.5%/0.4 kV，额定容量为 63 kVA，额定电流为 3.64/90.9A。供电线路 2 路，分别为东海 10 kV 投送电和桑墟水电站用电投送。

（3）建筑物结构形式

蔷薇河地涵为倒虹吸管箱式结构，洞身原系 80# 浆砌块石结构，1972 年春修复加固时增做 5 cm 钢筋混凝土管衬。新建地涵中心线与老地涵中心线重合，为 2 级水工建筑物，地震设计烈度 7 度。上、下游翼墙均为钢筋混凝土扶壁式结构。水准基面为废黄河，主要部位高程分别为：洞顶 −2.65 m，洞底 −6.75 m，胸墙底 5.5 m，上游左堤 8.5 m，上游右堤 8.5 m，下游左堤 7.0 m，下游右堤 7.0 m，上游护坦底 2.0 m，下游消力池底 0.8 m，闸孔工作桥面 14.0 m，工作便桥面 8.5 m。工程开展的观测项目有垂直位移、河床变形。

（4）工程建设、改造情况

蔷薇河地涵于 1959 年 7 月建成，于 1972 年春进行修复加固；2009 年 9 月拆除重建，2012 年 11 月竣工验收，工程投资 3 678.1 万元。

2. 沭新退水闸

沭新退水闸

（1）工程位置及作用

沭新退水闸位于沭阳县蔷薇河村与东海县吴场村接壤处，与蔷薇河地涵、沭新北船闸、桑墟水电站共同组成沭新河渠尾水利控制枢纽。沭新退水闸主要功能为排泄沭新河以西地区约 80 万 km^2 地区的涝水，排放淮沭新河来水，调节沭新河水位以保证沿线用水、正常通航和堤防安全，同时，当连云港需水时，通过蔷薇河送水。设计流量为 92.70 m^3/s，工程地震设防烈度为 7 度，工程设计防洪标准为 20 年一遇，排涝标准为 10 年一遇。

（2）主要机电设备参数

沭新退水闸共 1 孔，单孔净宽 8.00 m，；底板顺水流方向长 13.50 m，厚 1.20 m。工作闸门采用 1 扇平面钢闸门 8.06 m×5.30 m(宽 × 高)，闸门重 12.8t，配 1 套台 2×160kN 卷扬式双吊点启闭机；检修闸门采用 1 套叠梁式钢闸门，配 2×30kN 电动葫芦 1 台套。

（3）建筑物结构形式

沭新退水闸闸底板为钢筋混凝土宽顶堰型结构，堰顶高程 2.00 m。闸墩及工作桥排架为钢筋混凝土结构，闸墩顶高程 8.50 m，边墩厚 0.90 m，闸底 2.0 m。上游左堤 8.5 m，上游右堤 8.5 m；下游右堤 8.0 m。现浇混凝土工作桥宽 5.00 m，工作桥上设启闭机房，启闭机房地面高程 15.50 m。检修便桥布置在闸上游侧，桥面高程 8.50 m，宽 2.70 m。交通桥采用现浇混凝土板式结构，交通桥中心线与规划道路中心线一致，桥面高程 8.50 m，桥宽 5.50 m（0.50 m+4.50 m+0.50 m），交通桥设计荷载等级为公路－Ⅱ级。工程开展的观测项目有垂直位移、河床变形。

（4）工程建设、改造情况

沭新退水闸于 1974 年 11 月开工，1975 年 6 月底竣工。2015 年 10 月对工程进行拆除重建，2019 年 6 月通过竣工验收。

3. 桑墟水电站

桑墟水电站

（1）工程位置及作用

桑墟水电站位于江苏省沭阳县桑墟镇，沭新河北船闸与蔷薇河地涵之间，上游连接沭新干渠，下游通蔷薇河，是利用沭新河排洪或向连云港输送工农业用水或发电，同时也向蔷薇河（连云港方向）、淮沭新河（东海方向）送水灌溉，是具有防洪、排涝、灌溉、送水、发电等综合效益的小型水工建筑物，闸门全开设计流量 25 m^3/s。工程于 1996 年元月从淮阴市水利局移交省淮沭新河管理处蔷薇河地涵管理所管辖。

桑墟水电站建成后，有记录可查的历史特征值主要有：上游历史最高水位 7.35 m（2000 年 8 月 31 日），最低水位 4.68 m（2016 年 7 月 5 日）；下游历史最高水位 7.03 m（2000 年 8 月 31 日），最低水位 1.49 m（2017 年 6 月 19 日）。沭新河为人工河道，上下游均有工程控制，近年来工程实际遇到的水位未达到原设计标准，从运行情况看，未发现异常现象。工程也未遭遇过风暴潮、强烈地震等重大自然灾害的影响。

（2）主要机电设备参数

上游设 2.3 m×3.56 m 钢闸门 5 扇，配 QPKYⅡ–160–2.5m 型液压启闭机（油泵为 SOY14–1B 型转向轴塞泵，电机为 Y180M–4 型，功率为 18.5 kW，转速为 1 470 r/ min）；下游设 1.50 m×3.56 m 钢质平面直升门 5 扇，配 5 t QL–SD 电动螺杆启闭机。

2014 年完成对 5 台机组的扩容改造，改造后桑墟水电站装机容量为 5×125 kW，配 SF125–20/990–W 型发电机、ZDT03–LM–100 型水轮机。

（3）建筑物结构形式

桑墟水电站厂房高程 8.0 m，上游底板高程为 2.887 m，下游底板高程为 0.8 m。桑墟水电站上游设交通桥一座，设计荷载为汽 –10 级，宽 4.5 m，桥面高程为 8.75 m；上游工作桥宽为 1.5 m，桥面高程为 6.5 m；下游工作桥宽为 1.5 m，高程为 8.0 m。上、下游翼墙均为重力式浆砌块石挡土墙，上游顶高程为 8.0 m，下游顶高程为 5.0 m，上游设 14 m 长混凝土护坦。工程开展的观测项目有垂直位移、河床变形。

（4）工程建设、改造情况

桑墟水电站于 1986 年 5 月建成，7 月并网发电。工程建成投入使用后，未进行除险加固。

4. 沭新北船闸

沭新北船闸

（1）工程位置及作用

沭新北船闸地处沭阳县桑墟镇蔷薇河村，位于蔷薇河地涵西约 1 000 m 处，是分淮入沂综合利用工程之一。上下游河道原设计为Ⅵ级航道，现海事部门定为Ⅴ级航道。工程设计主要功能是沟通连云港与中运河，减轻东陇海线运输压力，在连云港缺水时，可通过输水廊道向蔷薇河输水 30 m^3/s。

沭新北船闸上游最高洪水位为7.8 m，最高通航水位为7.5 m，正常通航水位为6.0 m，最低通航水位为 5.5 m；下游最高洪水位为 7.5 m（20 年一遇），最高通航水位为 6.0 m，正常通航水位为3.5 m，最低通航水位为2.0 m。船闸通航设计标准为800 t船队一次通过。

（2）主要机电设备参数

沭新北船闸闸室长 135 m，闸室净宽 12.5 m，闸首净宽 10 m。上下游工作门系钢质人字门，采用 4 t 推杆启闭机 4 台（电机容量为 2.2 kW，转速为 880 r/min）。上下游输水阀门系钢质平面直升门，采用 10 t 螺杆启闭机 4 台（电机容量为 1.6 kW，转速为 1 430 r/ min）。

（3）建筑物结构形式

沭新北船闸闸室为 80# 浆砌块石衡重式结构，分为 7 块底板，底板系 140# 素混凝土，厚 0.6 m，高程为 −0.5 m，顶部高程为 7.5 m。上下闸首均为 140# 素混凝土反拱底板与 100# 浆砌块石墙混合结构，底板厚 0.8 m，高程分别为 2.73 m 和 −0.8 m，顶部高程均为 8.5 m。上闸首门顶高程为 8.0 m，门底高程为 3.0 m，门宽为 6.06 m；下闸首门顶高程为 8.0 m，门底高程为 −0.5 m，门宽为 6.06 m。上下游输水阀门门高均为 2.0 m，门宽均为 2.43 m；上游门底高程为 0.0 m，下游门底高程为 −0.8 m；输水洞净高 1.8 m，净宽 2.2 m。工程开展的观测项目有垂直位移、河床变形。

（4）工程建设、改造情况

沭新北船闸于 1971 年 10 月开工，1973 年 1 月放水通航，1974 年 5 月竣工验收并交付江苏省淮沭新河管理处管理。工程建成投入使用后，未进行除险加固。

3.4.2 管理单位简介

江苏省蔷薇河地涵管理所成立于 1972 年，负责蔷薇河地涵、沭新退水闸、桑墟水电站及沭新北船闸 4 座工程管理，为江苏省淮沭新河管理处直属正科级事业单位，下设工务室、财务室、运行班组。

多年来，在处党委的正确领导下，在全体职工的共同努力下，管理所各项工作迈上一个新台阶，工程效益发挥显著，工程管理水平逐步提升，工程环境大幅改善，多次获得了上级部门的褒奖。获得的荣誉主要有江苏省工会“工人先锋号”荣誉称号、水利安全生产标准化二级单位、管理处“目标管理先进集体”“安全生产先进集体”“防汛防旱先进集体”“经营管理工作先进集体”“模范职工小家”等，并连续保持“宿迁市市级文明单位”荣誉。

3.4.3 工程管理范围

（1）划界确权情况

蔷薇河地涵、沭新退水闸、桑墟水电站、沭新北船闸管理用地连为一体，已确权面积 230 189.80 m^2，工程用地完成权籍信息化，现场埋设界桩 39 个、界牌 5 个、告示牌 5 个、分界牌 5 个、控制点 3 个。

蔷薇河地涵管理范围为上游段至沭新北船闸引河末端之间的沭新河及右岸堤防，下游段 200 m。

沭新退水闸管理范围为上游段至引河末端与蔷薇河地涵翼墙交界的沭新河段及右岸堤防，以上沭新河段划入蔷薇河地涵上游，工程下游段至引河末端与黄泥蔷薇河交界的河段及右岸堤防。

桑墟水电站管理范围为上游段至引河末端与沭新河交界的河段及左右护坡堤防，工程下游段至引河末端与黄泥蔷薇河交界的河段及左右护坡堤防；引河末端上游段划入蔷薇河地涵上游；左岸护坡与沭新北船闸共用。

沭新北船闸管理范围为左岸堤防与友谊闸共用，以堤防道路中线为界；下游右岸堤防与桑墟水电站宿舍院墙为界，至桑墟水电站院墙，院墙北侧护坡堤防属于桑墟水电站；工程下游段至引河末端与黄泥蔷薇河交界。

（2）安全警戒区划定情况

根据江苏省水利厅批复的省属水利工程安全警戒区划定实施方案，蔷薇河地涵警戒区范围为洞首以工程轮廓线为界，下洞首堤防长 50 m，下洞首以护坡安顶、工程轮廓线为界，含洞身上部河道。沭新退水闸警戒区范围为上游左岸堤防长 900 m，右岸堤防长 880 m，下游右岸堤防长 80 m，左岸堤防长 75 m。左右岸均以挡土墙顶、迎水面护坡顶为界。桑墟水电站警戒区范围为上游右岸堤防长 20 m，左岸堤防长 60 m，下游右岸堤防长 80 m，左岸堤防长 60 m。左岸以护坡顶、挡土墙顶为界，右岸以挡土墙、迎水面护坡顶为界。沭新北船闸警戒区范围为上游右岸堤防长 570 m，左岸堤防长 575 m，下游右岸堤防长 290 m，左岸堤防长 226 m。左右岸均以挡土墙顶、迎水面护坡顶为界。警戒区内禁止渔业养殖、捕（钓）鱼、停泊船舶、建设水上设施等行为。

3.4.4 工程效益

1. 蔷薇河地涵

（1）设计效益

蔷薇河地涵长年引沭新河水向连云港市区及东海县供水，设计流量 65 m^3/s。

（2）实际效益

蔷薇河地涵实际效益有 3 项，分别如下。

① 充分发挥工程效益保障供水，充分发挥地涵工程效益，采取“亮板”供水的方式投入抗旱，全力保障连云港市区及东海县的工农业用水及居民生活用水。

② 牺牲发电通航经营收入保障供水。

③ 蔷薇河地涵年均供水约 4.5 亿 m^3。

2. 沭新退水闸

（1）设计效益

① 当上游降雨，下游不需要灌溉、蔷薇河地涵关闭、原有沭新河北船闸廊道退水出路不足时，可以通过退水闸向下排水，改善沭新河上游 20 万亩农田排涝任务。

② 通过退水闸向连云港送水，也保证沭新河灌溉送水时的堤防安全。

（2）实际效益

① 充分发挥工程效益保障供水，排除沭新河以西地区约 115 km^2 地区的涝水，排放淮沭新河来水，调节沭新河水位以保证沿线用水、正常通航和堤防安全。

② 当连云港需水时，通过蔷薇河送水。

3. 桑墟水电站

（1）设计效益

桑墟水电站是利用沭新河排洪或向连云港所送之工农用水发电的小型水利工程。兼有向蔷薇河（连云港方向）、淮沭新河（东海方向）送水灌溉的任务。闸门全开设计流量 25 m^3/s。

（2）实际效益

桑墟水电站自建成以来，年均发电量约 180 万 kW·h，在防汛、抗旱、工农业生产、生活供水、发电等方面发挥了重要作用。

4. 沭新北船闸

（1）设计效益

沭新北船闸设计效益有 2 项，分别如下。

① 沟通中运河与连云港市水上运输，减轻东陇海线运输压力。

② 在用水紧张时，由输水廊道经蔷薇河向连云港市送水 30 m^3/s。

（2）实际效益

沭新北船闸工程的建成，极大地减轻了东陇海线运输压力。船闸自建成以来，效益发挥显著，年通货量数百万吨。在干旱时期，通过船闸多次向连云港送水，有效缓解了旱情。

3.5 叮当河控制工程（叮当河尾水控制闸、叮当河尾水南地涵）、盐河北闸、盐河尾水南地涵

3.5.1 工程简介

1. 叮当河尾水控制闸

叮当河尾水控制闸

（1）工程位置及作用

叮当河尾水控制闸位于江苏省灌云县南岗镇境内的新沂河北偏泓上，是蔷薇河送清水工程的主要建筑物之一，它与叮当河尾水南地涵及其引河共同组成叮当河控制。主要作用是拦截上游下泄的尾水，将之逼入叮当河尾水南地涵，再经岑池河、尾水专道、北偏泓等工程排泄入海，确保叮当河的供水水质安全。该工程建成于 2000 年 6 月，设计流量 100 m^3/s。

（2）主要机电设备参数

叮当河尾水控制闸共 7 孔，每孔净宽 10.0 m，闸身总宽 79.4 m。闸门为钢结构平面直升门，配 QP−2×100kN 卷扬式启闭机启闭。工程供电线路为 10 kV 厉龙线送清水支线，配 50 kVA 干式变压器 1 台（型号 SC10−50/10）。

（3）建筑物结构形式

叮当河尾水控制闸采用钢筋混凝土开敞式结构，分 3 块底板，第一、三块底板均为二孔一联，第二块底板为三孔一联，中墩、边墩厚 1.0 m，缝墩厚 0.9 m，闸室顺水流方向长 10.0 m。底板顶面高程 1.5 m，闸墩顶面高程 4.5 m，排架顶高程 13.2 m。闸顶上游

设 3.4 m 宽交通桥（工作便桥）。上游设 15.0 m 长钢筋混凝土护坦，下游设 15.0 m 长钢筋混凝土消力池。两岸上、下游翼墙均为 C15 素混凝土重力式结构，闸室及翼墙底板下均打防渗搅拌桩，桩底高程 −4.5 m。工程开展的观测项目有垂直位移、河床变形。

（4）工程建设、改造情况

叮当河尾水控制闸于 2000 年 6 月建成后，至今未续建、改造。

2. 叮当河尾水南地涵

叮当河尾水南地涵

（1）工程位置及作用

叮当河尾水南地涵位于江苏省灌云县境内的新沂河河槽内、叮当河与岑池河的交汇口，与叮当河尾水控制闸共同构成叮当河控制工程，系蔷薇河送清水工程的主要建筑物之一。主要作用是：与叮当河尾水控制闸共同作用，将上游下泄的尾水，从北偏泓引至岑池河，再经尾水专道等下泄入海，确保叮当河清水与新沂河上游尾水分开。该工程建成于 2000 年 6 月，设计流量 50 m^3/s。

（2）主要机电设备参数

叮当河尾水南地涵共2孔，涵洞单孔尺寸为 4.00 m × 3.20 m（宽 × 高），闸身总宽 11.0 m，涵洞总长 64 m（其中洞身段长 32 m，上洞首长 16 m，下洞首长 16 m）。工程共 6 扇闸门，均为钢结构平面直升门：其中上洞首设工作门，门高 4.2 m，下洞首设检修门，门高 3.9 m，配 QP−160kN 卷扬式启闭机 4 台套；下洞首洞顶设输水闸门，门高 3.6 m，配 QP−125kN 卷扬式启闭机 2 台套，输水门可引叮当河清水进岑池河稀释尾水，也可在新沂河行洪初期和退水期向岑池河灌水，减轻因岑池河水位太低而产生的汇流冲刷。工程供电线路为 10 kV 厉龙线送清水支线，配 50 kVA 干式变压器 1 台（型号 SC10−50/10）。

（3）建筑物结构形式

叮当河尾水南地涵采用钢筋混凝土矩形箱式结构，洞身段顶面高程为 −0.20 m，顶板厚 0.6 m，洞底板顶面高程为 −4.80 m。上、下洞首闸墩顶高程均为 4.5 m，排架顶高程均为 10.90 m，工作桥桥面高程为 11.50 m。为防止上层输水门打开后形成波状水跃，造成下游两岸河坡的冲刷，在门下游设钢筋混凝土消能栅一道。翼墙均采用钢筋混凝土扶壁式结构。上下洞首、洞身及翼墙底板均坐落在灰黄色重 − 轻砂壤土（含少量黏粒的极细砂）上。在地涵上下游第二和第三节翼墙下、上下游防渗护坦下、叮当河侧翼墙下、上下洞首底板下均套打 ϕ60 cm 的水泥土防渗搅拌排桩，桩底高程 −9.5 m。在地涵翼墙与叮当河侧翼墙间，又打一道 ϕ60 cm 的水泥土防渗搅拌排桩，桩底高程 −9.5 m。顶高程 0.00 m。工程开展的观测项目有垂直位移、河床变形。

（4）工程建设、改造情况

叮当河尾水南地涵于 2000 年 6 月建成，至今未续建、改造。

3. 盐河北闸

盐河北闸

（1）工程位置及作用

盐河北闸位于灌云县侍庄街道境内的新沂河北大堤上，与盐河南闸共同构成了盐河穿过新沂河的航道，航道设计标准为Ⅴ级，是集防洪、灌溉、航运于一体的综合性水利工程。该闸建成于 1970 年 10 月，设计流量 50 m^3/s。

本工程按江苏省水利勘测设计研究院规划，按新沂河行洪流量 8 000 m^3/s 时，相应盐河北闸处水位 8.09 m 考虑，设计洪水位按 8.10 m 考虑，按新沂河行洪流量 9 000 m^3/s 时，相应盐河北闸处水位 8.38 m 考虑，设计洪水位按 8.40 m 考虑，按基本地震烈度 7 度设防。2000 年盐河北闸上游达到历史最高水位 7.35 m。

（2）主要机电设备参数

盐河北闸分为上、下闸首，孔数为 1 孔，闸孔净宽 8 m，闸总宽 12 m，总长 180 m，闸门类型为钢制平面直升门，上下闸首闸门均采用上、下扉钢结构平板门，上扉门配 QP−2×100kN 启闭机、下扉门配 QP−2×160kN 启闭机控制。工程供电线路为 10 kV 盐东线盐河北闸支线，配 80 kVA 干式变压器 1 台（型号 SC10−80/10），MNS 低压进线计量柜和馈线柜各 1 台，备用电源配 50 kW 柴油发电机 1 台（型号 QSB3.9−G2）。

（3）建筑物结构形式

上闸首采用较为经济的钢筋混凝土“U”形结构，闸顶高程 10.80 m。闸墩顶部上游侧设公路桥，桥面净宽 6 m（与桥面同宽），设计荷载为汽 −10 级（钢筋混凝土板梁结构）。工作桥（钢筋混凝土预制“π”形）桥面高程 17.8 m，桥面宽 5.6 m。下闸首底板为反拱底板，闸首墩墙除闸门门槽部位采用现浇钢筋混凝土结构外，其他部位均采用浆砌石圬工结构。闸孔净宽 8 m，闸顶高程 7 m，闸顶闸室侧设一宽度为 1.8 m 的钢结构工作便桥。排架顶高 11.7 m，工作桥顶高 12.6 m，宽度为 5.6 m。闸室原为开敞式河床，现闸室坡已全部浆砌石护砌，混凝土护面，底部为混凝土结构，底高程为 −1.0 m。工程开展的观测项目有垂直位移、河床变形。

（4）工程建设、改造情况

盐河北闸于 1970 年 10 月建成，于 1998 年 11 月进行除险加固，2001 年 11 月 3 日完成竣工验收，工程总投资 814.8 万元。

4. 盐河尾水南地涵

盐河尾水南地涵

（1）工程位置及作用

盐河尾水南地涵位于江苏省灌云县境内的新沂河河槽内、盐河与岑池河的交汇处，系蔷薇河送清水工程的主要建筑物之一，属3级水工建筑物。主要作用是将上游排放的尾水引入岑池河，再通过岑池河、尾水专道、北偏泓引到新沂河海口北偏泓闸，下泄后经灌河入海。确保向灌南和灌云供水的盐河水质不受污染，设计排泄流量50 m^3/s。

（2）主要机电设备参数

盐河尾水南地涵共2孔，单孔尺寸为4 m×3.2 m（宽 × 高），过水断面面积为25.24 m^2。涵洞总长52 m（其中洞身段长20 m，上洞首长16 m，下洞首长16 m）。工程共6扇闸门，均为钢结构平面直升门：其中上洞首设工作门，门高4.2 m，下洞首设检修门，门高3.9 m，配QP–160kN卷扬式启闭机4台套；下洞首洞顶设输水闸门，配QP–125kN卷扬式启闭机2台套，在下洞首洞顶层设一道闸门，可引盐河清水进岑池河以稀释尾水，也可在新沂河行洪初期和退水期向岑池河灌水，减轻因岑池河水位太低而产生的汇流冲刷。工程供电线路为10 kV盐东线盐河北闸支线，配80 kVA干式变压器1台（与盐河北闸共用，型号SC10–80/10），MNS低压进线计量柜和馈线柜各1台，备用电源配50 kW柴油发电机1台（型号QSB3.9–G2）。

（3）建筑物结构形式

盐河尾水南地涵采用钢筋混凝土矩形箱式结构，单孔尺寸为4 m×3.2 m（宽 × 高），共2孔，过水断面面积为25.24 m^2。涵洞总长52 m（其中洞身段长20 m，上洞首长16 m，下洞首长16 m）。洞身段顶面高程 –2.0 m，洞底板顶面高程 –6.6 m。上、下洞首闸墩顶高程均为4.0 m，上层闸门高程10.6 m，下洞首工作桥面高程10.0 m，为防止上层门打开后形成波状水跃，造成下游两岸河坡的冲刷，在下游设钢筋混凝土消能栅一道。翼墙均采用钢筋混凝土扶壁式结构。上下洞首、洞身及翼墙底板均坐落在褐色、灰黄色黏土、粉质黏土、局部重粉质壤土上，土层分布稳定，属于不液化层。工程开展的观测项目有垂直位移、河床变形。

（4）工程建设、改造情况

盐河尾水南地涵建成于1999年6月，至今未续建、改造。

3.5.2 管理单位简介

1. 江苏省叮当河控制工程管理所

江苏省叮当河控制工程管理所成立于2001年9月，负责叮当河尾水控制闸、叮当河尾水南地涵两座工程的管理，为江苏省通榆河蔷薇河送清水工程管理处直属正科级事业单位，下设工务、财务、运行班组。

多年来，管理所先后获得并保持了“国家级水管单位”“省水利工程精细化管理单位”“江苏省工人先锋号”“江苏省模范职工之家”“江苏省文明单位”“连云港市文明单位”“灌云县文明单位”“管理处先进集体”“管理处防汛防旱先进单位”等荣誉称号。

2. 江苏省盐河北闸管理所

江苏省盐河北闸管理所最早成立于 1970 年，1993 年经省政府同意，将原淮阴市水利局盐东控制工程管理处所属盐河北闸管理所划归省淮沭新河管理处管理，为江苏省淮沭新河管理处直属正科级事业单位，下设工务、财务、运行班组。

多年来,管理所先后获得并保持了“江苏省工人先锋号”“江苏省模范职工之家”“江苏省文明单位”“连云港市文明单位”“灌云县文明单位”“管理处先进集体”“管理处防汛防旱先进单位”等荣誉称号。

3. 江苏省盐河地涵管理所

江苏省盐河地涵管理所成立于 2001 年 9 月，负责盐河尾水南地涵工程管理，为江苏省通榆河蔷薇河送清水工程管理处直属正科级事业单位，下设工务、财务、运行班组。

多年来,管理所先后获得并保持了“江苏省工人先锋号”“江苏省模范职工之家”“江苏省文明单位”“连云港市文明单位”“灌云县文明单位”“管理处先进集体”“管理处防汛防旱先进单位”等荣誉称号。

3.5.3 工程管理范围

1. 叮当河尾水控制闸

（1）划界确权情况

叮当河尾水控制闸已确权面积 21 922.6 m^2，工程用地完成权籍信息化，管理范围为闸中心线至上下游各 68 m，左右岸河口外各 19 m 至块石护面边缘。现场埋设界桩 4 个、告示牌 1 个、分界牌 4 个。

（2）安全警戒区划定情况

根据江苏省水利厅批复的省属水利工程安全警戒区划定实施方案，叮当河尾水控制闸警戒区范围为上下游长各 200 m，左岸宽距河口线 15 ～ 30 m，右岸宽距河口线 10 ～ 30 m。警戒区内禁止渔业养殖、捕（钓）鱼、停泊船舶、建设水上设施等行为。

2. 叮当河尾水南地涵

（1）划界确权情况

叮当河尾水南地涵已确权面积 16 917 m^2，工程用地完成权籍信息化，管理范围为上游自涵洞西洞口向上 60 m，下游自涵洞东洞口向下 90 m，上下游左右岸从河口向外各 10 m，至块石护面外边缘止。现场埋设界桩 12 个、告示牌 2 个、分界牌 4 个。

（2）安全警戒区划定情况

根据江苏省水利厅批复的省属水利工程安全警戒区划定实施方案，叮当河尾水南地涵警戒区范围为上游长 70 m，下游长 100 m。左右岸以护坡顶、工程轮廓线为界，含洞身上部河道。警戒区内禁止渔业养殖、捕（钓）鱼、停泊船舶、建设水上设施等行为。

3. 盐河北闸

（1）划界确权情况

盐河北闸已确权面积 34 665.07 m^2，工程用地完成权籍信息化，现场埋设界桩 22 个、告示牌 1 个、分界牌 4 个、控制点 3 个。

（2）安全警戒区划定情况

根据江苏省水利厅批复的省属水利工程安全警戒区划定实施方案，盐河北闸警戒区范围为从闸边缘线算起，上游到左右岸翼墙末端处，下游左岸 430 m，右岸 110 m，左侧宽 5 ～ 100 m，右侧宽 40 m。警戒区内禁止渔业养殖、捕（钓）鱼、停泊船舶、建设水上设施等行为。

4. 盐河尾水南地涵

（1）划界确权情况

盐河尾水南地涵已确权面积 25 237 m^2，工程用地完成权籍信息化，管理范围为上游自涵洞西洞口向上 75.5 m，下游自涵洞东洞口向下 105.5 m，从排污口河口向外各 10 m，至块石护面外边缘止，下游左右岸从排污口河口向外各 10 m，至块石护面外边缘止。现场埋设界桩 12 个、告示牌 1 个、分界牌 4 个。

（2）安全警戒区划定情况

根据水利厅批复的省属水利工程安全警戒区划定实施方案，盐河尾水南地涵划定安全警戒区范围，警戒区内禁止渔业养殖、捕（钓）鱼、停泊船舶、建设水上设施等行为。

3.5.4 工程效益

1. 叮当河尾水控制闸

（1）设计效益

叮当河尾水控制闸与叮当河尾水南地涵及其引河共同组成叮当河控制工程。它的兴建对改善灌云、灌南两县和连云港市区工农业生产和生活用水的水质有着极其重要的意义。该闸主要作用是拦截上游下泄的尾水，将之逼入叮当河尾水南地涵，经岑池河、尾水专道，再入北偏泓，由新沂河海口北深泓闸排泄入海。

（2）实际效益

叮当河控制工程的建成，避免了灌云县、灌南县沿线水源遭受污染问题，年拦截上游尾水约 0.8 亿 m^3。

2. 叮当河尾水南地涵

（1）设计效益

叮当河尾水控制闸与叮当河尾水南地涵及其引河共同组成叮当河控制工程。它的兴建对改善灌云、灌南两县和连云港市区工农业生产和生活用水的水质有着极其重要的意义。该闸主要作用是拦截上游下泄的尾水，将之逼入叮当河尾水南地涵，经岑池河、尾水专道，再入北偏泓，由新沂河海口北深泓闸排泄入海。

（2）实际效益

正常情况下叮当河尾水南地涵全部开启，确保尾水专道通畅，将新沂河上游下泄的尾水从北偏泓引至岑池河，再经尾水专道排泄入海，确保叮当河上游清尾分开。叮当河控制工程的建成，避免了灌云县、灌南县沿线水源遭受污染问题，年排泄上游尾水约 3 亿 m^3。

3. 盐河北闸

（1）设计效益

盐河北闸位于灌云县侍庄街道境内新沂河北堤上，与盐河南闸共同构成了盐河穿过新沂河航道，航道设计标准为Ⅴ级。该闸是集防洪、引水、航运为一体的综合利用的水利工程。

（2）实际效益

自建成以来，在防洪、通航、引水灌溉等工农业生产等方面发挥了重要作用。目前，盐河南闸正除险加固，盐河北闸处于断航状态。

4. 盐河尾水南地涵

（1）设计效益

该闸主要作用是将上游下泄的尾水专道排放至现岑池河下游段，再经岑池河新开挖的尾水专道入北偏泓，由新沂河海口北深泓闸排泄入海。该地涵确保了盐河清水与新沂河上游的尾水分开，从而使灌云、灌南两县的生产生活用水水质得以保障。

（2）实际效益

正常情况下全部开启，确保尾水专道通畅。确保盐河清水与新沂河上游的尾水分开，从而使灌云、灌南两县的生产生活用水水质得以保障。

3.6 新沂河海口控制工程（南、中、北深泓闸）

3.6.1 工程简介

1. 南深泓闸

南深泓闸

（1）工程位置及作用

南深泓闸位于灌云县燕尾港镇以南约 3 km，东临黄海，该工程是沂沭泗流域洪水东调南下工程重要组成部分，担负着整个沂沭泗流域的泄洪任务，兼有挡潮、排泄上游尾水并相机分泄淮河洪水的功能。2005 年，新沂河海口控制工程二期扩建，扩建后控制枢纽由南深泓闸、北深泓闸、中深泓闸三座深泓闸组成，枢纽设计防洪标准从 20 年一遇提高为 50 年一遇，经计算和模型试验验证，南深泓闸设计流量为 2 425 m^3/s。

（2）主要机电设备参数

南深泓闸共 12 孔，底板为二孔一联，每孔宽 10 m，闸总长为 134.1 m，闸门为钢质平面定轮门，采用 12 台 2×250 kN 卷扬式启闭机启闭。

（3）建筑物结构形式

南深泓闸主体工程为钢筋混凝土结构，闸底高程 −2.0 m，闸顶高程 6.05 m，底高程 −21.5 m。工程开展的观测项目有垂直位移、河床变形、扬压力。

（4）工程建设、改造情况

南深泓闸于 1999 年建成，于 2004 年、2006 年、2008 年进行加固改造。2021 年 10 月南深泓闸开展除险加固工作，拆除重建闸墩以上部位。

2. 中深泓闸

中深泓闸

（1）工程位置及作用

中深泓闸位于灌云县燕尾港镇以南约 2 km，东临黄海，该工程是沂沭泗流域洪水东调南下工程重要组成部分，担负着整个沂沭泗流域的泄洪任务，兼有挡潮、排泄上游尾水并相机分泄淮河洪水的功能。中深泓闸设计流量为 3 348 m^3/s。枢纽设计防洪标准为 50 年一遇。

（2）主要机电设备参数

中深泓闸共 18 孔，底板为二孔一联，每孔宽 10 m，闸总长为 203.6 m，闸门为钢质平面定轮门，采用 18 台 2×160kN 卷扬式启闭机启闭。

（3）建筑物结构形式

中深泓闸主体工程为钢筋混凝土结构，闸底高程 −2.0 m，闸顶高程 6.0 m，底高程 −21.5 m。工程开展的观测项目有垂直位移、河床变形、扬压力。

（4）工程建设、改造情况

中深泓闸于 1999 年建成。2014 年在上游左侧河道岸边建设水位自记台，同年对自动控制和视频监控系统进行部分改造；2015 年对下游翼墙后护面进行维修；2017 年对工作桥、工作便桥、桥墩、排架进行防碳化处理。

3. 北深泓闸

（1）工程位置及作用

北深泓闸位于灌云县燕尾港镇以南约 1 km，东临黄海，该工程是沂沭泗流域洪水东调南下工程重要组成部分，担负着整个沂沭泗流域的泄洪任务，兼有挡潮、排泄上游尾

北深泓闸

水并相机分泄淮河洪水的功能。2005 年，新沂河海口控制工程二期扩建，扩建后控制枢纽由南深泓闸、北深泓闸、中深泓闸三座深泓闸组成，枢纽设计防洪标准从 20 年一遇提高为 50 年一遇，经计算和模型试验验证，北深泓闸设计流量为 2 027 m^3/s。

（2）主要机电设备参数

北深泓闸共 10 孔，底板为二孔一联，每孔宽 10 m，闸总长为 111.5 m，闸门为钢质平面定轮门，采用 10 台 2×250kN 卷扬式启闭机启闭。

（3）建筑物结构形式

北深泓闸主体工程为钢筋混凝土结构，闸底高程 −2.4 m，闸顶高程 6.05 m，底高程 −23.0 m。工程开展的观测项目有垂直位移、河床变形、扬压力。

（4）工程建设、改造情况

北深泓闸于 1999 年建成，2006 年进行了加固改造。2021 年 10 月北深泓闸开展除险加固工作，拆除重建闸墩以上部位。

3.6.2 管理单位简介

江苏省新沂河海口控制工程管理所成立于 1999 年 11 月，负责南深泓闸、中深泓闸、北深泓闸工程管理，为江苏省淮沭新河管理处直属正科级事业单位。

江苏省新沂河海口控制工程管理所先后获得并保持了“工人先锋号”“省级青年文明号”“连云港市文明单位”“四星级党支部”“江苏省省直机关五四红旗团支部”等荣誉称号。

3.6.3 工程管理范围

（1）划界确权情况

北深泓闸、中深泓闸、南深泓闸管理用地连为一体，已确权面积 517 116.32 m^2，工程用地完成权籍信息化，现场埋设界桩 68 个、界牌 28 个。

（2）安全警戒区划定情况

根据江苏省水利厅批复的省属水利工程安全警戒区划定实施方案，三座工程警戒区范围为以工程边缘线算起，北深泓闸上游 700 m，下游 500 m，左侧宽 800 ～ 1 100 m，右侧宽 150 m，右侧与中深泓闸相邻；南深泓闸上游 700 m，下游 500 m，右侧宽 850 ～ 900 m，左侧与中深泓闸相邻，左侧宽 150 m；中深泓闸上下游各 500 m，左侧与北深泓闸相邻，右侧与南深泓闸相邻，左右两侧宽各 150 m。警戒区内禁止渔业养殖、捕（钓）鱼、停泊船舶、建设水上设施等行为。

3.6.4 工程效益

（1）设计效益

新沂河海口控制工程的设计效益为：

①降低行洪水位、减轻防洪负担，洪水宣泄顺畅，能有效冲淤保泓；②控制运用方便，结束多年以来年年打拆挡潮坝的艰巨任务；③滩地可结合开发，得到耕地一万余亩，综合经济效应较高。

（2）实际效益

自工程建成以来，海口控制工程历经多次洪水考验，超过 1 000 m^3/s 流量的行洪次数达 40 余次，历史最大行洪流量 5 480 m^3/s（2019 年 8 月 13 日），特别是 2019 年因利奇马台风影响，沂沭泗流域遭受 1974 年以来最大洪水，泄洪达 16.2 亿 m^3；2020 年，沂沭泗流域突降暴雨，遭受 1960 年以来最大洪水，泄洪达 45.74 亿 m^3，充分发挥工程泄洪、挡潮、减灾效益，保障了新沂河沿线及上游地区人民生命财产安全。

3.7 通榆河输水工程枢纽（滨海抽水站、响水引水闸、灌河地涵）

3.7.1 工程简介

1. 滨海抽水站

（1）工程位置及作用

滨海抽水站位于盐城市滨海现代农业产业园区（原大套乡）境内，是通榆河北延送水工程的第一级抽水泵站。通榆河位于江苏沿海地区，是苏中里下河腹部圩区和沿海垦区的分界线，是江苏省南北运输的“黄金水道”，属于Ⅲ级航道。滨海抽水站主要任务是提

滨海抽水站

供沭新河蔷薇河送水线在遭遇突发污染事故时向连云港城市供水的应急或备用水源；提供连云港城乡发展生活、生态、港口及临港产业所需增供水量；保证疏港航道通航水位，适当补充农业灌溉所缺用水。2016 年新增排涝功能，2019 年新增抗旱功能。泵站设计流量 50 m^3/s，共 5 台水泵，单机流量 10 m^3/s，设计扬程 3.7 m，最大扬程 4.7 m。工程规模为大（2）型。设计水位组合为：最高排涝水位上游 4.5 m，下游 2.0 m；最高补水位上游 4.2 m，下游 0.7 m；正常水位上游 3.2 m，下游 0.5 m；最低水位上游 2.0 m，下游 −0.5 m。

应急排涝：当里下河地区水位超过警戒，为加大排涝力度，开启滨海抽水站参与排涝。江苏省水旱灾害防御调度指挥中心下发调度指令至江苏省通榆河蔷薇河送清水工程管理处，并由江苏省通榆河蔷薇河送清水工程管理处下发开机指令至江苏省滨海抽水站管理所，滨海抽水站开机运行。

应急抗旱：当淮北地区水源紧张，且近期无明显降雨过程，开启江苏省滨海抽水站管理所参与抗旱，增加淮北地区抗旱水源。江苏省水旱灾害防御调度指挥中心下发调度指令至江苏省通榆河蔷薇河送清水工程管理处，并由江苏省通榆河蔷薇河送清水工程管理处下发开机指令至江苏省滨海抽水站管理所，滨海抽水站开机运行。

（2）主要机电设备参数

滨海抽水站管理所主水泵为日立泵制造（无锡）有限公司生产的 1600ZLB10−3.7 半调节轴流泵，由南京汽轮电机（集团）有限责任公司配套生产 TL710−24/2150 立式同步电动机，电机与水泵轴直联，单机功率为 710 kW。总装机容量 3 550 kW。主变压器、所用变压器和站用变压器采用天津市特变电工变压器有限公司生产的 SC10−5000/35、SC10−250/35/0.4 和 SCB10−400/10/0.4 干式变压器。供电线路为一条，即 35 kV 枢纽线（翻水线）。

（3）建筑物结构形式

滨海抽水站主体工程为钢筋混凝土结构，主要部位高程为电机层 5.75 m、联轴层 1.25 m、水泵层 −3.65 m、交通桥面 4.0 m、上游顶高程 5.5 m、下游顶高程 4.0 m、沉井底板高程 −11 m、沉井顶高程 −7.45 ～ −6.5 m。工程开展的观测项目有垂直位移、河床变形、扬压力。

（4）工程建设、改造情况

滨海抽水站于 2008 年 6 月开工，2009 年 12 月完工，工程于 2011 年 9 月竣工，工程静态总投资 1.64 亿元，至今未续建、改造。

2. 响水引水闸

响水引水闸

（1）工程位置及作用

响水引水闸为通榆河北延送水工程的引水建筑物，引水河口门位于响水县城内的响水船闸上闸首以南约 950 m 处的通榆河上，引水闸距引水河口门约 240 m。通榆河北延段自响水引水闸引河口起，经由响水县城新开段、黄响河后通过灌河地涵穿越灌河，至灌北泵站下游引河，沿灌南段新开河道、新沂河南偏泓、盐河等河道向北至连云港赣榆区。引水闸主要作用：向连云港市送水期间，开闸引水，设计流量为 50 m^3/s；非送水期关闸挡通榆河内的水，最高挡水位为 4.5 m。

（2）主要机电设备参数

响水引水闸共 2 孔，每孔净宽 8 m，工作闸门采用平面直升钢闸门，共 2 扇，门体尺寸为 8.12 m×6.0 m（宽 × 高）。启闭设备采用 QPQ−2×160kN 卷扬式启闭机。主变压器型号为 SC10−125/10±2×2.5%/0.4，供电线路编号为 10 kV 灌西线 16−36−10− 右 $1^{\#}$ 杆。

（3）建筑物结构形式

响水引水闸主体工程为钢筋混凝土结构，闸室总宽 19.1 m，闸室长 15 m，闸底板高程为 −1.0 m，闸顶高程 5.5 m，启闭机房宽度 4.6 m，净高 3.5 m，上、下游翼墙为钢筋混凝土扶壁或悬臂式结构，墙顶面高程分别为 5.5 m、4.0 m。工程开展的观测项目有垂直位移、河床变形、扬压力。

（4）工程建设、改造情况

响水引水闸工程于 2008 年 11 月 19 日正式开工，2009 年 9 月 16 日完成全部施工任务。工程总投资额 1 548 万元，至今未续建、改造。

3. 灌河地涵

灌河地涵

（1）工程位置及作用

灌河地涵为通榆河北延送水工程穿越灌河的建筑物，地涵上洞首位于响水县城西郊黄响河入灌河的河口处，下洞首位于灌河北岸的灌南县长茂村。通榆河北延段自响水引水闸引河口起，经响水县城新开段、黄响河后通过灌河地涵穿越灌河，至灌北泵站下游引河，沿灌南县新开河道、新沂河南偏泓、盐河等河道向北至连云港赣榆区。灌河地涵主要功能为将通榆河水通过地涵穿越灌河。灌河地涵的设计流量为 50 m^3/s。防潮标准：设计为 50 年一遇高潮位；校核为 100 年一遇高潮位。

（2）主要机电设备参数

灌河地涵共有 4 孔，上、下洞首孔径均为 3.5 m×3.5 m，地涵上、下洞首工作闸门均采用平面直升钢闸门，每孔配 1 扇计 8 扇，门体尺寸为 3.62 m×3.8 m（宽 × 高）。启闭设备采用 QP−80kN−6 m 卷扬式启闭机。主变压器型号为 SC10−100/10±2×2.5%/0.4，供电线路编号为 10 kV 响水地涵 300- 左 7-1# 杆。

（3）建筑物结构形式

灌河地涵主体工程为钢筋混凝土结构，地涵上、下洞首底板面高程分别为 −2.0 m 和 −2.5 m；主涵管长 450 m，采用 4 根内径 ϕ3.5 m 钢筋混凝土预制管，管中心高程为 −15.55 m。工程开展的观测项目有垂直位移、河床变形、扬压力。

（4）工程建设、改造情况

灌河地涵工程于 2008 年 7 月 30 日正式开工，2010 年 12 月 30 日通过完工验收。工程总投资额 1.051 4 亿元，至今未续建、改造。

3.7.2 管理单位简介

1. 江苏省滨海抽水站管理所

江苏省滨海抽水站管理所成立于 2011 年 10 月，负责滨海抽水站工程管理，为江苏省通榆河蔷薇河送清水工程管理处直属正科级建制事业单位，下设工务室、财务室、运行班组等部门。

多年来，滨海抽水站管理所先后获得并保持了“国家级水利工程管理单位”“江苏省水利工程一级管理单位”“省水利工程精细化管理单位”“江苏省水利安全生产标准化二级单位”“省级机关五四红旗团支部”“江苏省档案工作三星级”“管理处安全生产先进集体”“管理处目标考核先进集体”“汛前工作百日竞赛先进集体”“管理处年度文明班组”“管理处防汛防旱先进单位”等荣誉称号。

2. 江苏省灌河响水地涵管理所

江苏省灌河响水地涵管理所成立于 2012 年 7 月，负责灌河地涵及响水引水闸的工程管理任务，为通榆河蔷薇河送清水工程管理处直属正科级事业单位，下设工务室、财务室、运行班组等。

多年来，灌河响水地涵管理所先后获得“省水利工程精细化管理单位”，管理处“目标管理先进单位”“安全生产先进单位”“先进党支部”“最美工程环境”“最美职工食堂”，“市级工人先锋号”“县级文明单位”“市级园林式单位”“第三批省级机关法治文化建设示范点”“第五批省级法治文化建设示范点”等荣誉称号。

3.7.3 工程管理范围

1. 滨海抽水站

（1）划界确权情况

滨海抽水站已确权面积 351 125 m^2，工程用地完成权籍信息化，现场埋设界桩 50 个（含共桩 4 个）、界牌 2 个、告示牌 42 个、安全警戒区牌 8 个、分界牌 4 个。

（2）安全警戒区划定情况

根据江苏省水利厅批复的省属水利工程安全警戒区划定实施方案，滨海抽水站警戒区范围为上游右岸堤防长 1 100 m，左岸堤防长 1 070 m，下游右岸堤防长 1 050 m，左岸堤防长 900 m，左右岸以工程轮廓线、迎水面堤顶为界。警戒区内禁止渔业养殖、捕（钓）鱼、停泊船舶、建设水上设施等行为。

2. 响水引水闸

（1）划界确权情况

响水引水闸已确权面积 61 518.2 m^2，工程用地完成权籍信息化，管理范围为上游左岸堤防长约 350 m，右岸堤防长约 130 m；下游为 50 m，右侧宽 80 ～ 100 m，左侧宽 20 ～ 50 m。现场埋设界桩（牌）11 根（块）、界牌 4 块、告示牌 1 块。

（2）安全警戒区划定情况

根据江苏省水利厅批复的省属水利工程安全警戒区划定实施方案，响水引水闸安全警戒区范围为上游右岸堤防长 160 m，左岸提防长 270 m，下游堤防 50 m；左右岸均以迎水坡堤顶、工程轮廓线为界。警戒区内禁止渔业养殖、捕（钓）鱼、停泊船舶、建设水上设施等行为。

3. 灌河地涵

（1）划界确权情况

灌河地涵已确权面积 60 657.6 m^2，工程用地完成权籍信息化，管理范围为上洞首从工程边缘线到黄响河桥处（200 m），至灌河南堤迎水面坡角外 30 m；西边至红卫河东河口，东边至围墙；下洞首从灌河北堤背水坡到洞首下游 90 m；东西边至围墙；上洞首左侧宽 50 ～ 150 m，右侧宽 15 ～ 30 m；下洞首左侧宽 20 m，右侧宽 20 ～ 80 m。现场埋设界桩（牌）24 根（块）、界牌 8 块、告示牌 2 块。

（2）安全警戒区划定情况

根据江苏省水利厅批复的省属水利工程安全警戒区划定实施方案，灌河地涵警戒区范围为上洞首向上堤防长 230 m，下洞首向下堤防长 95 m；左右岸以挡土墙、护坡顶、工程轮廓线为界，含洞身上部河道。警戒区内禁止渔业养殖、捕（钓）鱼、停泊船舶、建设水上设施等行为。

3.7.4 工程效益

1. 滨海抽水站

（1）设计效益

滨海抽水站的设计效益为：提供沭新河蔷薇河送水线在遭遇突发污染事故时向连云港城市供水的应急或备用水源；提供连云港城乡发展生活、生态、港口及临港产业所需增供水量；保证疏港航道通航水位，适当补充农业灌溉所缺用水；承担里下河地区应急排涝工作。

（2）实际效益

自2011年建成以来，2016年应急排涝1 050台时，累计抽水0.378亿 m^3；2019年向连云港供水4 100台时，累计输水1.475亿 m^3，2020年向连云港供水1 169台时，累计输水0.413 6亿 m^3。

2. 响水引水闸

（1）设计效益

响水引水闸设计效益有2项，分别如下。

① 引水：向连云港送水期间，开闸引水，设计流量为50 m^3/s。

② 挡水：非送水期间关闸挡通榆河内的水，最高挡水位为4.5 m。

（2）实际效益

响水引水闸实际效益有4项，分别如下。

①工程于2012年4月参与了通榆河沿线工程的联合试运行（4月10—19日，响水引水闸启闭23次，泄放水量近0.3亿 m^3）。

② 2017年度为灌南县田楼水厂试供水（2月27日10时至3月6日16时，历时8天，累计有效供水为0.01亿 m^3）。

③ 2019年度参与通榆河北延送水工程抗旱应急调水（7月2日19时至12月17日17时，共运行五次，历时59天，累计有效供水1.23亿 m^3）。

④ 2020年度自5月29日至6月16日，响水引水闸和灌河地涵历时运行18天，累计有效供水0.49亿 m^3。

工程自运行以来，累计供水为2.03亿 m^3。

3. 灌河地涵

（1）设计效益

当连云港需水时，引通榆河水，以设计流量50 m^3/s 送水。

（2）实际效益

灌河地涵实际效益有4项，分别如下。

①工程于2012年4月参与了通榆河沿线工程的联合试运行（4月10—19日，响水引水闸启闭23次，泄放水量近0.3亿 m^3）。

② 2017年度为灌南县田楼水厂试供水（2月27日10时至3月6日16时，历时8天，累计有效供水为0.01亿 m^3）。

③ 2019年度参与通榆河北延送水工程抗旱应急调水（7月2日19时至12月17日17时），共运行五次，历时59天，累计有效供水1.23亿 m^3。

④ 2020 年度自 5 月 29 日至 6 月 16 日，响水引水闸和灌河地涵历时运行 18 天，累计有效供水 0.49 亿 m^3。

工程自运行以来，累计供水为 2.03 亿 m^3。

3.8 车轴河闸、善后新闸、烧香河闸

3.8.1 工程简介

1. 车轴河闸

车轴河闸

（1）工程位置及作用

车轴河闸位于连云港市东陬山南约 500 m 处，该闸主要作用为排涝、挡潮，同时兼有通航和蓄水灌溉等功能。流域范围包括盐河以东，车轴河以南，牛墩界圩河以北等地区，流域面积为 266 km^2。工程规模为中型水闸工程。设计水位组合为上游 1.30 m，下游 5.14 m，历史特征值为上游最高水位 3.15 m，下游最高水位 4.79 m。

（2）主要机电设备参数

车轴河闸共 8 孔，其中第 8 孔为通航孔，每孔净宽 6 m，总宽 53.725 m，闸孔净高 4.5 m。排水孔闸门为钢质弧形门，配备 20 t 卷扬式启闭机，通航孔为上下扉平面钢闸门。

（3）建筑物结构形式

车轴河闸为钢筋混凝土结构，共分四块底板，$1^{\#}$—$3^{\#}$ 孔、$4^{\#}$—$5^{\#}$ 孔、$6^{\#}$—$7^{\#}$ 孔各为一块，通航孔单独一块底板。闸基为软土闸基，底板、翼墙均为空箱式轻型结构。闸顶高程 6.5 m，底板高程 −2.33 m，胸墙底部高程 2.17 m。公路桥为公路 – Ⅱ级，桥面净宽 4.50 m，高程 7.00 m；工作桥桥面高程 7.9 m，宽 4.0 m；通航孔桥面高程 11. 0 m，宽 4.65 m；工

作便桥桥面高程 6.5 m，宽 2.2 m。工程开展的观测项目有垂直位移、河床变形。

（4）工程建设、改造情况

车轴河闸于 1953 年 6 月建成，分别于 2000 年和 2016 年进行了两次除险加固。

2. 善后新闸

善后新闸

（1）工程位置及作用

善后新闸位于连云港市东陬山西南麓，该闸主要作用为排涝、挡潮，同时兼有蓄水灌溉等功能。善后河流域范围包括新沂河以北，卓王河、蔷薇河以南及盐河以西地区共计面积 1 220km^2，由于老善后闸（现车轴河闸）设计标准偏低，与实际要求相差甚远，无法完成上述地区的排涝任务，为此，于 1958 年 6 月建成善后新闸，设计流量 1 050 m^3/s，历史特征值为上游最高水位 3.63 m，下游最高水位 4.20 m。

（2）主要机电设备参数

善后新闸共计 10 孔，宽 10 m、高 6 m，闸门为弧形钢闸门，配备 21t 卷扬式启闭机。

（3）建筑物结构形式

善后新闸为钢筋混凝土建筑物，闸顶高程 7.0 m，闸基为岩基，闸墩顶高程 5.0 m；中墩宽 2.0 m，边墩宽 1.0 m；底板为钢筋混凝土结构，厚 0.3 m，高程 −3.0 m；胸墙底部高程 3.0 m；闸孔净高 6.0 m。闸墩顶部上游侧设钢筋混凝土汽 −10 级公路桥一座，桥面净宽 4.0 m，高程 6.0 m；工作便桥桥面高程 6.0 m，宽 3.2 m。工程开展的观测项目有河床变形。

（4）工程建设、改造情况

善后新闸建成于 1958 年 6 月，于 2000 年进行除险加固。

3. 烧香河闸

烧香河闸

（1）工程位置及作用

烧香河闸位于连云港市东陬山山脚下，主要作用为排涝、挡潮，同时兼有蓄水灌溉等作用。流域范围包括善后河北、烧香河东、云台山以南地区共计面积 166 km^2。

（2）主要机电设备参数

烧香河闸共 6 孔，每孔净宽 8 m，总宽 64 m，工作闸门均采用平面钢闸门，启闭设备采用 QH−2×100−12 卷扬式启闭机。与车轴河闸、善后新闸共用一台主变压器，型号为 S11−M−80/10。

（3）建筑物结构形式

烧香河闸为钢筋混凝土带胸墙的开敞式结构挡潮节制闸，用闸墩分隔，闸顶高程6.0 m，闸基为岩基，墩与底板分开浇筑。闸墩顶高程 5.0 m，墩均为重力式结构，中墩宽 2.0 m，边墩宽 1.0 m；底板为钢筋混凝土结构，高程 −2.0 m；胸墙底部高程 2.5 m；闸孔净高 4.5 m。公路桥为公路－Ⅱ级，桥面净宽 4.0 m，高程 6.0 m；工作桥桥面高程 8.7 m，宽 4.0 m；工作便桥桥面高程 6.0 m，宽 3.2 m。工程开展的观测项目有河床变形。

（4）工程建设、改造情况

烧香河闸建成于 1957 年，于 1999 年进行除险加固。

3.8.2 管理单位简介

江苏省善后闸管理所成立于 1953 年，1966 年至 1983 年由淮阴地区水利局管理，根据管理需要，1983年江苏省财政厅、江苏省水利厅以苏水管〔83〕103号《关于灌云县善后闸管理所收归省管的通知》，将善后闸管理所由淮阴市水利局划归江苏省淮沭新河管理处。江苏省善后闸管理所负责善后新闸、车轴河闸和烧香河闸工程管理，为江苏省淮沭新河管理处直属正科级事业单位，下设生产运行股、技术管理股、财务股、政办股。

多年来，江苏省善后闸管理所先后获“江苏省一级水利工程水管单位”“水利安全生产标准化二级单位”“连云港市文明单位”“管理处先进党支部”等荣誉称号。

3.8.3 工程管理范围

（1）划界确权情况

善后新闸、车轴河闸和烧香河闸三座工程已确权面积318 883.27 m^2，工程用地完成权籍信息化，埋设了41根界桩、管理区域界牌10块、管理范围告示牌1块。

（2）安全警戒区划定情况

根据江苏省水利厅批复的省属水利工程安全警戒区划定实施方案，善后新闸警戒区范围为以闸上、下游岸墙末端算起，上、下游各500 m；车轴河闸警戒区范围为以闸上、下游翼墙末端算起，上游为300 m，下游为200 m；烧香河闸警戒区范围为以闸上、下游岸墙末端算起，上游200 m，下游500 m。警戒区内禁止渔业养殖、捕（钓）鱼、停泊船舶、建设水上设施等行为。

3.8.4 工程效益

1. 车轴河闸

（1）设计效益

车轴河闸设计效益有2项，分别如下。

① 拦蓄车轴河河水，配合其他工程，灌溉盐河以东、车轴河以南、牛墩界圩河以北等地区。

② 控制车轴河水位。

（2）实际效益

烧香河闸、善后新闸以及车轴河闸是沂北地区防洪排涝的主要入海口门之一，发挥着排涝、挡潮、蓄水等综合功能，受益面积1 448 km^2，为沂北地区120万亩农田和投资规模已达3 000亿的徐圩石化基地提供了充足的用水保障，近三年排除涝水16.3亿 m^3。

2. 善后新闸

（1）设计效益

善后新闸设计效益有2项，分别如下。

① 拦蓄排涝善后河河水，配合其他工程，灌溉包括善后河流域新沂河以北，卓王河、蔷薇河以南及盐河以西地区共计面积 1 220 km^2。

② 控制善后河水位。

（2）实际效益

善后新闸、车轴河闸及烧香河闸是沂北地区防洪排涝的主要入海口门之一，发挥着排涝、挡潮、蓄水等综合功能，受益面积 1 448 km^2，为沂北地区 120 万亩农田和投资规模已达 3 000 亿的徐圩石化基地提供了充足的用水保障，近三年排除涝水 16.3 亿 m^3。

3. 烧香河闸

（1）设计效益

烧香河闸设计效益有 2 项，分别如下。

① 拦蓄烧香河河水，配合其他工程，灌溉包括善后河北，烧香河东、云台山以南地区共计面积 166 km^2。

② 控制烧香河水位。

（2）实际效益

烧香河闸、善后新闸以及车轴河闸是沂北地区防洪排涝的主要入海口门之一，发挥着排涝、挡潮、蓄水等综合功能，受益面积 1 448 km^2，为沂北地区 120 万亩农田和投资规模已达 3 000 亿的徐圩石化基地提供了充足的用水保障，近三年排除涝水 16.3 亿 m^3。

4 “水上立交、淮水入海”水工程

“水上立交、淮水入海”水工程分布图

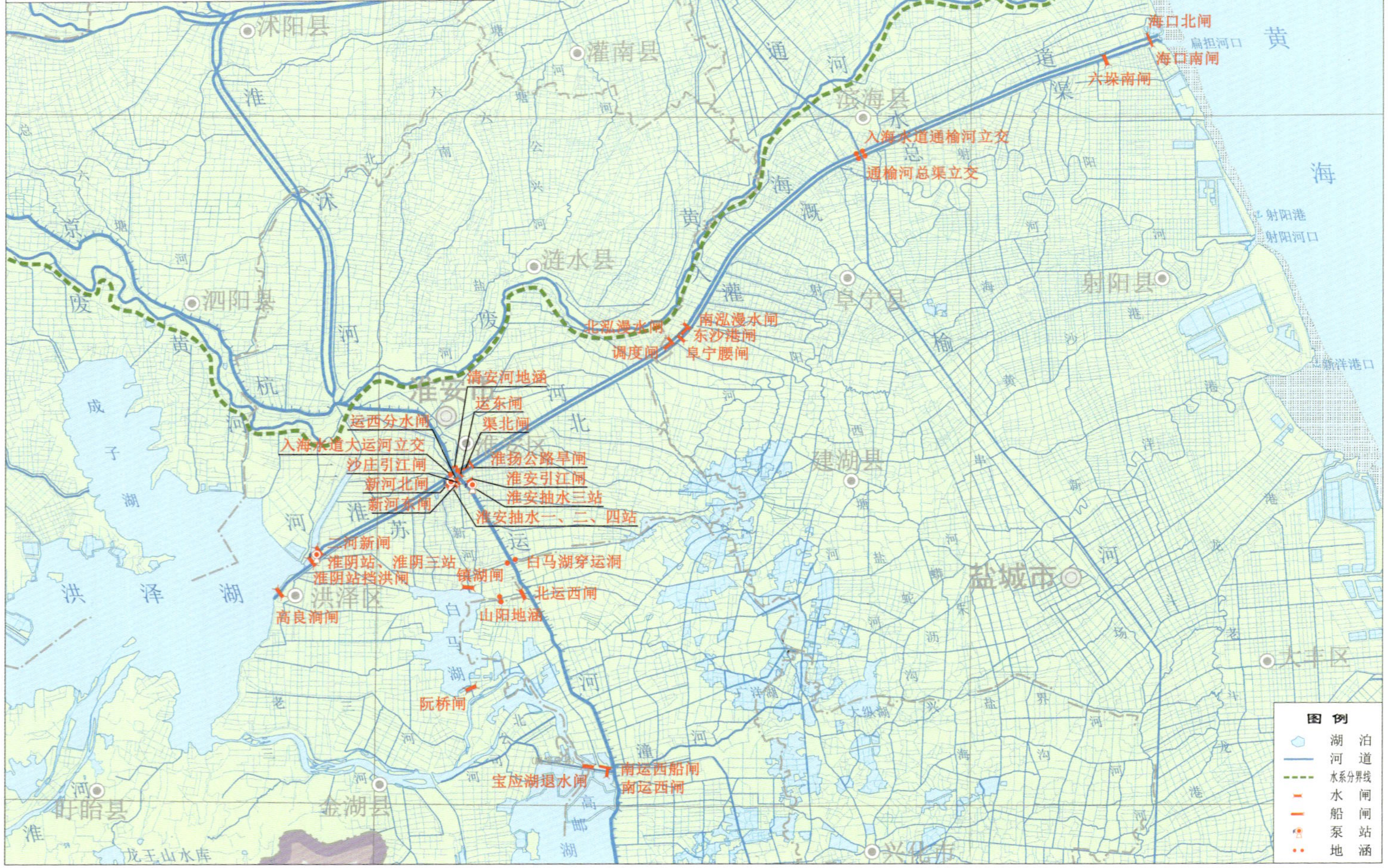

新中国成立伊始，毛泽东主席发出了“一定要把淮河修好”的伟大号召，开启了我国大规模治水事业的新征程。淮河是新中国成立后第一条全面系统治理的大河。历史上的淮河是各类水患灾害发生最为频繁的河流之一。1951 年 8 月，水利部在北京召开第二次治淮会议，决定从洪泽湖到黄海修筑一条以灌溉为主、结合排涝的干渠，命名为“苏北灌溉总渠”。1991 年大洪水后，淮河流域开始了以治淮 19 项骨干工程为重点的治淮工程体系建设，其中，淮河入海水道工程是治淮工程体系中的一项代表性工程，是进一步打通淮河洪水入海通道，根本解决淮河下游洪水威胁的一项关键工程。苏北灌溉总渠与淮河入海水道两座工程均位于淮河下游江苏省北部，相互平行，二河三堤布置。两座工程的建设彻底改变了数百年来黄河、淮河并患苏北的局面，从根本上实现了变“水灾”为“水利”。

苏北灌溉总渠西起洪泽湖高良涧，经淮安市的洪泽区、清江浦区、经济开发区、淮安区，盐城市的阜宁县、射阳县、滨海县，及江苏省淮海农场，东至扁担港入黄海，全长 168 km。主体工程于 1951 年 11 月 2 日开工，1952 年 5 月 10 日竣工。苏北灌溉总渠原设计行洪 700 m^3/s，1960 年运东闸加固后，排洪标准提高到 800 m^3/s。渠首高良涧闸最大泄量曾达 1 083 m^3/s。苏北灌溉总渠与京杭运河平交，由运东闸分流；与通榆河通过通榆河总渠立交立体交叉，上槽（通榆河）下洞（苏北灌溉总渠）。工程自投入运用以来，在灌溉、防洪以及排涝、航运、发电、改善生态环境等方面都发挥着十分显著的效益。苏北灌溉总渠沿线建有高良涧闸、运东闸、阜宁腰闸、通榆河总渠立交、六垛南闸五级控制，隶属于江苏省灌溉总渠管理处。

淮河入海水道西起洪泽湖二河闸，贯穿江苏省淮安、盐城两市的清江浦、淮安、阜宁、滨海 4 县（区），东至滨海县扁担港注入黄海，全长 163.5 km。1998 年 10 月一期工程试挖段正式破土动工，2006 年 10 月工程全面竣工并通过验收。除干河外，沿线建设有二河、淮安、淮阜、滨海、海口五大枢纽控制工程，一期工程设计行洪流量 2 270 m^3/s，远期规模将达到设计行洪流量 7 000 m^3/s。淮河入海水道分别在淮安区境内与京杭大运河（里运河）、在滨海县境内与通榆河立体交叉。淮河入海水道是中国确保淮河防洪安全和改善区域引排水条件的重大战略性防洪工程，一期工程实施使洪泽湖防洪标准从 50 年一遇提高到 100 年一遇，结束了淮河 800 多年无独立排水入海通道的历史，淮河流域“蓄泄兼筹”防洪体系初步形成。工程自投入运用以来，在防洪以及灌溉、排涝、航运、改善生态环境等方面都发挥着十分显著的效益。淮河入海水道沿线建有二河、淮安、淮阜、滨海、海口五大枢纽控制工程，均隶属于江苏省淮河入海水道工程管理处。2022 年 7 月 30 日，该年度国家重点推进的 55 项重大水利项目之一淮河入海水道二期先导段工程开工建设。淮河入海水道二期工程是《淮河流域综合规划（2012—2030 年）》《淮河流域防洪规划》确定的扩大淮河下游泄洪能力、提高洪泽湖及其下游防洪保护区防洪标准的战略性骨干工程，是国务院确定的进一步治淮 38 项工程之一，2020 年纳入国家加快推进的 150 项重大水利工程之一，也是国家“十四五”规划纲要确定的 102 项重大工程之一。

淮河入海水道二期工程是在一期工程确定并形成的河道范围内，通过挖宽挖深泓道，培高加固堤防，扩建二河、淮安、滨海和海口枢纽，改建淮阜控制工程，同时结合航道建设使淮安枢纽—滨海枢纽段航道满足Ⅱ级要求，二期工程可研批复工程总投资约 438 亿元。淮河入海水道二期工程建成后，将进一步扩大淮河下游洪水出路，设计行洪流量将扩大到 7 000 m^3/s，可使洪泽湖防洪标准达到 300 年一遇，提高洪泽湖的洪水调蓄能力，加快淮河中游洪水下泄、减轻淮河中游防洪压力。

江苏省灌溉总渠管理处和江苏省淮河入海水道工程管理处合署办公，坐落在一代伟人周恩来的故乡、历史文化名城——淮安，管理着苏北灌溉总渠、淮河入海水道沿线和白马湖、宝应湖周边控制工程及南水北调东线第二、三梯级泵站等 36 座工程，同时还承担着淮河入海水道河道工程行业管理及白马湖、宝应湖湖泊管理等任务，所管工程包括 4 座大型抽水站、2 座 110 kV 变电所、29 座涵闸、1 座船闸，分布于扬州、淮安、盐城 3 市的 8 个县（区）境内，发挥着防洪、供水、灌溉、排涝、挡潮、航运、发电等综合效益，为流域地区防汛防旱和经济社会的可持续发展发挥着重要的作用。

近年来，管理处在江苏省水利厅党组的正确领导下，坚持以习近平新时代中国特色社会主义思想统领全局，深化改革，抢抓机遇，提升效能，加快发展，各项工作得到了各级领导和地方党政机关的肯定，多位党和国家领导人及部、省、市领导曾前来视察。管理处先后获得“全国防汛防旱先进单位”“国家级水利工程管理单位”“江苏省文明单位”“绿色江苏建设突出贡献单位”“全省水利管理先进单位”“江苏省档案工作五星级单位”等省级以上各种荣誉 40 余项。

4.1 高良涧闸

4.1.1 工程简介

（1）工程位置及作用

高良涧闸位于淮安市洪泽区高良涧镇境内，是苏北灌溉总渠的渠首，为洪泽湖的控制工程之一，为Ⅱ等中型水闸，设计流量为 800 m^3/s。

（2）主要机电设备参数

高良涧闸闸门为平板直升钢闸门，采用 QP2×125kN-6m 卷扬式启闭机启闭。

高良涧闸水电站装有 4 台水轮发电机组，分装在高良涧闸左、右两侧空箱岸墙内。水轮机型号为 ZDHZD01-LM-120，叶轮直径 1.2 m，单机设计流量 6 m^3/s，设计水头 3.0 m，转速 270 r/ min，单机功率 125 kW；发电机型号为 SF125-8/650-W，额定电压 400 V，额定电流 226 A，额定功率 125 kW，额定频率 50 Hz，功率因素 0.8，额定励磁电压 81 V，额定励磁电流 42 A；齿轮箱型号为 JYYND250-WX2.778，变速比为 1∶2.778。

高良涧闸

升压站主变压器型号为 S11-630 kVA/35/0.4 kV。供电线路分为 35 kV 市电供电、水轮发电机组供电以及柴油发电机组供电三类。

（3）建筑物结构形式

高良涧闸为胸墙式水闸，共 16 孔，每孔净宽 4.2 m，净高 4.0 m，总净宽 67.2 m，闸室总宽 81.24 m，全闸总长 173.06 m；工程主体结构为钢筋混凝土结构，闸底板顶面高程为 7.5 m（废黄河口基准面，下同），闸顶高程为 19.5 m，胸墙底高程为 11.5 m，工作桥面高程为 19.5 m；水闸上游设钢筋混凝土铺盖，铺盖顶高程为 7.5 m；下游设消力池，池底高程为 5.0 m；紧邻启闭机房下游侧设公路桥，桥面高程为 19.5 m。上下游采用圆弧型翼墙与河岸连接，上游翼墙为空箱式钢筋混凝土结构，翼墙圆弧半径为 50 m；下游翼墙为重力式浆砌块石结构，圆弧半径为 40 m。上、下游护坡为浆砌块石护坡，上游导流堤顶高程为 17.5 m，下游导流堤顶高程为 12.5 m，水闸左右堤顶高程为 19.5 m。工程开展的主要观测项目有垂直位移、河床变形、扬压力及伸缩缝。

（4）工程建设、改造情况

高良涧闸建成于 1952 年 6 月，分别于 1954 年、1958 年、1966 年、1994 年、2014 年进行五次加固改造。最后一次加固工程于 2016 年 12 月通过竣工验收，工程投资 4 023 万元。

4.1.2 工程管理单位

江苏省高良涧闸管理所

江苏省高良涧闸管理所成立于 1952 年，负责高良涧闸工程管理，为江苏省灌溉总渠管理处直属正科级事业单位，下设工管股、安监股、财务股、水电站、水文站 5 个部门。

多年来，高良涧闸管理所先后获得了“淮安市文明单位”“管理处工程管理先进单位”“省安全生产标准化二级单位”“省水利风景区”“服务高质量发展先锋队党支部”“省一级水利工程管理单位”“省水利工程精细化管理单位”等荣誉称号。

4.1.3 工程管理范围

（1）划界确权情况

高良涧闸确权面积为 204 625.19 m^2，工程用地完成权籍信息化，管理范围为上、下游距闸中心线分别为 570 m、500 m；左侧上游至高良涧闸围墙外沿道路南侧路牙，左侧距翼墙 100 m，下游至水电站宿舍区及生产区围墙及苏北灌溉总渠水面线；右侧上游至高良涧闸围墙外沿至水文自计台外堤坡挡土墙，右侧距翼墙 100 m，下游右侧至高良涧闸与高良涧船闸之间围墙外沿。现场埋设界桩 25 个、界牌 6 块、告示牌 1 块、分界牌 6 块。

（2）安全警戒区划定情况

根据江苏省水利厅批复的省属水利工程安全警戒区划定实施方案，高良涧闸警戒区范围与管理范围重合。警戒区内禁止渔业养殖、捕（钓）鱼、停泊船舶、建设水上设施等行为。

4.1.4 工程效益

（1）设计效益

高良涧闸设计效益有 2 项，分别如下。

① 汛期排泄淮河洪水，原设计流量为 700 m^3/s，1966 年加固时设计流量调整为 800 m^3/s。

② 引淮水灌溉农田，原设计灌溉面积 258 万亩，第三次加固时，设计灌溉面积调整为 342.5 万亩。

（2）实际效益

高良涧闸实际效益有 4 项，分别如下。

① 排泄淮河洪水，实际最大流量超过设计流量，最大达 1 083 m^3/s。

② 实际引用淮水的灌溉面积为 350 万亩。

③ 补给运河、灌溉总渠沿线城市航运、发电用水。

④ 灌溉效益达到第三次加固设计要求，排洪效益已超过设计标准。另配合总渠其他水利工程发挥了综合效益。

4.2 二河枢纽（淮阴抽水站、淮阴三站、淮阴站挡洪闸、二河新闸）

4.2.1 工程简介

1. 淮阴抽水站

（1）工程位置及作用

淮阴抽水站位于江苏省淮安市清江浦区和平镇，北靠二河、西临苏北灌溉总渠，是

淮阴抽水站

江苏省江水北调工程的第三级泵站，与淮阴二站、淮阴三站以及洪泽站共同组成南水北调东线工程第三梯级泵站，主要作用是接转淮安站抽入苏北灌溉总渠的江水入二河，循京杭大运河北送，兼可补给中运河航运及徐淮地区工农业用水，同时在特殊干旱年份，也具有向洪泽湖补库功能。

淮阴抽水站工程等别为Ⅱ等，工程规模为大（2）型，设计流量为 120 m^3/s。泵站站身、上下游翼墙、清污机桥等主要建筑物级别为 2 级，其他次要建筑物级别为 3 级，临时建筑物级别为 4 级。设计水位组合：调水为站下 8.82 m、站上 13.10 m，防洪为站下 11.46 m、站上 13.60 m。

（2）主要机电设备参数

淮阴抽水站 2020 年 10 月开始加固改造，目前已通过机组启动试运行验收。现装有 4 台套大型立式全调节轴流泵，配套电机由中电电机股份有限公司生产，型号为 TL-2000-48，单机容量 2 000 kW，电机转速 125 r/ min；主水泵由江苏航天水力设备有限公司生产，型号为 3100ZLQ30-4.28，叶轮直径 3.1 m，单机流量 30 m^3/s，总流量 120 m^3/s，设计扬程 4.28 m。该站电源由枢纽变电所供电，110 kV 输电线路送至变电所，降压至 10 kV 后向机组供电。泵站 10 kV 侧采用单母线接线方式，分别设有 1 台进线开关柜、1 台联络隔离柜、1 台电压互感器柜、1 台二河新闸出线柜、1 台站变开关柜、4 台主机开关柜，共计 9 台。从变电所引一路低压电源至本站低压系统作为备用电源，400V 侧采用单母线接线方式。淮阴抽水站辅机设备、检修、办公及生活用电设 1 台容量为 630 kVA 站用变压器，接于泵站 10 kV 侧母线上。

（3）建筑物结构形式

淮阴抽水站站身采用堤后块基型结构，采用肘形进水流道、虹吸管出水流道、真空破坏阀断流。站身两侧为空箱岸墙，墙顶分设检修间及门厅，站身由主厂房、副厂房、公路桥三部分组成，主厂房自下向上为进水流道层、水泵层、联轴层、电机层。主厂房底板顺水流方向长为 22.1 m，垂直水流方向长为 33.4 m，4 台机组呈一列式布置，安装于一块底板上。

淮阴抽水站进水侧设有清污机桥，主河槽布置 8 台套回转式清污机（型号为 HQN−4.9×11.3 m）和 4 台套斜坡段回转式清污机（型号为 HQN−4.9×11.18 m、HQN−4.9×9.35 m），进水流道入口处设检修闸门一道，采用吊车启闭；泵站出水侧设有工作便桥，虹吸式出水流道驼峰段上部布置真空破坏阀室。

工程开展的主要观测项目有垂直位移、河床变形、扬压力及伸缩缝。

（4）工程建设、改造情况

淮阴抽水站于 1983 年 10 月兴建，1987 年 9 月竣工。2020 年 10 月开始进行加固改造，目前加固改造主体工程已完工。

2. 淮阴三站

淮阴三站

（1）工程位置及作用

淮阴三站工程位于江苏省淮安市清江浦区和平镇境内，与淮阴抽水站并列布置，同时与淮阴抽水站、淮阴二站、洪泽站共同组成南水北调东线第三梯级泵站，主要作用是接转淮安站抽入苏北灌溉总渠的江水入二河，通过二河、中运河向北调水，为泗阳站梯级提供水源，同时在特殊干旱年份，也具有向洪泽湖补库功能。工程建成后，具有向北调水、提高灌溉保证率、改善水环境、提高航运保证率等功能。

淮阴三站工程规模为大（2）型，工程等别为 I 等，设计流量为 100 m^3/s。泵站站身、防渗范围内翼墙等主要建筑物级别为 1 级，下游清污机桥等其他次要建筑物级别为 3 级；与泵站连接的堤防按原堤防标准设计。泵站设计洪水标准为 100 年一遇，校核洪水标准为 300 年一遇。设计供水水位：总渠侧 9.0 m，二河侧 13.0 m；设计防洪水位：总渠侧 11.46 m，二河侧 15.40 m。

（2）主要机电设备参数

淮阴三站安装 4 台套 178GZ-4.78 变频调节贯流泵 (3 用 1 备），配 4 台 TBP2200-48/3000 同步电机，叶轮直径 3.2m，单机流量 33.4 m^3/s，功率 2 200 kW，总装机容量为 8 800 kW。主机额定转速为 125 r/min；进水引河上设清污机桥，中间 9 孔安装 HQ-6m 回转式清污机，两侧各安装一台固定式拦污栅。淮阴三站水泵叶轮安装高程为 4.4 m。泵站中心线下游 250 m 处布置清污机桥，上设皮带运输机。

淮阴三站控制楼一楼有高压室、低压室、励磁室及消防控制室，该站电源由枢纽变电所供电，110 kV 输电线路送至变电所，降压至 10 kV 后，通过高压电缆送至淮阴三站高压开关室进线柜；高压室内设有 10 kV 进线柜、电压互感器柜、4 台主机开关柜及站变开关柜；低压室设有 630 kVA 站变一台，配低压柜 7 台。控制楼二楼有中央控制室和保护屏室。辅机层主要设备有：水泵监视系统、检修动力箱、风机动力箱、离心泵动力箱、潜水泵动力箱以及四台主机变频器。

（3）建筑物结构形式

淮阴三站采用整体块状基础，平直管进出水流道，快速闸门断流，液压启闭机启闭。进口设检修闸门，出口设快速工作门、事故检修门。工作门上装有小拍门，以保证水泵的平稳启动。站身由主厂房和控制楼两部分构成，站身中间段自下而上依次为进出水流道层、电缆层、辅机层和主厂房层。站身底板顺水流方向总长 34 m，垂直水流方向总宽 54.82 m，垂直水流方向将底板分为两块，上下游挡水部位顶部高程分别为 14.60 m、14.20 m。进口断面的底高程 2.42 m，主厂房层平面高程 14.40 m，辅机层面高程 9.70 m。泵站中心线下游 250 m 处布置清污机桥，桥长 109.8 m，桥面净宽 5.15 m。共分 11 孔，每孔净宽 6.0 m，底板顺水流方向长 14.4 m，桥面高程 13.3 m。

工程开展的主要观测项目有垂直位移、河床变形、扬压力及伸缩缝。

（4）工程建设、改造情况

淮阴三站于 2006 年 9 月新建，2009 年 12 月完工，至今未除险加固。

3. 淮阴站挡洪闸

（1）工程位置及作用

淮阴站挡洪闸位于江苏省淮安市清江浦区和平镇。位于淮阴抽水站西侧，淮阴抽水站、淮阴三站上游引河交汇处，二河东堤上，与现引河接近成正交。

（2）主要机电设备参数

淮阴站挡洪闸闸门采用平面定轮钢闸门，共计 5 扇，配套 5 台 QPQ-2×250kN 卷扬式启闭机及一套电气设备。现配有启闭机动力柜、照明动力柜、无功自动补偿柜、低压进线柜

淮阴站挡洪闸

各1台。

（3）建筑物结构形式

淮阴站挡洪闸与泵站站身相距570 m。挡洪闸设计流量为260 m^3/s，轴线与淮阴抽水站、淮阴三站两轴线交角的角平分线重合。闸室为开敞式平底板结构，共5孔，每孔净宽10 m，闸孔总净宽50 m。底板顺水流方向长20 m，工作桥上设启闭机房，岸墙上设控制楼，交通桥为预制钢筋混凝土空心板结构。上游引河长约480 m，河底高程6.50 m，底宽70 m，边坡1∶3，高程13.50 m，设平台，宽5 m；挡洪闸工程按1级水工建筑物设计；按地震烈度7度设防，该工程所在地地震动峰值加速度为0.10 g，特征周期为0.40 s。其主要作用是当淮河入海水道行洪时，挡御二河高水位，以防泵站被淹，同时作为二河东堤的一部分，为下游地区的安全提供防洪屏障。工程主要开展的观测项目有垂直位移、河床变形、伸缩缝。

（4）工程建设、改造情况

淮阴站挡洪闸始建于2005年，2006年4月建成，至今未除险加固。

4. 二河新闸

（1）工程位置及作用

二河新闸工程地处江苏省淮安市清江浦区和平镇境内，位于入海水道与二河的交汇处，是淮河入海水道的第一级枢纽工程。工程等级为Ⅱ等大（2）型。工程按地震烈度7度设防。本工程的主要任务是承泄洪泽湖洪水，并控制入海水道流量。本闸设计泄洪流量2 270 m^3/s。入海水道的建成，使洪泽湖达到防御100年一遇洪水的标准。

（2）主要机电设备参数

二河新闸工作闸门为弧形钢闸门，尺寸为10.0 m×9.1 m(宽 × 高)，配QHJ-

二河新闸

2×225kN 弧门卷扬式启闭机。检修闸门为叠梁式平面钢闸门，共分 5 块，每块高 1.68 m，配一台 2×100kN 电动单梁起重机启闭。

（3）建筑物结构形式

二河新闸闸室采用钢筋混凝土开敞式平底板结构，共 10 孔，两孔一联，单孔宽 10 m，总宽 120.08 m，闸底板高程 6.0 m，闸顶高程 18.0 m。两岸堤防堤顶宽度为 8 m，坡比 1∶3，左导堤（子堤）顶高程为 18.2 m，左堤（北堤）顶高程为 15.81 m，右堤（南堤）上游段顶高程为 18.2 m，下游段顶高程为 16.31 m。闸室采用钢筋混凝土开敞式结构，整体式底板，两孔一联，顺水流方向长 21.0 m，垂直水流方向宽 120.08 m。底板顶高程 6.00 m，厚 2.0 m。闸墩顶高程 18.00 m，中墩厚 1.6 m，边墩厚 1.2 m。闸室顶部布置有检修桥、启闭机房、公路桥等。闸室均采用 C25 钢筋混凝土。闸上检修桥桥面高程 18.50 m，宽 3.30 m，为预制混凝土梁板结构，梁高 1.00 m，总长 120.08 m。闸上公路桥顶高程 18.20 m，宽 9.0 m，采用预应力混凝土空心板结构。启闭机房室内地面高程 26.10 m，宽 4.50 m，总长 120.08 m。房内布置 10 台启闭机和相应的电气设备。启闭机工作桥主梁采用“Ω”形预制钢筋混凝土结构，高 1.30 m。检修闸门启闭机（电动单梁起重机）设在启闭机房排架（上游侧）的牛腿上，牛腿底部高程 24.30 m。工程开展的主要观测项目有：垂直位移、河床变形、扬压力、伸缩缝。

（4）工程建设、改造情况

二河新闸于 2001 年 11 月 8 日开工，2002 年 9 月 30 日通过了水下工程阶段验收；2003 年 4 月 16 日，工程达到竣工初步条件并顺利通过了竣工初步验收；2003 年 6 月 28

日，通过由水利部主持的入海水道近期工程通水阶段验收；2003 年 10 月 21 日顺利通过了竣工验收。工程建成至今，未进行过加固改造。

4.2.2 管理单位简介

1. 江苏省淮阴抽水站管理所

江苏省淮阴抽水站管理所负责淮阴站、变电所、淮阴站挡洪闸工程管理，为江苏省灌溉总渠管理处直属正科级事业单位，下设行政股、工务股、财务股。

多年来，江苏省淮阴抽水站管理所先后获得"省文明单位""淮安市文明单位""精神文明建设工作先进单位""管理处工程管理先进单位""工人先锋号""先进党支部"等荣誉称号。

2. 淮阴三站工程管理项目部

淮阴三站工程采用委托管理模式，2009 年 11 月，省灌溉总渠管理处组建了淮阴三站工程管理项目部，并参加、配合淮阴三站工程的机泵、电气设备的安装调试工作，为正式委托管理工程、熟悉设备操作做好准备。2009 年 12 月开始淮阴三站委托管理工作。

淮阴三站工程管理项目部非运行期配备职工 12 人，其中项目经理 1 人，项目副经理 1 人，技术负责人 1 名，其他人员 9 人；运行期配备职工 20 人。

多年来，淮阴三站荣获"南水北调工程文明工地""江苏省五一劳动奖状""江苏省建筑施工文明工地""中国水利工程优质（大禹）奖"等多项荣誉称号。

3. 江苏省淮河入海水道工程管理处二河新闸管理所

江苏省淮河入海水道工程管理处二河新闸管理所成立于 2003 年，地处江苏省淮安市清江浦区和平镇境内，位于淮河入海水道与二河的交汇处，二河新闸管理所和淮阴抽水站管理所合署办公，为江苏省淮河入海水道工程管理处直属正科级单位。

近年来，管理所切实践行"艰苦创业，乐于奉献，团结拼搏，争创一流"的江苏水利精神，以"建设和谐文明美丽总渠"为目标，在工程设施标准化、控制运用现代化、内部管理规范化、单位环境园林化等方面取得较好成绩。二河新闸管理所 2012 年获得国家级水管单位称号，2020 年通过国家级水管单位复检，2022 年 1 月通过精细化管理单位验收。多年来，管理所先后获得并保持了"省文明单位""淮安市文明单位""精神文明建设工作先进单位""工程管理先进单位""工人先锋号""先进党支部"等荣誉称号。

管理所充分发挥工程管理和人员技术优势，积极开展达标创建服务、委托管理服务、机电设备安装等多种形式的对外经营活动；合理开发利用管理范围内水土资源，因地制宜开展种植等水土资源开发活动，多次获得"经营管理先进单位"荣誉称号。

4.2.3 工程管理范围

（1）划界确权情况

淮阴抽水站、淮阴三站、淮阴站挡洪闸以及二河新闸工程确权面积为 1 249 605 m^2，工程用地完成权籍信息化，现场埋设界桩 55 根、界牌 43 块。

（2）安全警戒区划定情况

根据江苏省水利厅批复的省属水利工程安全警戒区划定实施方案，工程警戒区范围为上游至二河东堤迎水坡水面线、二河引河河口线、淮阴站挡洪闸出水口河口线、堤防 K2+435 迎水面水面线，下游至入海水道南北堤 K4+435、距淮阴站工程中心 840 m；左侧至入海水道北堤背水坡堤脚向外平均 7 m，右侧至背水坡中间、灌溉总渠水面线。警戒区内禁止渔业养殖、捕（钓）鱼、停泊船舶、建设水上设施等行为。

4.2.4 工程效益

1. 淮阴抽水站

（1）设计效益

淮阴抽水站具有向北调水、提高灌溉保证率、改善水环境、提高航运保证率等功能，是一项综合利用工程。

（2）实际效益

淮阴抽水站建成后，累计开机运行 21.4 万台时，抽水约 231.5 亿 m^3，为所在地工农业生产及淮北地区的防洪排涝、抗旱灌溉、航运供水发挥了巨大的经济效益和社会效益。

2. 淮阴三站

（1）设计效益

淮阴三站工程与现有淮阴抽水站并列布置，和淮阴抽水站、淮阴二站、洪泽站共同组成南水北调东线第三梯级。工程具有向北调水、提高灌溉保证率、改善水环境、提高航运保证率等功能。

（2）实际效益

自 2009 年淮阴三站投入运行以来，截至 2021 年 12 月，机组共抽水运行 17 854.84 台时，累计调水量 233 314.33 万 m^3。

3. 淮阴站挡洪闸

（1）设计效益

当淮河入海水道行洪时，挡御二河高水位，以防泵站被淹，同时作为二河东堤的一部分，为下游地区的安全提供防洪屏障。

（2）实际效益

阻挡二河高水位，保护淮阴抽水站、淮阴三站工程。

4. 二河新闸

（1）设计效益

承泄洪泽湖洪水，并控制入海水道和分淮入沂流量，以满足入海水道和分淮入沂分流比的要求。

（2）实际效益

自 2003 年建成以来，经历了 2003 年、2007 年两次流域性洪水和 2010 年、2017 年、2018 年、2020 年、2021 年的小流量行洪，累计泄洪量近 84.24 亿 m^3，确保了下游地区人口、耕地防洪安全。

4.3 淮安枢纽（淮安抽水一站、淮安抽水二站、淮安抽水三站、淮安引江闸、淮安四站、新河东闸、淮安站变电所、运西分水闸、沙庄引江闸、新河北闸、运东闸、入海水道大运河立交、渠北闸、清安河地涵、淮扬公路旱闸）

淮安枢纽位于江苏省淮安市淮安区，京杭大运河与苏北灌溉总渠交汇处，枢纽工程含淮安抽水一站、淮安抽水二站、淮安抽水三站、淮安引江闸、淮安四站、新河东闸、淮安站变电所、运西分水闸、沙庄引江闸、新河北闸、运东闸、入海水道大运河立交、渠北闸、清安河地涵、淮扬公路旱闸，淮安抽水一站、淮安抽水二站、淮安抽水三站、淮安四站是江水北调及南水北调东线工程第二梯级站。

4.3.1 工程简介

1. 淮安抽水一站

淮安抽水一站

（1）工程位置及作用

淮安抽水一站工程位于江苏省淮安市淮安区漕运镇，京杭大运河与苏北灌溉总渠交汇处，是淮安水利枢纽工程的重要组成部分，与淮安抽水二站、淮安抽水三站及相关配套工程组成江苏省江水北调的第二梯级站，也是我国南水北调东线工程第二梯级站，同时淮安抽水一站还与淮安抽水二站共同承担抽排白马湖地区内涝的任务。

（2）主要机电设备参数

淮安抽水一站改造后设计扬程为 4.89 m，装有原无锡水泵厂生产的 1750ZLQ-11.2-5.3 型立式全调节轴流泵 8 台，设计总流量为 89.6 m^3/s，叶片角度采用机械全调节机构或液压调节，以提高运行效率。配套兰州电机厂生产的 TL1000-24/2150 型立式同步电机，单机功率 1 000 kW，总装机容量为 8 000 kW。该站由淮安抽水站专用变电所直接供电，采用 YJV22-10-3×240 双拼高压电缆输电，引入 6 kV 电源。

（3）建筑物结构形式

淮安抽水一站采用堤身式块基型结构，肘形进水流道，平直管出水流道。站身由主厂房、检修间、控制室、公路桥四部分组成。上下游两岸翼墙为重力式挡土墙。主厂房自上而下分为电机层、联轴层、水泵层、进水流道层。站变及高压开关柜布置在主厂房内，低压柜、励磁变压器及控制设备等均布置在控制室内。淮安抽水一站站身底板高程 -0.46 m，水泵层高程 3.25 m，电机层高程 11.00 m。工程开展的主要观测项目有垂直位移、河床变形、伸缩缝。

（4）工程建设、改造情况

淮安抽水一站于 1972 年 12 月开始兴建，1974 年 3 月竣工验收。2001 年 5 月至 2005 年 5 月，淮安抽水一站进行了加固改造，工程投资 2 950 万元。

2. 淮安抽水二站

淮安抽水二站

（1）工程位置及作用

淮安抽水二站工程位于江苏省淮安市淮安区漕运镇，京杭大运河和苏北灌溉总渠交汇处，是淮安水利枢纽工程的重要组成部分，也是江苏省江水北调第二梯级和南水北调东线工程第二梯级主力泵站之一，淮安抽水二站还与淮安抽水一站担负着白马湖地区约 70 万亩农田的排涝及渠北地区 200 万亩农田的灌溉用水和该地区的工业、航运、城乡人民生活用水的保障任务。

（2）主要机电设备参数

淮安抽水二站装有 2 台套大型立式轴流泵，配套型为上海电机厂生产的 TL5000-64 型，单机容量 5 000 kW，电机转速 93.8 r/min，采用减载启动装置；主水泵为上海凯泉泵业有限公司生产的 4500ZLQ60-4.89 立式全调节轴流泵，叶轮直径 4.5 m，单泵流量 60 m^3/s，总流量 120 m^3/s，设计扬程 4.89 m。

（3）建筑物结构形式

淮安抽水二站采用堤身式块基型结构，肘形进水流道，真空破坏阀断流，电机采用梁柱式支撑结构，封闭式通风。站身由主厂房、副厂房、公路桥三部分组成。下游两岸翼墙为重力式挡土墙，上游翼墙为板桩式挡土墙。主厂房自上而下可分为电机层、中间层、工作桥层、水泵检修孔层、水泵层、进水流道（排水廊道）层。检修间设在主厂房西侧，东副厂房为集中控制室、高压室、办公场所，控制室内设控制台、大屏、励磁柜、PLC 柜、直流屏、消防控制器等；高压室内布置进线、主机及站变等高压开关柜；北副厂房（位于真空破坏阀层上层）布设低压气系统和低压开关柜；北副厂房下面布置真空破坏阀、电缆桥架、振动摆度监测控制柜，东副厂房高压配电室下面为站变室，放置站用变压器及励磁变压器，中间层放置液压减载装置。下游工作桥为闸门、拦污栅操作和检修处。

供水泵房位于上游西岸翼墙北侧，泵房内上层布置一台供水泵控制柜，下层安放两台立式供水泵及管路闸阀，油压装置室下层东侧设滤水器房一座，安置两台全自动滤水器。

工程开展的主要观测项目有垂直位移、河床变形、扬压力、伸缩缝。

（4）工程建设、改造情况

淮安抽水二站于 1975 年 1 月动工兴建，1978 年 12 月竣工，工程总投资为 1 062 万元。2010 年 10 月至 2014 年 2 月，淮安抽水二站进行了加固改造，工程投资 5 323 万元，2015 年 12 月通过设计单元完工验收。

3. 淮安抽水三站

（1）工程位置及作用

淮安抽水三站位于江苏省淮安市淮安区漕运镇，京杭大运河与苏北灌溉总渠交汇处，

淮安抽水三站

是淮安水利枢纽工程的重要组成部分，也是江苏省江水北调第二梯级和南水北调东线工程第二梯级主力泵站之一。工程于 1995 年 1 月 15 日开工，1997 年 6 月交付使用。2015 年 11 月进行加固改造，总投资 6 702 万元，2020 年 5 月通过竣工验收。泵站规模为大（2）型泵站，工程等别为Ⅱ等，泵站站身、防渗范围内翼墙等主要建筑物级别为 2 级。工程以抗旱调水功能为主，抽调江都抽水站北送的长江水，送入运东闸上游的灌溉总渠内；当淮河水丰沛时可结合向里运河送水，发挥反向发电功能。

（2）主要机电设备参数

淮安抽水三站装有日立泵制造（无锡）有限公司生产的 3100APT-CH30-3.3 型灯泡式贯流泵机组 2 台套，叶轮直径 3.1 m，设计扬程 3.33 m，单泵流量 30 m^3/s，总流量 60 m^3/s；配套电机为湘潭电机厂生产的型号为 TDFBP2180/800-48/3000 潜水变频同步电动发电机，总装机容量为 4 360 kW，增加了变频启动方式，变频器为北京利德华福电气技术有限公司生产的 HAR3000-2875-0606F 型高压变频调速系统，励磁采用北京前锋科技有限公司生产的 WKLF-112F 型多功能同步电动机微机励磁装置。淮安抽水三站主变采用 S11-8000 kVA 35/6.3 型变压器，电源通过淮安抽水站变电所 35 kV 专用电缆线路供给，进线电缆型号为 YJV22-3×120 型。

（3）建筑物结构形式

淮安抽水三站站身采用堤身式块基型结构，站身上下共分三层：高程 4.75 m 以下为流道层，高程 4.75 m 以上为辅机层，高程 10.8 m 为厂房地坪。在流道层下面，安装了排水设备等，并在高程 -2.8 m 设置了地下室，地下室的底部为集水井。采用卧式双向直锥扩散型流道，站身上下游均设立直立式翼墙，断流方式则采用液压式快速钢闸门断流。站身厂房东侧为控制室，西侧为检修间，厂房内设电动双梁桥式起重机，设备装卸可由汽车进退检修间直接吊运。厂房东侧分两层，底层设室内变电所，顶层为开关室和中控室，两层之间为电缆夹层。工程开展的主要观测项目有垂直位移、河床变形、扬压力、伸缩缝。

（4）工程建设、改造情况

淮安抽水三站于 1995 年 1 月开工，1997 年 6 月交付使用。2015 年 1 月 21 日，经省发展改革委批复，淮安抽水三站进行加固改造，批复概算总投资为 6 702 万元，批复工期 22 个月。淮安抽水三站加固改造工程于 2015 年 11 月开工，2018 年 11 月通过机组启动验收，2019 年 11 月通过完工验收，2020 年 5 月通过竣工验收。

4. 淮安引江闸

淮安引江闸

（1）工程位置及作用

淮安引江闸是中型水利工程，位于江苏省淮安市淮安区漕运镇，京杭大运河与苏北灌溉总渠交汇处。淮安引江闸在干旱时能担负对位于运东闸下游总渠沿线的淮安部分地区及盐城地区 170 万亩良田进行灌溉的任务。当运东闸下游水位偏高时，亦能伺机排涝；如运东闸下游水位偏低，当淮安抽水三站机组发电时，淮安引江闸又能发挥灌溉作用。

（2）主要机电设备参数

淮安引江闸闸门为平板钢闸门，配 4 台套卷扬式启闭机，设计流量 208 m^3/s。淮安引江闸动力电源有柴油发电机和淮安抽水三站管理所低压室动力柜两路供电，淮安抽水三站管理所低压室电源由站变、所变 2 路供电，站变、所变为：SCB11-630/35。

（3）建筑物结构形式

淮安引江闸共 4 孔，每孔净高 3.9 m，净宽 8.0 m，总宽 35.6 m。该闸为 2 级水工建筑物，采用反拱结构，拱厚 0.6 m，反拱底板已用乱石及石渣填平。闸上布置公路桥、工作桥和工作便桥。公路桥为双铰拱结构，设计荷载汽 -10 级，拱圈矢高 2 m，桥面宽 7 m。工作桥为 140# 钢筋混凝土“Ⅱ”形梁结构，净宽 3.6 m。闸墩顶部设工作便桥，便桥宽 1.0 m。闸室偏下游侧布设钢筋混凝土预制胸墙，闸墩采用 100# 混凝土结构，岸墙为重力式浆砌块石结构，底板为 100# 混凝土，墙身用 80# 水泥砂浆砌石。工程开展的主要观测项目有垂直位移、河床变形、伸缩缝。

（4）工程建设、改造情况

淮安引江闸工程始建于 1970 年，1972 年 11 月竣工。于 2001 年进行加固改造。

5. 淮安四站

淮安四站

（1）工程位置及作用

淮安四站工程位于江苏省淮安市淮安区漕运镇，京杭大运河与苏北灌溉总渠交汇处，与淮安抽水一、二、三站及相关配套工程共同组成江水北调（南水北调）第二梯级站。工程兼具抗旱调水和排涝功能，其主要任务是将第一梯级江都站和宝应站通过里运河和淮安四站输水河道输送至站下的长江水抽引入苏北灌溉总渠，再经过第三梯级淮阴站将江水抽入洪泽湖，也可以通过新河抽排白马湖地区的涝水进入苏北灌溉总渠。

淮安四站泵站规模为大（2）型泵站，工程等别为 I 等。泵站站身、防渗范围内翼墙等主要建筑物级别为 1 级，下游清污机桥等其他次要建筑物级别为 3 级；与泵站连接的堤防按原堤防标准设计。泵站设计洪水标准为 100 年一遇，校核洪水标准为 300 年一遇。设计供水水位：站下 4.95 m，站上 9.13 m；设计排涝水位：站下 4.95 m，站上 9.52 m。

（2）主要机电设备参数

淮安四站装有叶轮直径为 2.9 m 的 2900ZQL34-4 型全调节立式轴流泵 4 台套（含

备用机 1 台套），总装机容量为 10 000 kW，设计抽水流量为 100 m^3/s。叶片调节机构采用 BYKD 型水泵叶片及油源控制装置；配套电机为 TL2500−40/3250 型立式同步电机，转子励磁采用 WKLF−11D22 型微机全控励磁装置；下游侧布置清污机，中间 12 孔安装 HQ4.1m−7.5m 回转式清污机，其余孔口安装固定式拦污栅。

淮安四站高压电源引接自淮安站变电所 2 # 变压器，采用 6 kV 电压侧单母线接线方式，通过 YJV22−3 × 240 高压电缆输电。高压设备安装于开关室内，为 KYN28−12 型高压柜，共 9 台，包括 1 # —4 # 主机组高压开关柜、电容器柜、站变高压开关柜、互感器柜、进线高压开关柜和 6kV 电缆柜。励磁、油压装置、液压启闭机等 400 V 低压电源由一台干式变压器提供。低压开关柜采用 MNS 型抽屉式低压开关柜，安装于低压开关室内。低压母线分两段式运行，由站变动力柜断路器以及联络柜的两台共三台断路器控制操作，主要低压设备有 400 V 站变进线柜、励磁电源开关柜、联络柜、辅机动力柜 4 块和其他设备动力柜。站身上游侧工作桥上设 8 台 2 × 160 kN 油压式启闭机，分别控制上游快速工作闸门和事故闸门。

（3）建筑物结构形式

淮安四站为堤身式泵站，依靠站身挡水。泵站采用肘形进水流道，平直管出水流道，采用液压快速闸门断流；泵站站身下游侧布置站内交通桥，桥下为进水流道，设检修闸门；站身上游侧布置工作桥；水泵叶轮安装高程为 0.8 m，泵房自上而下分别为电机层、联轴层、水泵层、流道层，其中进水流道层平面高程为 −0.2 m，电机层平面高程为 13.0 m；泵站站身上部设计跨度为 12.4 m。主厂房西侧布置检修间，东侧布置控制室，控制室的半地下室为电缆层，上游出水流道西侧布置油泵房，检修间、控制楼、油泵房均采用钻孔灌注桩基础；控制楼为四层，油泵房为二层，主厂房层高为 16.80 m，检修间层高为 18.30 m。工程开展的主要观测项目有垂直位移、河床变形、扬压力和伸缩缝等。

（4）工程建设、改造情况

淮安四站于 2005 年 10 月新建，2009 年 7 月完工，至今未除险加固。

6. 新河东闸

（1）工程位置及作用

新河东闸位于江苏省淮安市淮安区漕运镇，京杭大运河与苏北灌溉总渠交汇处淮安四站下游东侧的新河上，为淮安站配套建筑物，属中型水闸，建成于 2008 年 8 月，设计流量为 150 m^3/s。新河东闸闸室、防渗范围内翼墙等主要建筑物级别为 2 级，其他次要建筑物级别为 3 级。100 年一遇挡洪水位为 6.7 m，200 年一遇挡洪水位为 7.5 m，闸身允许过水。新河东闸开闸时发挥排涝功能，关闭时发挥挡水功能。

（2）主要机电设备参数

新河东闸闸门为平面钢闸门，采用 QPQ2 × 160kN−10m 卷扬式启闭机启闭。新河

新河东闸

东闸电源从淮安四站低压动力柜上引接，0.4 kV 低压电缆经电缆沟敷设到新河东闸现场动力箱，现场设置 50 kW 柴油发电机作为备用电源供电，该电源与市电互为闭锁。

（3）建筑物结构形式

新河东闸为有胸墙开敞式水闸，采用钢筋混凝土坞式结构，共 3 孔，单孔净宽 8 m，闸底板顶面高程为 0.00 m，闸底板厚 1.30 m。闸总长 98 m，闸底板顺水流方向长度为 12.00 m，上下游分设 0.60 m 深齿墙。垂直水流向宽度为 28.80 m，边墩底部厚 0.95 m，中墩厚 1.10 m，边墩直接挡土。胸墙底高程为 4.80 m。闸墩顶高程 8.0 m，上部设墩墙式排架、交通桥和工作便桥。工作桥总宽 4.0 m，采用"π"形梁结构，梁底高程 15.30 m，梁高 0.90 m。交通桥荷载等级为公路 –II 级，采用钢筋混凝土空心简支板，两侧引桥采用 80 cm 钻孔灌注桩基础。底板上游依次设钢筋混凝土消力池、浆砌块石护底，底板下游设钢筋混凝土消力池、浆砌块石护底、防冲槽。上游护底，下游海漫顶高程均为 0.00 m。闸室上、下游第一、二级翼墙采用钢筋混凝土扶壁式挡土墙，第三、四级翼墙采用浆砌块石（混凝土护面）重力式挡土墙，墙顶高程及墙后填土高程均为 7.0 m。工程开展的主要观测项目有垂直位移和伸缩缝等。

（4）工程建设、改造情况

新河东闸于 2005 年 10 月新建，2008 年 8 月建成，至今未除险加固。

7. 淮安站变电所

（1）工程位置及作用

淮安站变电所位于淮安市淮安区漕运镇，作为淮安抽水一站、抽水二站、抽水三站和南水北调淮安四站的专用变电所，承担着高压供电保障任务。

（2）主要机电设备参数

淮安站变电所

淮安站变电所现有 110 kV/35 kV/6 kV 三相三绕组变压器两台。1# 主变压器型号为 SFS8-20000/110，主要供淮安抽水一站和淮安抽水三站用电。2# 主变压器型号为 SS10-31500/110，主要供淮安抽水二站和南水北调淮安四站用电。

110 kV 电气设备为 GIS，型号为 ZF12-126（L），共分五个间隔，分别是二路进线间隔、二路出线间隔及一路 PT 间隔，间隔中共安装了 4 台 SF6 断路。35 kV 电气设备选用型号为 KYN61-40.5 的成套高压开关柜，共分八个间隔，分别是二路进线间隔、四路出线间隔及二路 PT 间隔，间隔中共安装了 6 台真空断路器。6 kV 电气设备选用型号为 KYN28A-12 的成套高压开关柜，6 kV 母线分为二段，共八个间隔，分别是二路进线间隔、四路出线间隔及二路 PT 间隔，间隔中共安装了 7 台真空断路器。

（3）建筑物结构形式

淮安站变电所控制楼位于变电所东南侧，建筑面积 943 m^2，二层框架结构建筑，根据配电等设备的净空高度要求，底层建筑高度定为 5.10 m，满足使用功能的同时满足抗震、消防、节能和环保要求。一层采用内廊方式将 35 kV 高压配电室、0.4 kV 低压室、继电保护室、现场控制室、值班室及办公室布置在内廊两侧，内廊两端设置出入口，35 kV 配电室和中控室采用钢质甲级防火门及防火墙与内廊及其他用房隔开。110 kV GIS 成套设备布置在二层，入口处采用钢质甲级防火门和防火墙与楼梯间隔开。

（4）工程建设、改造情况

淮安站变电所工程建成投运于 1974 年 3 月，先后经历 4 次扩建和加固改造，分别为：1978 年 9 月至 12 月的扩建；1996 年 1 月至 1997 年 3 月的增容改造；2006 年 10 月至 2007 年 5 月的扩建改造；2010 年 3 月至 2011 年 11 月的加固改造。

8. 运西分水闸

运西分水闸

（1）工程位置及作用

运西分水闸是中型水利工程，地处淮安市淮安区淮安抽水站院内，位于苏北灌溉总渠与京杭大运河交汇处。工程主要功能是挡洪、泄洪、灌溉及发电。最大设计流量为 300 m^3/s。

（2）主要机电设备参数

运西分水闸启闭机械为 3 台 QP−2×160kN−8.0 m 平门卷扬式启闭机，采用平面钢结构直升门。由淮安站区变电所供电。分水闸两端各设 5 孔挡洪闸门，共 10 孔，单孔净高 4.3 m，净宽 4.6 m，总设计流量 140 m^3/s，挡洪闸门采用平面钢结构直升门，采用 QPKY−2×125kN−4.5 m 液压启闭机控制。闸门上游安装 10 台套 HQN−4.6×9−80° 回转式清污机。

闸门下游布置 10 台套 GDHGL−001−WS−160 型卧式水轮机，配套 SFW200−8/740−W 型发电机、H2WH09 型变速箱。高低压系统为 S9−1600/35 型主变压器两台，配套 PST693U 型保护装置。挡洪闸上游安装 10 台套 HQN−4.6×9−80° 回转式清污机。

（3）建筑物结构形式

运西分水闸中央 3 孔分水闸总宽为 20.8 m，闸孔净高 5 m，净宽 6 m。厂房为钢筋混凝土结构，底板顶面高程为 3.0 m，闸顶工程 10.8 m。工程开展的主要观测项目有垂直位移、河床变形、伸缩缝。

（4）工程建设、改造情况

运西分水闸建成于 1981 年，于 2013 年进行加固改造，2018 年通过竣工验收，工程投资 2 312.35 万元；2014 年水电站扩容增效。

9. 沙庄引江闸

沙庄引江闸

（1）工程位置及作用

沙庄引江闸是中型水利工程，地处淮安市淮安区淮安抽水站院内，位于苏北灌溉总渠与京杭大运河交汇处。工程主要功能是引水、挡洪、排涝。最大设计流量为 180 m^3/s，校核流量为 200 m^3/s。

（2）主要机电设备参数

沙庄引江闸启闭设备为 QP−2×125kN 卷扬式启闭机，闸门为平面钢闸门。主变为淮安站区变电所转运西分水闸供电，供电线路一条。

（3）建筑物结构形式

沙庄引江闸共 6 孔，单孔净宽 6.0 m，净高 5.5 m，总宽 36.0 m。闸室为胸墙式结构，采用钢筋混凝土平底板。厂房为钢筋混凝土结构，底板顶面高程 1.0 m，闸顶高程 11.0 m，胸墙底高程 6.5 m。工程开展的观测项目有垂直位移、河床变形。

（4）工程建设、改造情况

沙庄引江闸建成于 1979 年，2013 年开始进行加固改造，2018 年通过竣工验收，工程投资 3 056 万元。

10. 新河北闸

（1）工程位置及作用

新河北闸是淮安站的配套工程，位于淮安市淮安区南郊，建成于 1973 年 10 月。新河北闸主要建筑物为 2 级水工建筑物，属中型水闸，设计排涝流量为 150 m^3/s。主要功能是将白马湖地区总面积 894 km^2 的涝水引至淮安站下抽排，保护 69 万亩农田不受灾害，

新河北闸

淮安站抽引江水时，闸门全关。

（2）主要机电设备参数

新河北闸工作闸门配置 3 台型号为 LQ−2×10t 的螺杆式启闭机，现场设置 1 台操作控制台进行闸门启闭操作。

（3）建筑物结构形式

新河北闸是一座反拱底板带胸墙的开敞式排涝闸，共 3 孔，单孔净宽 8.0 m，闸室总宽 27.6 m，顺水流长度为 13 m，闸总长 65 m，新河北闸的底板、消力池、胸墙、公路桥、工作便桥、排架、工作桥均为钢筋混凝土结构。各孔间采用钢筋混凝土闸墩分隔，闸门为钢丝网水泥闸门。公路桥桥面高程为 10.0 m，工作便桥桥面高程为 7.5 m，闸底板顶高程为 0.0 m，下游设混凝土消力池，消力池底板顶面高程为 −0.5 m，池长 8.0 m。左侧设砖混结构控制室，无启闭机房。工程开展的主要观测项目有垂直位移、河床变形等。

（4）工程建设、改造情况

新河北闸于 1973 年 3 月新建，1973 年 9 月完工。2020 年安全鉴定为三类闸，2022 年 11 月批复新河北闸除险加固工程初步设计，目前尚未正式实施，未除险加固。

11. 运东闸

（1）工程位置及作用

运东闸位于淮安市淮安区石塘镇，是灌溉总渠二级控制工程，为中型水闸，设计流量为 800 m^3/s。

（2）主要机电设备参数

运东闸闸门为钢架弧形门，采用 2×10 t 卷扬式启闭机。升压站主变压器型号为

运东闸

S11-630/35，正常采用市网供电，即通过高压供电线路送电到变压器，由变压器降压至400V，再通过低压供电电缆接入站用受电柜，供电至站用配电屏；如遇市网供电线路停电，则自动切换至管理处电源（大运河立交）供电，切换程序在6秒内自动切换到站用配电柜。

运东闸水电站装有4台水轮发电机组，分装在运东闸两岸空箱岸墙内。水轮机型号为ZDHZD01-LM-120，叶轮直径1.2 m，单机设计流量5 m^3/s，设计水头为3.3 m，转速270 r/min，单机功率为125 kW；发电机型号为SF125-8/650-W，额定电压400V，额定电流226A，额定功率125 kW，额定频率50Hz，功率因素0.8，额定励磁电压81V，额定励磁电流42 A；齿轮箱型号为JYYND250-WX2.778，变速比为1∶2.778。

（3）建筑物结构形式

运东闸为开敞式水闸，共7孔，每孔净宽9.2 m，净高5.5 m，总净宽64.4 m，闸室总宽71.25 m，全闸总长106.5 m。工程主体结构为钢筋混凝土结构，闸底板顶高程为3.85 m，堰顶高程为5.85 m，闸顶高程为11.35 m；水闸上游设钢筋混凝土铺盖，铺盖顶高程为3.85 m；下游设消力池，池底高程为2.55 m；公路桥桥面高程14.0 m，工作桥桥面高程14.42 m，工作便桥高程11.35 m。上下游采用圆弧形翼墙与河岸连接，上游翼墙为空箱式钢筋混凝土结构，翼墙圆弧半径为30 m；下游翼墙为重力式浆砌块石结构，圆弧半径为30 m。上下游堤顶高程为11.35 m。工程开展的主要观测项目有垂直位移、河床变形、伸缩缝。

（4）工程建设、改造情况

运东闸于1951年11月开工建设，1952年7月建成。于1960年、1997年进行加固改造；2015年水电站扩容增效。

12. 入海水道大运河立交

入海水道大运河立交

（1）工程位置及作用

入海水道大运河立交地处淮安市淮安区石塘镇，位于淮河入海水道与京杭大运河交汇处，是淮河入海水道第二级工程，具有泄洪、排涝、航运等功能。工程设计流量为 2 270 m^3/s，防洪标准为可抵御 100 年一遇洪水。

（2）主要机电设备参数

入海水道大运河立交配备的启闭机为 QPPY－2×125kN－8.5 m 液压式，单孔启闭能力 250kN；闸门为潜孔式平面定轮钢闸门。大运河立交配有 1 台 SZ9－1250/35 油浸式主变、1 台 SC9－80/10 干式站变和 1 台 S9－M－125/10 油浸式配电变压器。大运河立交正常由市网供电（35 kV），即通过高压供电线路送电到变压器（35 kV → 10 kV、10 kV → 0.4 kV），再通过低压供电电缆接入 0.4 kV 双电源进线柜，供电至 0.4 kV 配电柜；如遇市网供电线路停电，则切换至管理处箱变电源（运东闸）供电，也可使用柴油发电机运行供电。

（3）建筑物结构形式

入海水道大运河立交共有 15 孔，大运河方向为渡槽，槽宽 80 m，长 125.7 m；入海道方向为涵洞，15 孔，单孔净宽 6.8 m，高 8 m，总宽 122.48 m，顺水流方向长 101.35 m。入海水道大运河立交为地涵工程，地涵顶部设有渡槽。入海水道大运河立交顶高程为 15.30 m，底高程为 −6.0 m，上游交通桥高程为 15.30 m，下游交通桥高程为 14.60 m，渡槽底高程为 3.5 m。工程开展的主要观测项目有垂直位移、河床变形、伸缩缝。

（4）工程建设、改造情况

入海水道大运河立交于 2001 年 1 月开工建设，2003 年 7 月投入使用，2003 年 10 月竣工验收，总投资 3.5 亿元。工程自建成以来，未进行加固改造。

13. 渠北闸

渠北闸

（1）工程位置及作用

渠北闸位于运东闸下游淮河入海水道与灌溉总渠隔堤上，主要功能是排泄入海水道南泓排涝能力以外淮安市的部分涝水，也能反向引水冲污。加固后正向设计流量为 30 m^3/s，反向设计流量为 20 m^3/s。

（2）主要机电设备参数

渠北闸配备 5 孔钢结构平面直升门，配置 5 台 QP-100-8 卷扬式启闭机以及 5 台闸门现地控制柜。配电室配置无功补偿柜、联络柜、配电柜各一台，检修闸门配置 50kN 电动葫芦一台。

（3）建筑物结构形式

渠北闸是一座平底板带胸墙的开敞式排涝闸，共 5 孔，每孔净宽 3.0 m，闸室总宽 21 m，顺水流长度为 15 m，计入护坦在内全长为 61.5 m，各孔间采用钢筋混凝土闸墩分隔，墩宽 1.2 m。公路桥桥面高程与入海水道南堤堤顶高程相同，为 13.38 m，工作桥桥面高程为 14.0 m，闸底板顶面高程为 2.63 m，底板厚度为 0.5 m。下游设混凝土消力池，消力池底板顶面高程为 1.3 m，池长 13.5 m。上游新建钢筋混凝土阻滑板，并在末端设钢筋混凝土消力坎。新建砖混结构控制室、启闭机房、检修门库及自记水位计房。

工程开展的主要观测项目有垂直位移。

（4）工程建设、改造情况

渠北闸建成于 1960 年 6 月，原为Ⅲ等 3 级水工建筑物，2001 年，在入海水道近期工程中，按Ⅰ等1级水工建筑物标准进行加固，防震设计烈度为7度，于2002年6月竣工交付使用。

14. 清安河地涵

清安河地涵

（1）工程位置及作用

清安河地涵工程位于江苏省淮安市淮安区南郊淮河入海水道北堤桩号K29+134.76处，与入海水道北堤正交，为小（1）型工程，设计流量29 m^3/s。工程主要是解决淮安市部分城市废水和淮安区郊区部分涝水的排涝问题，旱时又可引水灌溉。

（2）主要机电设备参数

清安河地涵在淮河入海水道侧设防洪工作闸门一道，配2×125 kN卷扬式启闭机。通过入海水道大运河立交下游0.4 kV配电柜供电至清安河地涵0.4 kV进线柜，如遇市网供电线路停电，可使用柴油发电机运行供电。现场装有3台低压开关柜，1台启闭机现地控制柜。

（3）建筑物结构形式

清安河地涵为带胸墙穿堤引水涵洞，共1孔，孔口尺寸为4.0×4.0 m，总长65.6 m，分4节。涵顶高程为12.88 m，底高程为0.40 m，胸墙底高程为5.00 m。地涵上游设10 m长的混凝土防渗铺盖和20.4 m长的防冲护坦，下游设长20 m、深0.8 m的消力池，消力池末端设20.80 m长的浆砌石海漫和长12.80 m、深1.80 m的抛石防冲槽。工作桥上设宽4.0 m、长5.2 m的启闭机房，大堤堤顶与工作桥之间设长12.15 m、宽2.5 m的交通便桥。地涵上、下游翼墙均为重力式浆砌块石结构，翼墙为八字带圆弧形，上游收缩角为16°，下游扩散角为8°。工程开展的主要观测项目为垂直位移。

（4）工程建设、改造情况

清安河地涵于 2000 年 10 月新建，2002 年 4 月建成，未实施除险加固。

15. 淮扬公路旱闸

淮扬公路旱闸

（1）工程位置及作用

淮扬公路旱闸位于淮安市淮安区南郊淮河入海水道北堤与淮扬公路相交处，为小（1）型工程。工程主要作用为正常情况下吊出闸门维持淮扬公路交通；淮河入海水道行洪时，关闭闸门切断交通。

（2）主要机电设备参数

淮扬公路旱闸在入海水道侧（迎水侧）为叠梁式平面钢闸门，每扇闸门 3 节，共 6 节，单节高度 1.60 m，闸门宽 10.56 m。闸门起吊采用汽车吊。

（3）建筑物结构形式

淮扬公路旱闸采用涵洞式闸室，共 2 孔，单孔断面尺寸为 10.0 m×5.0 m，底板为整体式底板，底板顶高程 8.0 m，闸室中墩厚 1.1 m，边墩厚 1.0 m。边墩直接挡土，进、出口布置了连接挡土墙，采用钢筋混凝土扶壁式结构，墙高 1.6～7.0 m。为满足防渗要求，淮扬公路旱闸入海水道侧布置了钢筋混凝土铺盖，长 13.5 m，厚 0.4 m。铺盖与闸底板和挡土墙底板间均设紫铜片止水。闸顶部设两道栏板，中间为交通道路。铺盖、闸底板和顶部交通道路均铺设一层 C30 混凝土铺装层。工程开展的主要观测项目为垂直位移。

（4）工程建设、改造情况

淮扬公路旱闸于 2002 年 4 月新建，2003 年 5 月建成，未实施除险加固。

4.3.2 管理单位简介

1. 江苏省淮安抽水一站管理所

江苏省淮安抽水一站管理所成立于1993年5月，负责淮安抽水一站工程管理，为江苏省灌溉总渠管理处直属正科级单位。

多年来，淮安抽水一站管理所获得了2009年度、2011年度江苏省水利厅工会“先进职工之家”称号，2008年和2009年度“全省水利目标管理先进单位”，“2009—2010年度全省防汛防旱先进集体”，2012—2013年度淮安区“文明单位”，2015—2017年度淮安市文明单位，2018年度省水利厅工会“工人先锋号”等荣誉称号。

2. 江苏省淮安抽水二站管理所

江苏省淮安抽水二站管理所成立于1993年，隶属于江苏省灌溉总渠管理处，负责淮安抽水二站工程管理，为江苏省灌溉总渠管理处直属正科级事业单位，下设综合股、工务股、安监股、工会、设备管理班、4个运行班组。

淮安抽水二站管理所于2014年获“淮安区文明单位”、2017年获“江苏省省级机关青年文明号”和江苏省第一批“水利安全生产标准化二级水管单位”称号，2016年1月获得“省一级水利工程管理单位”称号，2016年、2018年被评为管理处“工程管理工作先进单位”，2017年、2019年被评为管理处“综合先进单位”，2020年1月荣获“全省水利系统先进集体”称号，2021年通过“省水利工程精细化管理单位”验收。

3. 江苏省淮安抽水三站管理所

江苏省淮安抽水三站管理所成立于1997年，隶属于江苏省灌溉总渠管理处，管理所负责管理淮安三站和淮安引江闸两座工程的运行、维护工作。

多年来，淮安抽水三站管理所先后获得“全国模范职工之家”“全国工人先锋号”“全省水利系统精神文明工作先进单位”“全省水利系统工程管理先进集体”“省二级水利工程管理单位”“档案管理三星级单位”等荣誉称号。

4. 淮安四站工程管理项目部

南水北调淮安四站和新河东闸工程采用委托管理模式。2008年4月，江苏省灌溉总渠管理处组建了淮安四站工程管理项目部，为正式委托管理工程、熟悉工程及设备操作做好准备。2008年9月，开始接受开展新河东闸及淮安四站的委托管理工作。

淮安四站工程管理项目部按非运行期配置，共有职工14人，其中项目经理1人，站长1人，技术干部3人，仓库保管员1人，非运行期运行班8人，运行期管理处补充技术力量参与工程运行值班。

多年来，淮安四站项目部先后获得“水利系统工程管理先进单位”“省水利系统工程管理先进党支部”“淮安区文明单位”等荣誉称号；淮安四站获得水利工程大禹奖、省一级水利工程管理单位等。

5. 江苏省淮安抽水站变电所

江苏省淮安抽水站变电所成立于1993年5月，负责淮安站变电所管理，为江苏省灌溉总渠管理处直属正科级事业单位。

多年来，淮安站变电所先后获得“全省水利工程管理先进集体”“江苏省水利厅系统先进基层党组织”“江苏省档案工作三星级单位”“省水利工程精细化管理单位”等荣誉称号。

6. 江苏省运西分水闸管理所

江苏省运西分水闸管理所成立于1994年5月，负责运西分水闸、沙庄引江闸、新河北闸等三座工程管理，为江苏省灌溉总渠管理处直属正科级事业单位，下设工程管理组、财务组、综合组、站长室。

多年来，江苏省运西分水闸管理所先后获得并保持了“模范职工小家”“基层党建工作示范点”“先进党支部”等荣誉称号。

7. 江苏省运东闸管理所

江苏省运东闸管理所成立于1979年2月，负责运东闸工程管理，为江苏省灌溉总渠管理处直属正科级事业单位，下设工管水文股、财务股、运行股。

多年来，运东闸管理所先后获得了“淮安市文明单位”“处工程管理先进单位”“省一级水利工程管理单位”“省安全生产标准化二级单位”等荣誉称号。

8. 江苏省淮河入海水道工程管理处大运河立交管理所

江苏省淮河入海水道工程管理处大运河立交管理所成立于2003年10月，负责入海水道大运河立交、渠北闸、清安河地涵和淮扬公路旱闸等4座工程日常管理工作，为江苏省淮河入海水道工程管理处直属正科级事业单位，下设工务水文股、财务股、运行股。

多年来，淮河入海水道工程管理处大运河立交管理所先后获得“淮安市文明单位”“管理处工程管理先进单位”“管理处综合先进单位”“省水利工程精细化管理单位”“省安全生产标准化二级单位”“省水利风景区”“最美水地标”“江苏最美运河地标”“恩来干部学院党性教育基地”“国家水情教育基地”等荣誉称号。2021年通过“精细化管理单位”验收。

4.3.3 工程管理范围

1. 淮安抽水一站、淮安抽水二站、运西分水闸、沙庄引江闸、淮安站变电所

（1）划界确权情况

淮安抽水一站、淮安抽水二站、运西分水闸、沙庄引江闸、淮安站变电所一起构成淮安抽水站枢纽，确权面积为273 790.57 m^2，工程用地完成权籍信息化，管理范围为东

至大运河西堤东坡水边，南至淮安大船闸上游由北向南第四个靠船墩和沙庄引江河大桥的北侧及引河西堤的内外坡，西至捞草机桥桥西头围墙和新河东干渠的北堤南坡脚及西围墙外 5 m，北至灌溉总渠水边。现场共埋设界桩 24 个、移位界桩 16 个。

（2）安全警戒区划定情况

根据江苏省水利厅批复的省属水利工程安全警戒区划定实施方案，淮安抽水站枢纽工程警戒区范围为上游至灌溉总渠南堤迎水坡；下游至三堡大桥；左侧沿大运河西堤迎水坡水面线经船闸现有围墙外至沙庄引江河中心线；右侧至距淮安抽水二站中心线 203.3 m、新河干渠迎水坡东侧水面线。警戒区内禁止渔业养殖、捕（钓）鱼、停泊船舶、建设水上设施等行为。

2. 淮安抽水三站、淮安引江闸

（1）划界确权情况

淮安抽水三站确权面积为 59 292.87 m^2，工程用地完成权籍信息化，现场埋设界桩 12 个、界牌 2 个、告示牌 1 个、分界牌 5 个、控制点 2 个。

淮安引江闸确权面积为 10 444.00 m^2，工程用地完成权籍信息化，现场埋设界桩 6 个、界牌 4 个、告示牌 1 个、分界牌 3 个、控制点 1 个。

（2）安全警戒区划定情况

根据江苏省水利厅批复的省属水利工程安全警戒区划定实施方案，淮安抽水三站和淮安引江闸两座工程警戒区范围为北侧至导流堤顶端，距淮安引江闸分别为 283 m、203 m；南至距淮安引江闸 200 m，距淮安抽水三站 500 m；东至距闸中心线 47 m、引江斜河东堤迎水面堤肩；西至南导流堤堤肩、北导流堤围墙。警戒区内禁止渔业养殖、捕（钓）鱼、停泊船舶、建设水上设施等行为。

3. 淮安四站

（1）划界确权情况

淮安四站确权面积为 37 656.41 m^2，工程用地完成权籍信息化，现场设置界桩 16 个。

（2）安全警戒区划定情况

淮安四站尚未划定工程安全警戒区。

4. 新河东闸

（1）划界确权情况

新河东闸划界确权范围全部在江苏省灌溉总渠管理处管理的淮安站区工程划界确权范围内，新河东闸未单独划界确权。

（2）安全警戒区划定情况

新河东闸安全警戒区范围全部在江苏省灌溉总渠管理处管理的淮安站区工程划界确权范围内，未单独对新河东闸进行安全警戒区划定。

5. 新河北闸

（1）划界确权情况

新河北闸确权面积为 13 744.49 m^2，工程用地权属国土部门已确认，管理范围为上下游距闸中心约 200 m，右至 S328 省道北侧堤肩、新河饭店房屋北侧墙外侧，右侧上游堤防道路外侧；左至现状闸中心约 60 ～ 100m、新河北闸管理房围墙外侧、新河北堤迎水坡水面线，左侧上游堤防道路外侧。现场埋设界桩 10 个、界牌 10 块、告示牌 1 块。

（2）安全警戒区划定情况

根据江苏省水利厅批复的省属水利工程安全警戒区划定实施方案，新河北闸安全警戒区范围与管理范围重复。警戒区范围内禁止渔业养殖、捕（钓）鱼停泊船舶、建设水上设施等行为。

6. 运东闸

（1）划界确权情况

运东闸确权面积为 204 625.19 m^2，工程用地完成权籍信息化，现场设置界桩 13 个、壁挂式界牌 2 块、管理范围告示牌 1 块、分界牌 1 块。

（2）安全警戒区划定情况

根据江苏省水利厅批复的省属水利工程安全警戒区划定实施方案，运东闸与大运河立交、渠北闸、清安河地涵和淮扬公路旱闸共同划定为“大运河立交安全警戒区”，具体范围为：上游至北堤桩号 K26+990、南堤桩号 K26+990，下游至北堤桩号 K30+158、南堤桩号 K29+890；上游左侧至入海水道北堤堤脚外约 270 m、下游左侧至入海水道北堤堤脚外约 50 m；大运河立交工程上游右侧与苏北灌溉总渠以苏北灌溉总渠河道中心线为分界线、下游右侧至淮安区运东水电站围墙、灌溉总渠南堤迎水面水面线、灌溉总渠河道中心线。警戒区内禁止渔业养殖、捕（钓）鱼、停泊船舶、建设水上设施等行为。

7. 入海水道大运河立交、渠北闸、清安河地涵、淮扬公路旱闸

（1）划界确权情况

入海水道大运河立交、渠北闸、清安河地涵、淮扬公路旱闸等工程确权面积为 2 100 102.15 m^2，工程用地完成权籍信息化，管理范围为上游右侧与苏北灌溉总渠以苏北灌溉总渠河道中心线为分界线，下游右侧与运东闸工程交接段以入海水道南堤南肩线为界划分；上游左侧至入海水道北堤堤脚外约 270 m，下游左侧至入海水道北堤堤脚外约 50 m。上下游桩号：北堤为 K26+990 至 K28+900、K29+100 至 K30+158，南堤为 K26+990 至 K29+890。现场埋设界桩 40 个、界牌 6 个、告示牌 5 个、分界牌 27 个、控制点 8 个。

（2）安全警戒区划定情况

根据江苏省水利厅批复的省属水利工程安全警戒区划定实施方案，入海水道大运河

立交与运东闸共同划定的警戒区范围为上游至北堤桩号 K26+990、南堤桩号 K26+990，下游至北堤桩号 K30+158、南堤桩号 K29+890；上游左侧至入海水道北堤堤脚外约 270 m、下游左侧至入海水道北堤堤脚外约 50 m，大运河立交工程上游右侧与苏北灌溉总渠以苏北灌溉总渠河道中心线为分界线、下游右侧至淮安区运东水电站围墙、灌溉总渠南堤迎水面水面线、灌溉总渠河道中心线。

渠北闸警戒区范围为上、下游距闸中心 30 m、28.8 m，右侧距闸中心 43 m，左侧距闸中心 41 m。

清安河地涵警戒区范围为上游、下游距闸房中心线 92.7 m、50 m，右侧距翼墙 20 m，左侧距闸房中心线 15 m。

淮扬公路旱闸警戒区范围为北侧至入海水道北侧确权线，东西侧距闸中心线 33 m，南侧距闸中心线 55 m。

警戒区内禁止渔业养殖、捕（钓）鱼、停泊船舶、建设水上设施等行为。

4.3.4 工程效益

1. 淮安抽水一站

（1）设计效益

淮安抽水一站不仅实现向北调水的目标，同时还与淮安抽水二站共同担负白马湖地区 69 万亩农田的排涝、渠北地区 200 万亩农田的灌溉用水和该地区的工业、航运、城乡人民生活用水的保障任务。

（2）实际效益

淮安抽水一站工程自建成投运至 2020 年底，累计开机运行达 72.1 万台时，抽水 239.7 亿 m^3，提高了淮北地区的灌溉保证率，改善了城乡灌溉供水条件，促进了该地区的经济发展。

2. 淮安抽水二站

（1）设计效益

淮安抽水二站不仅实现向北调水的目标，同时还与淮安抽水一站共同担负白马湖地区 69 万亩农田的排涝、渠北地区 200 万亩农田的灌溉用水和该地区的工业、航运、城乡人民生活用水的保障任务。

（2）实际效益

淮安抽水二站建成 41 年来，两台主机累计运行 17.7 万台时，运行累计抽水量为 390 亿 m^3，泵站平均年抽水量约 9.5 亿 m^3；为所在地工农业生产及淮北地区的防洪排涝、抗旱灌溉、航运供水发挥了巨大的经济效益和社会效益。

3. 淮安抽水三站

（1）设计效益

淮安抽水三站主要作用是抽调江都站北送的长江水，送入运东闸上游的苏北灌溉总渠内，为北上提供农业灌溉用水；当淮河水丰沛时，可结合向里运河送水反向发电。在南水北调东线一期工程建成后，淮安抽水三站作为南水北调东线第二梯级泵站，可配合抽江水北送至山东、安徽、河北、天津等部分缺水地区，缓解水资源短缺的矛盾。

（2）实际效益

自1997年淮安抽水三站投入运行以来，截至2020年12月31日，机组共抽水运行4.79万台时，抽水北送55.51亿 m^3；发电运行4.75万台时，发电量1 428.07万kW·h，发电用水54.78亿 m^3。

4. 淮安引江闸

（1）设计效益

淮安引江闸在干旱时能担负对位于运东闸下游总渠沿线的淮安部分地区及盐城地区170万亩良田进行灌溉的任务。当运东闸下游水位偏高时，亦能伺机排涝；如运东闸下游水位偏低，当淮安抽水三站机组发电时，淮安引江闸又能发挥灌溉作用。

（2）实际效益

淮安引江闸建成以来，充分发挥了灌溉和排涝的作用，截至2020年底已经累计引水共计约178亿 m^3，为保证运东闸下游总渠沿线的淮安部分地区及盐城地区170万亩良田灌溉作出了卓越贡献。

5. 淮安四站

（1）设计效益

淮安四站主要作用是通过兴建规模为100 m^3/s 的泵站，扩大淮安站调水总规模至300 m^3/s，从北运西闸穿越运西白马湖地区，经新河送至淮安四站站下，开辟新河输水专线，与里运河、沙庄引江河形成淮安梯级两线送水的格局，从而为实现东线规划所确定的第一期工程供水目标提供重要保证，同时可以提高白马湖地区、新河两岸的排涝能力。

（2）实际效益

自工程正式投入运行以来，截至2021年12月，淮安四站共抽水运行21 156.5台时，累计抽水量23.872亿 m^3。

6. 新河东闸

（1）设计效益

新河东闸主要服务于淮安抽水一站、二站的排涝，设计排涝流量为150 m^3/s。

（2）实际效益

工程正式投入运行以来，正常发挥工程效益。

7. 淮安站变电所

（1）设计效益

淮安站变电所安全可靠地向淮安抽水一站、抽水二站、抽水三站和南水北调淮安四站输供高压电源。

（2）实际效益

淮安站变电所自投运 40 多年来，向淮安抽水一、二站和淮安四站提供 6 kV 电源；向淮安抽水三站提供 35 kV 电源，通过为水利工程稳定可靠供电，确保了水利工程效益的充分发挥，有力保障了地方及流域的经济发展和人民生命财产安全。

8. 运西分水闸

（1）设计效益

运西分水闸与淮安抽水一站、二站、三站、四站、运东闸等共同构成淮安水利枢纽，是淮安水利枢纽非常重要的水工建筑物之一。该工程具有泄洪、挡洪、灌溉等综合功能，规划建设的目的是代替原运南闸向南经大运河分泄部分洪水和灌溉用水。它的主要功能：一是泄洪。打开高良涧闸向东泄洪，当洪水下泄至淮安水利枢纽时，打开运西分水闸向南经大运河分泄洪水。二是挡洪。当白马湖、宝应湖和高邮湖遇高水位，高良涧闸下泄洪水时，关闭运西分水闸，挡住洪水南泄，确保大运河防洪安全。三是灌溉。在灌溉期可以经大运河向南下泄 80 ～ 140 m^3/s 水量，解决淮安、扬州两市 150 万亩农田的灌溉用水。四是城市调水。通过大运河调水，解决扬州部分地区城市工业和生活用水。五是航运。运西分水闸担负着向大运河补水功能，确保大运河 6.0 m 的航运水位。六是综合利用。丰水年份，利用洪泽湖弃水发电。

（2）实际效益

运西分水闸自投入运行以来，很好地发挥了工程效益。在汛期将洪泽湖下泄的大量洪水通过分水闸站经大运河汇入长江，灌溉期可以解决扬州部分地区的农业用水，在大运河航运水不足时可以补充水源。运西分水闸自 1981 年投产以来，截止 2020 年，连续运行 39 年，累计发电已超过 1.86 亿 kW · h，泄洪超过 640 亿 m^3，创造了可观的经济效益和社会效益。

9. 沙庄引江闸

（1）设计效益

沙庄引江闸与淮安抽水一站、二站、三站、四站、运东闸等共同构成淮安水利枢纽，是淮安水利枢纽非常重要的水工建筑物之一。沙庄引江闸可导引江水，供苏北地区抗旱、工农业生产和城市用水。

（2）实际效益

沙庄引江闸自投入运行以来，很好地发挥了工程效益。工程自建成以来，截至 2020

年底，共引江水 292.569 亿 m^3。水闸排入长江时，还可以发挥挡洪作用。

10. 新河北闸

（1）设计效益

新河北闸将白马湖地区总面积 894 km^2 的涝水引至淮安站下抽排，保护 69 万亩农田不受灾害。

（2）实际效益

新河北闸建成以来，工程效益正常发挥，将白马湖地区涝水引至淮安站下，供淮安站泵站抽排入苏北灌溉总渠。

11. 运东闸

（1）设计效益

运东闸控制调节闸上 80 万亩和闸下 120 万亩自流灌区的灌溉水位和水量及调节上、下游航运水位，在汛期可以排泄淮河洪水入海。

（2）实际效益

运东闸的实际效益共有 2 项，分别如下。

① 调节运东闸上 80 万亩和闸下 120 万亩自流灌区的灌溉水位和水量，排泄淮河洪水入海。

② 调节上、下游航运水位。

12. 入海水道大运河立交

（1）设计效益

入海水道大运河立交工程实现入海水道与京杭运河交叉，满足入海水道泄洪和京杭运河航运要求。

（2）实际效益

入海水道大运河立交工程自交付以来，除常年担负排涝运行外，先后经历了 2 次大流量高水位泄洪运行和 1 次小流量低水位分洪运行，分别为：2003 年 7 月，运行 33 天，共下泄洪水 43.8 亿 m^3，最大泄流量 1 870 m^3/s；2007 年 7 月，运行 22 天，下泄洪水 34.2 亿 m^3，最大泄洪流量达 2 080 m^3/s；2010 年 4 月，运行 16 天，下泄水量 1.46 亿 m^3，泄洪流量 100 m^3/s，发挥了巨大的防洪减灾效益。

13. 渠北闸

（1）设计效益

渠北闸既可正向排泄入海水道涝水入苏北灌溉总渠，又可反向引总渠水入南泓进行冲污。当入海水道水位低于 3.5 m 时，开启渠北闸从苏北灌溉总渠引水至入海水道大运河立交下游，提高入海水道水位。

（2）实际效益

在淮河入海水道非行洪期间，渠北闸承担排泄入海水道南泓排涝能力以外淮安市的部分涝水；也曾短时间用于反向排泄运东闸下泄的洪水。

14. 清安河地涵

（1）设计效益

清安河地涵排除淮安区古运河与大运河间 10 km^2 范围内的涝水，设计排涝流量 29 m^3/s；旱时又可引水灌溉。

（2）实际效益

清安河地涵建成以来，工程效益正常发挥。

15. 淮扬公路旱闸

（1）设计效益

淮扬公路旱闸在正常情况下，吊出闸门维持淮扬公路交通；淮河入海水道行洪时，关闭闸门切断交通。

（2）实际效益

淮扬公路旱闸建成以来，工程效益正常发挥。

4.4 淮阜枢纽（阜宁腰闸、东沙港闸、南泓漫水闸、北泓漫水闸、调度闸）

4.4.1 工程简介

1. 阜宁腰闸

（1）工程位置及作用

阜宁腰闸位于阜宁县境内陈集镇闸东村与芦蒲镇范荡村交界的苏北灌溉总渠上，是总渠上继洪泽高良涧闸、淮安运东闸之后的第三级节制闸，2 级水工建筑物，设计流量

阜宁腰闸

为 800 m^3/s，中型水闸。主要作用是防洪、排涝、灌溉，还具有调节水位发展船运和发电的功能。

（2）主要机电设备参数

阜宁腰闸闸门为钢质平面直升门，分上下扉门，其中下扉门用于控制涵洞过流，上扉门兼作胸墙，在行特大洪水时开启使用，用于控制洞顶过流。下扉门采用 21 台 QP-1×160kN 卷扬式启闭机启闭，上扉门启闭较少，采用 5 t 电动葫芦起吊。配有 1 台 SC9-Z-80/35 干式所变和 1 台 SCB9-500/35 干式主变。供电线路分为 35 kV 陈水线市电供电、水轮发电机组供电及备用 50 kW 柴油发电机组供电三类。

阜宁腰闸水电站装有 4 台水轮发电机组，分装在阜宁腰闸东、西两侧空箱岸墙内。水轮机型号为 ZDHZD01-LM-120，叶轮直径 1.2 m，单机设计流量 5.77 m^3/s，最大水头 3.29 m，最小水头 1.80 m，转速 235 r/min，单机功率 125 kW；发电机型号为 SF125-8/650-W，额定容量 166 kVA，额定电压 400V，额定电流 225.5A，额定频率 50Hz，功率因素 0.8；齿轮箱型号为 JYYND250-WX2.778，变速比为 1∶2.778。

（3）建筑物结构形式

阜宁腰闸为涵洞式水闸工程，共有 21 孔，每孔净宽 3 m，闸底高程 1.50 m，交通桥高程 9.00 m，工作便桥桥面高程 9.00 m，闸顶高程 9.00 m，总宽 75.8 m，总长 177.1 m。工程开展的主要观测项目有垂直位移、河床变形、扬压力、伸缩缝。

（4）工程建设、改造情况

阜宁腰闸于 1956 年 12 月开工建设，1957 年 5 月竣工验收。阜宁腰闸建成后，于 2004 年 2 月进行加固改造，2015 年进行水电站改造。

2. 东沙港闸

东沙港闸

（1）工程位置及作用

东沙港闸地处阜宁腰闸下游 1.5 km 处的入海水道南堤（苏北灌溉总渠北堤）上，入海水道桩号为 K85+500，具有排涝、引水灌溉功能。2003 年 9 月至 2004 年 12 月，该闸在入海水道淮阜控制工程中得以实施加固。加固后，工程的作用亦随之发生变化，原排灌结合的闸变为单一排涝闸，设计排涝流量调整为 60 m^3/s，它与淮阜控制南泓漫水闸、南北泓之间的调度闸、北泓漫水闸联合调度控制运用。

（2）主要机电设备参数

东沙港闸闸门为钢质平面直升门，采用 QP−100kN−8.0 m 卷扬式启闭机启闭。东沙港闸配电线路，配有 1 台 SC10−80/10 干式站变。供电线路为 10 kV 芦蒲线市电供电及备用 50 kW 柴油发电机组供电两类。

（3）建筑物结构形式

东沙港闸为涵洞式水闸工程，共有 9 孔，每孔净宽 3 m，闸底高程 1.00 m，交通桥高程 9.00 m，工作便桥桥面高程 4.80 m，闸顶高程 9.00 m，总宽 32.5 m，总长 136.9 m。工程开展的主要观测项目有垂直位移。

（4）工程建设、改造情况

东沙港闸于 1956 年 12 月开工建设，1957 年 5 月竣工验收，于 2003 年 9 月至 2004 年 12 月实施加固工程。

3. 淮阜控制南泓漫水闸

淮阜控制南泓漫水闸

（1）工程位置及作用

淮阜控制南泓漫水闸地处阜宁县芦蒲镇，入海水道桩号为 K85+800，跨入海水道南偏泓布置，具有排涝、排污功能。淮阜控制南泓漫水闸设计流量为 214 m^3/s，按 5 年一遇防洪标准设防。该工程闸门常年开启，正常不进行水位、流量控制。

（2）主要机电设备参数

淮阜控制南泓漫水闸闸门为升卧式平面钢闸门，采用 QPQ−2×100kN 卷扬式启闭机启闭。南泓漫水闸共用东沙港闸配电线路，配有 1 台 SC10−80/10 干式站变。供电线路为 10 kV 芦蒲线市电供电及备用 50 kW 柴油发电机组供电两类。

（3）建筑物结构形式

淮阜控制南泓漫水闸为开敞式水闸工程，共有 7 孔，每孔净宽 6 m，闸底高程 −1.10 m，交通桥高程 5.00 m，闸顶高程 5.00 m，总宽 50.8 m，总长 168 m。工程开展的主要观测项目有垂直位移、河床变形、伸缩缝。

（4）工程建设、改造情况

淮阜控制南泓漫水闸始建于 2001 年 9 月，2003 年 6 月竣工验收，总投资 2 852.1 万元，至今未除险加固。

4. 淮阜控制北泓漫水闸

淮阜控制北泓漫水闸

（1）工程位置及作用

淮阜控制北泓漫水闸地处阜宁县芦蒲镇，入海水道桩号为 K73+248.5，跨入海水道北偏泓布置，具有排涝、挡水功能。淮阜控制北泓漫水闸设计流量为 201 m^3/s，按 5 年一遇防洪标准设防。该工程闸门常年关闭，不进行水位、流量控制。

（2）主要机电设备参数

淮阜控制北泓漫水闸闸门为升卧式平面钢闸门，采用 QPQ−2×80kN 卷扬式启闭机启闭。北泓漫水闸共用调度闸配电线路，配有 1 台 SC9−80/10 干式站变。供电线路为 10 kV 芦南线市电供电及备用 50 kW 柴油发电机组供电两类。

（3）建筑物结构形式

淮阜控制北泓漫水闸为开敞式水闸工程，共有 7 孔，每孔净宽 6 m，闸底高程 0.50 m，交通桥高程 5.00 m，闸顶高程 5.00 m，总宽 50.8 m，总长 154.3 m。工程开展的主要观测项目有垂直位移、河床变形、伸缩缝。

（4）工程建设、改造情况

淮阜控制北泓漫水闸于 2004 年 2 月开工建设，2005 年 6 月竣工验收，至今未除险加固。

5. 淮阜控制调度闸

淮阜控制调度闸

（1）工程位置及作用

淮阜控制调度闸地处阜宁县芦蒲镇老管河处、入海水道的中隔堤上，顺南北泓隔堤布置，入海水道桩号 K73+110，具有排涝功能。淮阜控制调度闸设计流量为 201 m^3/s，校核流量为 350 m^3/s，按 5 年一遇防洪标准设防。该工程闸门常年开启，不进行水位、流量控制，仅当南泓水位高于北泓水位时关闸挡水。

（2）主要机电设备参数

淮阜控制调度闸闸门为钢质平面直升门，采用 QP-2×80kN-8.0 m 卷扬式启闭机启闭。调度闸配有 1 台 SC9-80/10 干式站变。供电线路为 10 kV 芦南线市电供电及备用 50 kW 柴油发电机组供电两类。

（3）建筑物结构形式

淮阜控制调度闸为开敞式水闸工程，共有 9 孔，每孔净宽 6 m，闸底高程 0.00 m，交通桥高程 5.00 m，工作便桥桥面高程 5.00 m，闸顶高程 5.00 m，总宽 64.8 m，总长 97.5 m。工程开展的主要观测项目有垂直位移、河床变形、伸缩缝。

（4）工程建设、改造情况

淮阜控制调度闸于2001年9月开工建设，2003年10月竣工验收，总投资1 536.3万元。至今未除险加固。

4.4.2 管理单位简介

1. 江苏省阜宁腰闸管理所

江苏省阜宁腰闸管理所成立于1957年，负责阜宁腰闸和东沙港闸2座工程日常管理工作，为江苏省灌溉总渠管理处直属正科级事业单位，下设生产运行班、工务室、财务室、水政室、水文室。

多年来，江苏省阜宁腰闸管理所先后获得并保持了“阜宁县文明单位”“省水利安全生产标准化二级单位”等荣誉称号。

2. 江苏省淮河入海水道工程管理处淮阜控制工程管理所

江苏省淮河入海水道工程管理处淮阜控制工程管理所成立于2002年3月，负责淮阜控制调度闸、南泓漫水闸和北泓漫水闸3座工程日常管理工作，为江苏省淮河入海水道工程管理处直属正科级事业单位，下设股室有生产运行班、工务室、财务室、水政室、水文室。

多年来，江苏省淮河入海水道工程管理处淮阜控制工程管理所先后获得并保持了“阜宁县文明单位”“省一级水利工程管理单位”“国家级水利工程管理单位”“省水利安全生产标准化二级单位”等荣誉称号。

4.4.3 工程管理范围

1. 阜宁腰闸、东沙港闸、淮阜控制南泓漫水闸

（1）划界确权情况

阜宁腰闸与东沙港闸2座工程确权面积为584 280.0 m^2，工程用地完成权籍信息化，现场埋设界桩21个、界牌14个、告示牌2个。阜宁腰闸管理范围为上、下游距闸中心线分别为288 m、2 475 m。下游及右侧维持现状（为地方水电站及船闸管理范围），左侧东沙港闸以西至北泓中心，东沙港闸以东至灌溉总渠北堤南堤堤肩线；右侧至腰闸与水电站隔堤中间、灌溉总渠北堤迎水坡水面线。东沙港闸管理范围为上、下游距闸中心线各90 m，左右岸距闸中心线80 m。

淮阜控制南泓漫水闸确权面积为119 855.4 m^2，工程用地完成权籍信息化，管理范围为：左侧至北泓中心线；右侧至入海水道南堤肩线；上、下游距闸中心线分别为489 m、648 m。现场埋设界桩12个、界牌2个、告示牌1个。

（2）安全警戒区划定情况

根据江苏省水利厅批复的省属水利工程安全警戒区划定实施方案，阜宁腰闸、东沙港闸和淮阜控制南泓漫水闸3座工程共同划定的警戒区范围为上、下游距闸中心线288 m、2 475 m；左侧至北泓中心线，右侧至腰闸与水电站隔堤中间、灌溉总渠北堤迎水坡水面线。警戒区内设立安全警戒区告示牌3块、警示牌8块，禁止渔业养殖、捕（钓）鱼、停泊船舶、建设水上设施等行为。

2. 淮阜控制北泓漫水闸、调度闸

（1）划界确权情况

淮阜控制北泓漫水闸与调度闸2座工程确权面积为498 692.42 m^2，工程用地完成权籍信息化，现场埋设界桩30个、界牌13个、告示牌2个。淮阜控制北泓漫水闸工程管理范围为左至入海水道北堤调度河中心线，右距闸中心线190.3～236.6 m；上游至入海水道北堤桩号NK72+305，下游至NK73+305。淮阜控制调度闸管理范围为上、下游距闸中心线50 m、54 m，左岸距闸中心线60 m，右岸距闸中心线90 m。

（2）安全警戒区划定情况

根据江苏省水利厅批复的省属水利工程安全警戒区划定实施方案，淮阜控制北泓漫水闸与调度闸2座工程共同划定的警戒区范围为上、下游距闸中心线288 m、2 475 m；左侧至北泓中心线，右侧至腰闸与水电站隔堤中间、灌溉总渠北堤迎水坡水面线。警戒区内设立安全警戒区告示牌2块、警示牌8块，禁止渔业养殖、捕（钓）鱼、停泊船舶、建设水上设施等行为。

4.4.4 工程效益

1. 阜宁腰闸

（1）设计效益

阜宁腰闸的设计效益共有3项，分别如下。

① 解决运东闸至六垛闸地区之间的灌溉用水矛盾，为120万亩农田提供灌溉。

② 配合其他工程解决入海水道北高排区800 km^2 排涝。

③ 排洪800 m^3/s。

（2）实际效益

阜宁腰闸的实际效益共有3项，分别如下。

① 灌溉农田120万亩；调节水位确保运东、阜宁船闸安全航运和电站发电。

② 配合其他工程解决入海水道北高排区800多 km^2 排涝。

③排洪效益正常发挥。

2. 东沙港闸

（1）设计效益

东沙港闸沟通排水渠和灌溉总渠间的联系，可以排泄渠北运东、废黄河以南、被泽沟以西 554 km^2 的涝水，由总渠入海（注：运东、渠北原排涝面积 554 km^2，现茭菱站排涝面积 218 km^2，东沙港闸排涝面积 336 km^2）。入海水道工程完建之后，沟通入海水道南泓和灌溉总渠，在南泓漫水闸排涝流量不超过 214 m^3/s 的情况下，可以以不超过 60 m^3/s 的流量排泄南泓内的涝水入苏北灌溉总渠下泄入海。

（2）实际效益

2018 年 5 月 28—29 日，短暂启用东沙港闸，由苏北灌溉总渠向入海水道南泓泄洪。平时关闸挡水。

3. 淮阜控制南泓漫水闸

（1）设计效益

淮阜控制南泓漫水闸排泄来自渠北高片涝水及污水可达 214 m^3/s，配合东沙港及淮阜控制调度闸排涝排污，使渠北排涝排污高低分开、清污分开。

（2）实际效益

淮阜控制南泓漫水闸工程自交付以来，除常年担负排涝、排污运行外，先后经历了 2 次大流量高水位泄洪运行和 1 次小流量低水位分洪运行，分别为：2003 年 7 月和 2007 年 7 月漫水行洪，2010 年 4 月分洪，发挥了巨大的防洪减灾效益。

4. 淮阜控制北泓漫水闸

（1）设计效益

淮阜控制北泓漫水闸的设计效益共有 3 项，分别如下。

① 行洪时初期调节入海水道南北泓的水位、流量，减轻洪水对调度闸及中隔堤的威胁。

② 排涝期调节滨海枢纽处南北泓水位差。

③ 与淮阜控制调度闸等其他淮阜控制工程联合运用，保证涝水高低分开、清污分开。

（2）实际效益

淮阜控制北泓漫水闸工程自交付以来，除常年担负排涝、排污运行外，先后经历了 1 次大流量高水位泄洪运行和 1 次小流量低水位分洪运行，分别为：2007 年 7 月漫水行洪和 2010 年 4 月分洪，发挥了巨大的防洪减灾效益。

5. 淮阜控制调度闸

（1）设计效益

淮阜控制调度闸的设计效益共有 2 项，分别如下。

① 排泄汇入北泓的运河以东、入海水道以北高片涝水入南泓下泄入海，以腾出下游

的北偏泓供入海道北低片排涝。

② 使渠北排涝做到高低分开、清污分开。

（2）实际效益

淮阜控制调度闸工程自交付以来，除常年担负排涝、排污运行外，先后经历了 2 次大流量高水位泄洪运行和 1 次小流量低水位分洪运行，分别为：2003 年 7 月和 2007 年 7 月漫水行洪、2010 年 4 月分洪，发挥了巨大的防洪减灾效益。

4.5 滨海枢纽（通榆河总渠立交、入海水道通榆河立交）

4.5.1 工程简介

1. 通榆河总渠立交

通榆河总渠立交

（1）工程位置及作用

通榆河总渠立交工程位于盐城市滨海县通榆镇境内，是苏北灌溉总渠穿越通榆河的水工建筑物，为大（2）型水闸，2 级水工建筑物。工程设计流量为 800 m^3/s，校核流量为 1 000 m^3/s。

（2）主要机电设备参数

通榆河总渠立交工程上洞首闸门为平板直升钢闸门，采用 QPQ−1×250kN 卷扬式启闭机启闭；下洞首设检修用钢质浮箱式叠梁门，共 3 孔 39 块。干式变压器型号为 SG10-250/10，供电线路分为 10 kV 市电供电和柴油发电机组供电两类。

（3）建筑物结构形式

通榆河总渠立交工程为胸墙式水闸，共 15 孔，每孔净宽 4 m，净高 5.1 m，总净宽 60 m，总宽 72.64 m，顺水流方向长 285 m。工程采用上槽下洞结构形式，主体结构为钢筋混凝土结构，闸底板顶面高程为 −10.0 m，闸顶高程为 8.0 m；工作桥面高程为 12.0 m；渡槽为矩形断面，宽 54 m，底高程为 −4.0 m，槽壁为钢筋混凝土空箱结构；上洞首空箱宽为 4.5 m，下洞首空箱宽为 4.0 m，长度均为 72.64 m，槽壁箱顶高程为 8.0 m，渡槽进出口段设灌砌块石护坦及导航墙与通榆河河道衔接；上下洞首进、出口底高程均为 −9.0 m，并分别以 1∶7 纵坡与水平段底板面连接，上洞首进口顶高程为 −3.016 m，下洞首出口顶高程为 −3.809 m；岸墙为钢筋混凝土扶壁式空箱，上下游翼墙为钢筋混凝土空箱扶壁式挡土墙，墙顶高程为 8.0 m；上下游设交通桥，桥面高程为 8.0 m；工程上下游设有钢筋混凝土防渗铺盖、混凝土及混凝土砌块护坦、抛石防冲槽，护坦高程为 −4.8 m；上游设混凝土、浆砌石护坡 90 m，下游设混凝土、浆砌石护坡 140 m。工程开展的主要观测项目有垂直位移、河床变形、伸缩缝。

（4）工程建设、改造情况

通榆河总渠立交于 1993 年 9 月开工建设，1996 年 2 月竣工验收。通榆河总渠立交建成后，至今未除险加固。

2. 入海水道通榆河立交

入海水道通榆河立交

（1）工程位置及作用

入海水道通榆河立交工程位于盐城市滨海县通榆镇境内，是淮河入海水道第四级工程，为大（2）型水闸，1 级水工建筑物，工程设计流量为 2 270 m^3/s 。

（2）主要机电设备参数

入海水道通榆河立交工程上洞首设单向止水潜孔闸门 23 扇，为平面直升定轮钢闸门；下洞首设双向止水潜孔闸门 23 扇，为平面直升滑块支承钢闸门，采用 QP−2 × 160kN 卷扬式启闭机启闭。干式变压器型号为 SG10−250/10，供电线路分为 10 kV 市电供电和柴油发电机组供电两类。

（3）建筑物结构形式

入海水道通榆河立交工程为胸墙式水闸，共 23 孔，每孔净宽 6 m，净高 6.5 m，总净宽 138.0 m，洞身总宽 165.12 m，闸总长 459.5 m。工程采用上槽下洞结构形式，主体结构为钢筋混凝土结构，闸底板顶面高程 −11.6 m，闸顶高程 10.0 m；上游隔水墙顶高程 3.8 m，下游隔水墙顶高程 3.5 m；上游工作桥面高程 16.721 m，下游工作桥面高程 16.221 m；水闸上下游设抛石防冲槽，上游设 45 cm 厚钢筋混凝土地下连续墙，下游设 20 cm 厚振动沉模防渗墙，底高程均为 −17.5 m；上下游设交通桥，桥面高程 10.0 m；翼墙采用钢筋混凝土空箱扶壁式结构，沉井基础；上、下游护坡为混凝土护坡和草皮护坡；南堤为 1 级堤防，北堤为 2 级堤防，上游左堤堤顶高程为 9.17 m，上游右堤堤顶高程为 9.67 m；下游左堤堤顶高程为 8.67 m，下游右堤堤顶高程为 9.17 m。工程开展的主要观测项目有垂直位移、河床变形、伸缩缝、扬压力。

（4）工程建设、改造情况

入海水道通榆河立交工程于 2000 年 10 月开工建设，2003 年 6 月投入使用，2003 年 11 月竣工验收。工程自建成后，至今未除险加固。

4.5.2 管理单位简介

1. 江苏省通榆河总渠立交管理所

江苏省通榆河总渠立交管理所成立于 1996 年，负责通榆河总渠立交工程和管理范围内河道、堤防的管理，为江苏省灌溉总渠管理处直属正科级事业单位，下设工程组、财务组、综合组。

多年来，通榆河总渠立交管理所先后获得了“滨海县文明单位”“管理处工程管理先进单位”“省一级水利工程管理单位”等荣誉称号。

2. 江苏省淮河入海水道工程管理处滨海枢纽工程管理所

江苏省淮河入海水道工程管理处滨海枢纽工程管理所成立于 2003 年，负责入海水道通榆河立交工程和管理范围内的河道、堤防的日常管理，为江苏省淮河入海水道工程管理处直属正科级事业单位，下设工程组、财务组、综合组。

多年来，滨海枢纽工程管理所先后获得了“滨海县文明单位”“管理处工程管理先进单位”“省一级水利工程管理单位”“省安全生产标准化二级单位”“省级水利风景区”“国家级水利工程管理单位”“省水利工程精细化管理单位”等荣誉称号。

4.5.3 工程管理范围

（1）划界确权情况

通榆河总渠立交确权面积为 675 302.6 m^2，工程用地完成权籍信息化，现场设置界桩 37 个，管理范围告示牌 1 块，分界牌 16 块。

入海水道通榆河立交确权面积为 845 189 m^2，工程用地完成权籍信息化，现场设置界桩 50 个、管理范围告示牌 2 块、分界牌 29 块。

（2）安全警戒区划定情况

根据江苏省水利厅批复的省属水利工程安全警戒区划定实施方案，通榆河总渠立交与入海水道通榆河立交共2座工程共同划定的警戒区范围为入海水道段通榆河中心线向上游、下游分别1 290、1 343 m，灌溉总渠段上下游距通榆河中心线各500 m；左侧至调度河北侧堤防堤脚，右侧至总渠南侧背水坡脚小圩干渠北堤，右侧距灌溉总渠中心线500 m，至灌溉总渠南堤上游侧老G204国道东侧，下游至老通化公路西侧。警戒区内禁止渔业养殖、捕（钓）鱼、停泊船舶、建设水上设施等行为。

4.5.4 工程效益

1. 通榆河总渠立交

通榆河总渠立交实现灌溉总渠与通榆河交叉，保持原灌溉总渠设计效益；通过通榆河向北输水（流量为200 m^3/s），并保证通榆河（三级航道）航运通畅。

2. 入海水道通榆河立交

（1）设计效益

入海水道通榆河立交实现入海水道与通榆河交叉，满足入海水道泄洪和通榆河航运要求；并解决入海水道南偏泓高片涝水，与北偏泓低片涝水高低分流。

（2）实际效益

入海水道通榆河立交工程自交付以来，除常年担负排涝运行外，先后经历了2次大流量高水位泄洪运行和1次小流量低水位分洪运行，分别为：2003年7月，运行33天，共下泄洪水43.8亿 m^3，最大泄洪流量为1 870 m^3/s；2007年7月，运行22天，下泄洪水34.2亿 m^3，最大泄洪流量达2 080 m^3/s；2010年4月，运行16天，下泄水量1.46亿 m^3，泄洪流量100 m^3/s，发挥了巨大的防洪减灾效益。

4.6 海口枢纽（六垛南闸、海口南闸、海口北闸）

4.6.1 工程简介

1. 六垛南闸

（1）工程位置及作用

六垛南闸位于射阳县与滨海县交界处，离扁担港口7.5 km，是灌溉总渠最后一级控制工程，为中型水闸。工程设计流量为800 m^3/s。

（2）主要机电设备参数

六垛南闸闸门为弧形钢闸门，采用QPQ−2×100kN卷扬式启闭机启闭。变压器型号为SC11−200/10，供电线路分为10 kV市电供电和柴油发电机组备用供电两类。

六垛南闸

（3）建筑物结构形式

六垛南闸共 7 孔，每孔净宽 9.2 m，净高 4.9 m，总净宽 64.4 m，闸室总宽 71.28 m，全闸总长 118.80 m，分三块底板，其中第一、三块底板各布置两孔。闸底板为 $140^{\#}$ 钢筋混凝土结构，底板顶面高程 −2.35 m，顺水流方向长 15.0 m。上游段设有检修门槽，中墩厚 0.8 m，边墩厚 0.6 m，缝墩厚 0.8 m，墩顶高程 5.45 m。闸墩上设工作桥，桥面高程与墩顶同高，加固后采用固支结构。闸门为弧形钢闸门，面朝上游侧，在每孔内设门墩两座用于支撑闸门支座，闸门搁置于 2.0 m 高滚水堰上。下游侧设有汽 −10 级总宽 6.0 m 公路桥，桥面高程 5.15 m。配备 QPQ2 × 10t 卷扬式启闭机。上游翼墙为钢筋混凝土空箱翼墙和重力式翼墙两部分，墙顶高程 5.5 m；下游翼墙为浆砌块石重力式翼墙，顶高程为 4.65 m。工程开展的主要观测项目有垂直位移、河床变形、伸缩缝。

（4）工程建设、改造情况

六垛南闸工程建成于 1953 年 7 月，于 1999 年 10 月进行加固改造。

2. 入海水道海口南闸

入海水道海口南闸、海口北闸

（1）工程位置及作用

入海水道海口南闸位于盐城市滨海县滨海港镇境内，是淮河入海水道的末级水利枢纽工程，为中型水闸，2 级水工建筑物。工程设计行洪流量为 727 m^3/s，设计排涝流量为 214 m^3/s。

（2）主要机电设备参数

入海水道海口南闸闸门为弧形钢闸门，采用 QHLY−2×315kN 液压启闭机启闭。油浸变压器型号为 SH11- m−200/10，供电线路分为 10 kV 市电供电和柴油发电机组供电两类。

（3）建筑物结构形式

入海水道海口南闸为胸墙式水闸，共 5 孔，每孔净宽 10.0 m，净高 7.0 m，总净宽 50 m，闸室总宽 95.0 m，全闸总长 186.0 m。工程主体结构为钢筋混凝土结构，闸底板顶面高程为 −3.0 m，闸顶高程为 6.0 m，胸墙底高程为 4.0 m，工作桥面高程为 13.0 m；闸下游设两段，共 36.0 m 长钢筋混凝土消力池，其中斜坡段长 13.0 m，厚度为 1.1 m，水平段长 23.0 m，厚度为 0.6 m，消力池深度为 2.0 m，池面高程为 −6.0 m；消力池后接 53.0 m 长浆砌块石护底和 12.0 m 宽防冲槽；上游设 20.0 m 长钢筋混凝土消力池，消力池深度为 0.8 m，池面高程为 −3.8 m，厚度为 0.6 m；上游侧设交通桥，交通桥净宽 7.0 m；下游侧设工作便桥，净宽 2.1 m；工作桥宽 4.0 m；上游翼墙采用直线加圆弧加八字形翼墙，直线段长度为 20.0 m，圆弧段半径 R=35.0 m；下游翼墙采用直线加圆弧形，直线段长度为 25.73 m，圆弧段半径 R=20.0 m，外接 35.3 m 长直线翼墙；海口南闸下游河道 650 m 范围内河坡，水上采用浆砌块石护砌，坡底采用深齿坎防冲，水下进行抛石护坡和抛石压脚。海口南闸上游 300 m 范围内上游引河用浆砌块石进行护砌；上游左堤顶高程为 5.5 m，上游右堤顶高程为 6.5 m，下游左堤顶高程为 5.5 m，下游右堤顶高程为 6.5 m。工程开展的主要观测项目有垂直位移、河床变形、伸缩缝、扬压力。

（4）工程建设、改造情况

入海水道海口南闸于 2002 年 9 月开工建设，2003 年 6 月投入使用，2003 年 12 月建成，2005 年 1 月竣工验收。海口南闸建成后，未进行除险加固。

3. 入海水道海口北闸

（1）工程位置及作用

入海水道海口北闸位于盐城市滨海县滨海港镇境内，是淮河入海水道的末级水利枢纽工程，为大（2）型水闸，2 级水工建筑物。工程设计行洪流量 1 543 m^3/s，设计排涝流量 243 m^3/s。

（2）主要机电设备参数

入海水道海口北闸通航孔采用上下扉平面定轮实腹式钢闸门，其余 10 孔为弧形钢闸门；通航孔上下扉门分别采用 QSWY−2×320kN、QSWY−2×640kN 液压油缸绞车式启闭机启闭；除通航孔外的 10 孔，采用 QHLY−2×315kN 液压启闭机启闭。油浸变压器型号为 SH11−M−200/10，供电线路分为 10 kV 市电供电和柴油发电机组供电两类。

（3）建筑物结构形式

入海水道海口北闸为胸墙式水闸，共 11 孔（其中北侧边孔为通航孔），每孔净宽 10.0 m，净高 7.0 m，总净宽 110.0 m，闸室总宽 145.8 m，全闸总长 186.0 m。工程主体结构为钢筋混凝土结构，闸底板顶面高程为 −3.0 m，闸顶高程为 6.0 m，胸墙底高程为 4.0 m，工作桥面高程为 13.0 m；闸下游设两段，共 36.0 m 长钢筋混凝土消力池，其中斜坡段长 13.0 m，厚度为 1.1 m，水平段长 23.0 m，厚度为 0.6 m，消力池深度为 2.0 m，池面高程 −6.0 m；消力池后接 53.0 m 长浆砌块石护底和 12.0 m 宽防冲槽；上游设 20.0 m 长钢筋混凝土护坦，厚 0.5 m；上游侧设交通桥，交通桥净宽 7.0 m；下游侧设工作便桥，净宽 2.1 m；工作桥宽 4.0 m；上游翼墙采用直线加圆弧加八字形翼墙，直线段长度为 20.0 m，圆弧段半径 R=35.0 m；下游翼墙采用直线加圆弧形，直线段长度为 25.73 m，圆弧段半径 R=20.0 m，外接 18.0 m 长直线翼墙；海口北闸下游河道 650 m 范围内河坡，水上采用浆砌块石护砌，坡底采用深齿坎防冲，水下进行抛石护坡和抛石压脚。海口北闸上游 300 m 范围内上游引河用浆砌块石进行护砌；上游左堤顶高程为 6.5 m，上游右堤顶高程为 5.5 m，下游左堤顶高程为 6.5 m，下游右堤顶高程为 5.5 m。工程开展的主要观测项目有垂直位移、河床变形、伸缩缝、扬压力。

（4）工程建设、改造情况

入海水道海口北闸于 2001 年 12 月开工建设，2003 年 12 月建成，2005 年 1 月竣工验收。海口北闸建成后，未进行除险加固。

4.6.2 管理单位简介

1. 江苏省六垛闸管理所

江苏省六垛闸管理所于 1953 年六垛南闸工程建成后成立，负责六垛南闸工程管理，该所为江苏省灌溉总渠管理处直属正科级事业单位。

多年来，六垛闸管理所先后荣获处、厅水利工程管理“先进单位”、省水利系统“文明单位”，多年荣获滨海县“文明单位”等荣誉称号。

2. 江苏省淮河入海水道工程管理处海口闸管理所

江苏省淮河入海水道工程管理处海口闸管理所成立于 2003 年，负责管理入海水道海口南闸、海口北闸和入海水道左右堤防各 2.0 km，为江苏省淮河入海水道工程管理处直属正科级事业单位，下设工管组、机电组和财务组。

多年来，海口闸管理所先后获得了处、厅水利工程管理“先进单位”，省水利系统“文明单位”，以及“盐城市文明单位”“滨海县文明单位”“江苏省一级水利工程管理单位”“江苏省安全生产标准化二级单位”“国家级水利工程管理单位”等荣誉称号。

4.6.3 工程管理范围

1. 六垛南闸

（1）划界确权情况

六垛南闸确权面积为 454 703.06 m^2，工程用地完成权籍信息化，现场设置界桩 20 个、壁挂式界牌 8 块、分界牌 10 块。

（2）安全警戒区划定情况

根据江苏省水利厅批复的省属水利工程安全警戒区划定实施方案，六垛南闸安全警戒区范围为上下游距闸中心线各 500 m，距左侧灌溉总渠中心线分别为 414 m、508 m，距右侧为 157.5 m。警戒区内禁止渔业养殖、捕（钓）鱼、停泊船舶、建设水上设施等行为。

2. 入海水道海口南闸、海口北闸

（1）划界确权情况

入海水道海口南闸确权面积为 160 000 m^2，工程用地完成权籍信息化，现场设置界桩 11 个、分界牌 1 块、告示牌 1 块。

入海水道海口北闸确权面积为 894 340 m^2，工程用地完成权籍信息化，现场设置界桩 35 个、分界牌 15 块、告示牌 1 块。

（2）安全警戒区划定情况

根据江苏省水利厅批复的省属水利工程安全警戒区划定实施方案，海口南闸与海口北闸共 2 座工程共同划定的警戒区范围为上游至距闸中心线 1 212 m、1 130 m，下游至海边 646 m、683 m；左侧至距入海水道北堤背水坡堤肩 25 m、268 m、380 m，右侧至灌溉总渠中心线。警戒区内禁止渔业养殖、捕（钓）鱼、停泊船舶、建设水上设施等行为。

4.6.4 工程效益

1. 六垛南闸

（1）设计效益

六垛南闸的设计效益共有 3 项，分别如下。

① 控制闸上水位 2.0 ～ 3.0 m，可供盐城市的滨海、阜宁、射阳三县沿总渠灌区农田灌溉用水。

② 可排洪 800 m^3/s 入海。

③ 由于沿海地区地势比较低洼，海水容易侵蚀农田，六垛南闸可挡住海潮，防止海水倒灌。

（2）实际效益

六垛南闸的实际效益共有 4 项，分别如下。

① 灌溉面积 103.6 万亩。

② 1960 年 7 月 11 日达最大排洪流量 898 m^3/s。

③ 枯水季节挡海潮，防止海水倒灌和控制航运水位。

④ 当洪泽湖水位低于 13.5 m 而渠北地区需要排涝时，东沙港闸排涝水经六垛南闸入海。

2. 入海水道海口南闸、海口北闸

（1）设计效益

淮河入海水道近期工程建成后，配合入江水道、灌溉总渠和分淮入沂等工程，洪泽湖防洪标准不低于 100 年一遇，渠北地区排涝标准为 5 年一遇。淮河入海水道近期工程海口枢纽行洪流量为 2 270 m^3/s。南偏泓排涝流量为 214 m^3/s，北偏泓排涝流量为 243 m^3/s。

（2）实际效益

海口南闸、海口北闸自交付以来，除常年担负排涝运行外，先后经历了 2 次大流量高水位泄洪运行和多次小流量低水位分洪运行，2 次大流量高水位泄洪分别为：2003 年 7 月，运行 33 天，共下泄洪水 43.8 亿 m^3，最大泄流量为 1 870 m^3/s；2007 年 7 月，运行 22 天，下泄洪水 34.2 亿 m^3，最大泄洪流量达 2 080 m^3/s，发挥了巨大的防洪减灾效益。

4.7 南运西闸、南运西船闸、宝应湖退水闸

4.7.1 工程简介

1. 南运西闸

南运西闸

（1）工程位置及作用

南运西闸位于江苏省扬州市宝应县氾水镇以南 6 km 处，宝应湖穿运涵洞南侧，大运河西侧。上游为宝应湖，下游为大运河，是金宝航道与京杭大运河连通的口门。南运西闸主要作用是排泄上游白马湖、宝应湖地区涝水，反向可引里运河水灌溉，并承担南水北调向洪泽湖补水的功能。

（2）主要机电设备参数

南运西闸闸门为实腹式定轮平板钢闸门 6 扇，每孔配有 2×8t 液压式双吊点启闭机。南运西闸供电为附近吉星变 292 范西线支接，10 kV 电源经终端杆上的刀熔开关、避雷器后，至杆上 S11-M-200/10 型 10 kV/400V 200 kVA 变压器。另配有一台 JWKMS-150 型 150 kW 柴油发电机组，作为市电停电时的备用电源。

（3）建筑物结构形式

南运西闸共 6 孔，每孔净宽 6.0 m，闸身总宽 43.0 m，正向设计排涝流量 409 m^3/s，反向设计引水流量 225 m^3/s，属中型水闸。闸身为混凝土和浆砌块石组合结构，闸底板高程 3.5 m，为轻型反拱混凝土结构，三孔一联，计两块底板。闸孔净高 4.1 m，胸墙底高程 7.6 m，闸顶高程 9.2 m，墩墙为混凝土结合浆砌块石结构，岸、翼墙为空箱式浆砌石结构，在南运西闸与南运西船闸之间建有连拱结构形式的挡水墙。设有汽 -20 级交通桥（桥面高程 12.0 m，宽 4.5 m）、工作便桥（桥面高程 9.2 m，桥面宽 1.2 m）各一座。工程开展的主要观测项目有垂直位移、河床变形、伸缩缝。

（4）工程建设、改造情况

南运西闸工程于 1970 年 11 月开工，1972 年汛期投入使用，1973 年 4 月竣工。2001 年进行了除险加固，2017 被鉴定为三类工程。

2. 南运西船闸

南运西船闸

（1）工程位置及作用

南运西船闸位于江苏省宝应县氾水镇南 5 km 处的大运河西岸，建成于 1973 年 4 月，设计通航等级为Ⅴ级，设计通航能力 450 万 t/a。主要功能是沟通大运河和金宝航道之间的水上交通，以便于船舶能够正常通行。

（2）主要机电设备参数

南运西船闸工作门采用双道钢质平板人字门，上闸首闸门上设输水小门，迎宝应湖侧设高水控制门，主要抵御汛期宝应湖高水，下闸首为短廊道输水，工作门及输水门均采用液压式启闭机启闭，与南运西闸共用一套液压系统，由 2 台 PVP60368R2P11 型油泵配合 2 台 Y180L-4 型电机使用。南运西船闸供电为附近吉星变 292 范西线支接，10 kV 电源经终端杆上的刀熔开关、避雷器后，至杆上 S11-M-200/10 型 10kV/400V 200 kVA 变压器。另配有一台 JWKMS-150 型 150kW 柴油发电机组，作为市电停电时的备用电源。

（3）建筑物结构形式

南运西船闸主要结构分为上闸首、闸室、下闸首三部分，闸室长 100 m，槛上水深 2.5 m，上、下闸首净宽 14 m，上、下闸首左右岸墙均为空箱式浆砌块石墩墙结构，底板均采用钢筋混凝土反拱式轻型结构，闸室底部为厚 0.07 m 混凝土铺盖，闸室南闸室墙为连拱空箱结构形式，作为节制闸与船闸之间的挡水建筑物；闸室北闸室墙为直立式浆砌块石。工程开展的主要观测项目有垂直位移、河床变形、伸缩缝等。

（4）工程建设、改造情况

南运西船闸于 1970 年 11 月开工，1973 年 4 月建成。2001 年进行了除险加固，2014 被鉴定为四类闸。

3. 宝应湖退水闸

宝应湖退水闸

（1）工程位置及作用

宝应湖退水闸位于大汕子隔堤，处于宝应县和金湖县交界处，上游宝金航道，下游高邮湖。该闸的主要功能是排泄宝应湖涝水，阻挡入江水道洪水。

（2）主要机电设备参数

宝应湖退水闸工作闸门为5台实腹式滑块支承平面钢闸门，启闭机采用5台型号为QP−2×100kN−9.0 m卷扬式启闭机，配5台5.5 kW电机，配备一台50 kW柴油发电机组，检修门采用浮箱叠梁式结构，配备一套CD−2×30kN型电动葫芦。

（3）建筑物结构形式

宝应湖退水闸总宽61 m，共5孔，每孔净宽8 m，设计流量为160 m^3/s，属中型水闸。闸室为钢筋混凝土大、小底板分离式结构。宝应湖退水闸建筑物均采用框架结构，闸室东侧桥头堡为地上2层，地下1层，建筑高度17.57 m；西侧桥头堡地上2层，建筑高度17.57 m；启闭机房1层，层高3.3 m；管理用房为2层框架结构。闸总宽约61 m，顺水流方向总长约65 m。宝应湖侧闸墩顶高程9.4 m，高邮湖侧闸墩顶高程12.5 m；门槽上游侧排架厚度50 cm；工作桥为宽板梁式结构，桥面高程15.50 m，桥面宽4.2 m，工作桥上设启闭机房；工作便桥为宽板梁式结构，桥面高程9.40 m，桥面宽2.3 m；公路桥采用钢筋混凝土简支空心板，桥面高程12.50 m，桥面宽5.0 m；上下游翼墙为钢筋混凝土挡浪墙，顶高程分别为9.40 m、12.10 m；路堤墙桥头堡侧为钢筋混凝土扶壁式挡土墙，另一侧为两段浆砌块石重力式结构；启闭机房建筑面积为186.9 m^2，桥头堡建筑面积为196.84 m^2，地下室83.08 m^2，管理用房建筑面积为258 m^2。工程开展的主要观测项目有垂直位移、河床变形、伸缩缝。

（4）工程建设、改造情况

宝应湖退水闸建于1969年11月，1970年5月竣工。2012年10月除险加固，2018年通过竣工验收。

4.7.2 管理单位简介

江苏省南运西闸管理所成立于1973年5月，为江苏省灌溉总渠管理处直属正科级事业单位，负责南运西闸、南运西船闸和宝应湖退水闸工程日常管理工作，同时承担宝应湖的行业管理任务。

南运西闸管理所多次被省灌溉总渠管理处评为全面先进单位、工程管理先进单位、综合经营先进单位。2011—2012年获评全省水利系统文明单位，2004—2020年多次获评扬州市文明单位。

4.7.3 工程管理范围

1. 南运西船闸、南运西闸

（1）划界确权情况

南运西船闸、南运西闸共同确权面积为 240 967.00 m^2，工程用地完成权籍信息化。管理范围为：金宝航道侧、运河侧距闸中心线分别为 420 m、559 m，左侧至船闸与南运西闸导流堤中心线；右侧上游至金宝航道南堤迎水坡河口，下游至管理所院墙外，水面至距堤肩 68 m。现场埋设界桩 18 个、分界牌 11 块、告示牌 2 块。

（2）安全警戒区划定情况

根据江苏省水利厅批复的省属水利工程安全警戒区划定实施方案，南运西闸安全警戒区范围为金宝航道侧、运河侧距闸中心线分别为 420 m、559 m，左侧至船闸与南运西闸导流堤中心线；右侧上游至金宝航道南堤迎水坡河口，下游至管理所院墙外、水面至距堤肩 68 m。南运西船闸的安全警戒区北侧距闸中心 61 m，南侧距闸中心 8 m（与南运西闸管理范围线相交），金宝航道侧、运河侧距闸中心线分别为 422 m、559 m。警戒区内禁止渔业养殖、捕（钓）鱼、停泊船舶、建设水上设施等行为。

2. 宝应湖退水闸

（1）划界确权情况

宝应湖退水闸确权面积 15 458.3 m^2，工程用地完成权籍信息化，现场埋设界桩 6 个。

（2）安全警戒区划定情况

根据江苏省水利厅批复的省属水利工程安全警戒区划定实施方案，宝应湖退水闸安全警戒区范围为上、下游距闸中心线各 200 m；左岸与右岸距闸中心线分别为 103.3 m、72.7 m。警戒区内禁止渔业养殖、捕（钓）鱼、停泊船舶、建设水上设施等行为。

4.7.4 工程效益

1. 南运西闸

（1）设计效益

南运西闸可排泄白马湖、宝应湖区 295 m^2 的涝水，在条件许可时经上级批准也可反向引水补湖。

（2）实际效益

南运西闸的实际效益共有 2 项，分别如下。

① 排泄白马湖、宝应湖 295 km^2 的涝水。

② 宝应湖需补水时，开闸反向引水入湖抗旱。南水北调东线经金宝航道调水时，开闸反向引水抗旱。

2. 南运西船闸

（1）设计效益

南运西船闸主要功能是沟通大运河和金宝航道之间的水上交通，以便于船舶能够正常通行，设计通航能力 450 万 t。

（2）实际效益

南运西船闸建成以来，工程效益正常发挥，保障了大运河和金宝航道河道间水上过往船舶的正常通行。

3. 宝应湖退水闸

（1）设计效益

宝应湖退水闸的设计效益共有 3 项，分别如下。

① 汛后退水排涝：要求在霜降前把湖水位降至 5.5 m，以保证湖区的秋播。

② 汛前腾空：在汛前将白马湖、宝应湖的涝水排入高邮湖，以腾空两湖 295 km^2 的库容。

③ 汛期挡水：挡住高邮湖高水位。

（2）实际效益

宝应湖退水闸的实际效益共有 3 项，分别如下。

① 汛后退水排涝：在霜降前把湖水位降至 5.5 m，以保证湖区的秋播。

② 汛前腾空：在汛前将白马湖、宝应湖的涝水排入高邮湖，以腾空两湖 295 km^2 的库容。

③ 汛期挡水：挡住高邮湖高水位。

4.8 北运西闸、镇湖闸、阮桥闸、白马湖穿运洞、山阳地涵

4.8.1 工程简介

1. 北运西闸

（1）工程位置及作用

北运西闸位于淮安市淮安区漕运镇境内，属京杭运河水系，是连接白马湖和大运河的控制工程，同时也是淮安四站输水河道从运河引水的控制建筑物，其主要功能为排水、灌溉、引水、通航。北运西闸设计排涝流量 130 m^3/s，水位组合为上游 7.50 m、下游 6.00 m；设计引水流量 100 m^3/s，水位组合为上游 6.31 m、下游 6.41 m。该闸建筑物等级为 2 级，设计防洪标准为 100 年一遇。

（2）主要机电设备参数

北运西闸闸门采用弧形钢闸门。启闭形式为卷扬式，采用 QH-2×100kN 卷扬式启

北运西闸

闭机启闭。主变采用干式变压器，型号为 SC10-80/10；供电线路 2 路，一路来自国家 10 kV 电网，一路来自管理所备用电源 40GF 柴油发电机组供电。

（3）建筑物结构形式

北运西闸总长 126 m，共 3 孔，一块底板，每孔净宽 8.0 m，均可通航。底板、消力池、闸墩、工作便桥、排架、工作桥、上下游翼墙均为钢筋混凝土结构，护坡与护底均为灌砌块石结构。该闸闸顶高程 11.00 m，底板顶面高程 3.20 m，交通桥面高程 11.00 m，上游消力池底高程 2.70 m，下游消力池底高程 2.50 m，工作桥面高程 15.20 m，工作便桥桥面高程 11.00 m。工程开展的主要观测项目有垂直位移、河床变形、伸缩缝。

（4）工程建设、改造情况

北运西闸建成于 1965 年 7 月，2006 年底进行加固改造，2008 年 5 月通过验收。

2. 镇湖闸

镇湖闸

（1）工程位置及作用

镇湖闸位于淮安市淮安区漕运镇，上游为白马湖，下游为新河，其主要功能为排涝和引水。该闸拆除重建于 2005 年底，建成于 2006 年 8 月。镇湖闸工程设计效益为排除白马湖地区涝水、与北运西闸配套使用引江水北上抗旱。

设计排涝流量 150 m^3/s，水位组合为上游 6.50 m，下游 5.55 m；设计校核流量 250 m^3/s，水位组合为上游 8.50 m，下游 5.55 m；设计引水流量 100 m^3/s。

（2）主要机电设备参数

镇湖闸共 3 孔，每孔净宽 8.0 m，每孔净高 5.0 m。启闭形式为直升卷扬式，采用 QPQ−2×160kN 卷扬式启闭机启闭，闸门为直升式平面钢闸门。主变采用干式变压器，型号为 SC10−50/10 kVA；该闸总长 119 m，闸室总宽 28.8 m。供电线路 2 路，一路来自国家 10 kV 电网，一路来自管理所备用电源 30GF 柴油发电机组供电。

（3）建筑物结构形式

镇湖闸底板、消力池、闸墩、工作便桥、排架、工作桥、上下游翼墙均为钢筋混凝土结构，护坡与护底均为灌砌块石结构。该闸闸顶高程 9.00 m，底板面高程 0.00 m，胸墙底高程 5.00 m，交通桥面高程 8.50 m，下游消力池底高程 −0.50 m，工作桥面高程 16.50 m，工作便桥桥面高程 9.00 m。工程开展的主要观测项目有垂直位移、河床变形、伸缩缝。

（4）工程建设、改造情况

该闸建成于 1974 年 10 月，2005 年 12 月拆除重建，2007 年 5 月通过验收。

3. 阮桥闸

阮桥闸

（1）工程位置及作用

阮桥闸位于江苏省金湖县前锋镇白马湖与宝应湖交界处，上游为白马湖，下游为宝应湖。阮桥闸的主要作用是：排泄白马湖地区内涝；设有通航孔，平水时可通航。阮桥闸设计流量为 69.3 m^3/s。

（2）主要机电设备参数

阮桥闸拆除重建前闸门为钢结构平板直升门，两边孔采用 5 t 螺杆式启闭机，中孔采用 2×10 t 螺杆式启闭机。拆除重建后，闸门为升卧式平面钢闸门，配套一台套 QP-2×260kN 双吊点卷扬式启闭机。

（3）建筑物结构形式

阮桥闸拆除重建前共 3 孔，两边孔净宽 3.5 m，中孔净宽 5.0 m，可以通航；全闸总长 37.0 m，闸室总宽 15.2 m，边孔净高 4.0 m，中孔净高 5.8 m。闸顶高程 12.0 m，闸底板高程 4.0 m。钢筋混凝土平底板，采用消力池消能；胸墙、工作桥、交通桥为钢筋混凝土结构，闸墩上游段为钢筋混凝土，下游段为浆砌块石结构。闸上交通桥按汽 -8 级设计，净宽 4.0 m，桥面高程为 12.0 m；边孔工作桥净宽 2.0 m，桥面高程为 13.3 m；中孔工作桥净宽 2.2 m，桥面高程为 14.0 m。上下游翼墙均为重力式浆砌块石挡土墙；消力池为钢筋混凝土，护坦、护底为浆砌块石。

原规模拆除重建后，阮桥闸共 1 孔，闸孔净宽 12.0 m，可以通航。闸室底板为钢筋混凝土平底板，底板顶高程 3.1 m，顺水流长 11.0 m，垂直水流向宽 14.4 m。闸顶高程 8.5 m。消力池为钢筋混凝土结构，池长 14.0 m，深 0.5 m。工作桥为钢筋混凝土结构，工作桥宽 6.0 m，桥面高程为 14.65 m，上下游翼墙为扶壁式翼墙。护坦、护底为混凝土结构。

（4）工程建设、改造情况

阮桥闸工程建成于 1969 年 6 月，2021 年 11 月在原址上游 0.6 km 处原规模重建，老闸于 2022 年 8 月拆除。新闸于 2022 年 5 月通过通水验收，目前已完成现场全部建设内容。

4. 白马湖穿运洞

（1）工程位置及作用

白马湖穿运洞位于淮安市淮安区境内，上游为白马湖，下游为里下河，工程为小型地涵，设计流量 50 m^3/s。主要作用是在不影响里下河地区排涝的情况下，排新河以东、总渠以南、白马湖以北地区的雨涝。

（2）主要机电设备参数

白马湖穿运洞工作闸门为钢结构平面直升门，采用 10 t 单吊点螺杆式启闭机启闭。

（3）建筑物结构形式

白马湖穿运洞共 2 孔，单孔净高 3.3 m，洞孔净宽 3.0 m，洞身总长 355.35 m，总宽

白马湖穿运洞

7.40 m。进口洞底高程 (废黄河)1.0 m，进口洞顶高程 4.3 m；出口洞底高程 −1.0 m，出口洞顶高程 2.3 m；工作桥面高程 6.7 m。洞身、工作桥、消力池为钢筋混凝土结构，上下游翼墙为浆砌块石结构。工程主要开展的观测项目有垂直位移等。

（4）工程建设、改造情况

白马湖穿运洞建成于 1960 年，至今未除险加固。

5. 山阳地涵

山阳地涵

（1）工程位置及作用

山阳地涵位于淮安市漕运镇与扬州市宝应县交界处，上游为宝应境内，下游为淮安区境内，工程为小型地涵，设计流量 6 m^3/s。主要功能为排涝，排除白马湖与大运河间、北运西闸引河以南局部地区涝水，排涝面积 5 万亩。

（2）主要机电设备参数

山阳地涵闸门为平面铸铁闸门，采用 8 t 螺杆式启闭机启闭。

（3）建筑物结构形式

山阳地涵总长 122.40 m，总宽 2.40 m。单孔，净宽 1.8 m。闸底板、闸墩、工作便桥、工作桥、护坡均为钢筋混凝土结构。闸顶高程 6.65 m，底板面高程 4.00 m。工程主要开展的观测项目有垂直位移等。

（4）工程建设、改造情况

山阳地涵始建于 1964 年 12 月，1965 年 5 月建成。2006 年底开始拆除重建，2007 年 9 月建成。

4.8.2 管理单位简介

江苏省北运西闸管理所负责镇湖闸、北运西闸、阮桥闸、白马湖穿运洞、山阳地涵等 5 座工程管理，同时承担白马湖的行业管理任务，为江苏省灌溉总渠管理处直属正科级事业单位，下设工管股、财务股、水文股 3 个部门。

4.8.3 工程管理范围

1. 北运西闸

（1）划界确权情况

北运西闸确权面积 128 584.21 m^2，工程用地完成权籍信息化，现场设置界桩 19 个、管理范围告示牌 1 块、分界牌 15 块。

（2）安全警戒区划定情况

根据江苏省水利厅批复的省属水利工程安全警戒区划定实施方案，北运西闸安全警戒区范围为上下游距闸中心线分别 450 m、535.5 m；左侧至堤防外坡脚；上游右侧以淮安区及宝应县交界线为界，至堤脚外距河道中心线 105 ～ 213 m。警戒区内禁止渔业养殖、捕（钓）鱼、停泊船舶、建设水上设施等行为。

2. 镇湖闸

（1）划界确权情况

镇湖闸确权面积 25 072.15 m^2，工程用地完成权籍信息化，现场设置界桩 10 个、界牌 8 块、管理范围告示牌 1 块、分界牌 5 块。

（2）安全警戒区划定情况

根据江苏省水利厅批复的省属水利工程安全警戒区划定实施方案，镇湖闸安全警戒区范围为上下游距闸中心线 200 m，右侧距翼墙 50 m，上游至堤防道路外侧；左侧距翼墙 72 m，上游至鱼塘塘口。警戒区内禁止渔业养殖、捕（钓）鱼、停泊船舶、建设水上设施等行为。

3. 阮桥闸

（1）划界确权情况

阮桥闸确权面积 4 608.16 m^2，工程用地完成权籍信息化，现场设置界桩 3 个、界牌 1 块、管理范围告示牌 1 块、分界牌 3 块。

（2）安全警戒区划定情况

阮桥闸目前拆除重建中，暂未划定安全警戒区范围。

4. 白马湖穿运洞

（1）划界确权情况

白马湖穿运洞确权面积为 7 529.67 m^2，工程用地完成权籍信息化。管理范围为：上洞首从运河堤肩起向西 121 m，至渡槽，南侧宽从河口线向南 15 m，北侧至东段翼墙顶端向西 30 m，西段位于河中心线。下洞首从运河堤肩向东 132 m，南侧至目前刨板厂，北侧至小河沟和粮站（维持现状）。现场设置界桩 10 个、分界牌 6 块、告示牌 2 块。

（2）安全警戒区划定情况

根据江苏省水利厅批复的省属水利工程安全警戒区划定实施方案，白马湖穿运洞安全警戒区范围与管理范围重复。警戒区范围内禁止渔业养殖、捕（钓）鱼、停泊船舶、建设水上设施等行为。

5. 山阳地涵

（1）划界确权情况

山阳地涵确权面积为 11 791.68 m^2，工程用地完成权籍信息化。管理范围为：上游至距地涵中心线 97 m；下游至距地涵中心线 112 m；西侧至距地涵中心线 123 m；东侧至距地涵中心线 132.4 m，左右两侧墙向外各 20 m。现场设置界桩 17 个、分界牌 13 块、告示牌 1 块。

（2）安全警戒区划定情况

根据江苏省水利厅批复的省属水利工程安全警戒区划定实施方案，山阳地涵安全警戒区范围与管理范围重复。警戒区范围内禁止渔业养殖、捕（钓）鱼、停泊船舶、建设水上设施等行为。

4.8.4 工程效益

1. 北运西闸

（1）设计效益

北运西闸的设计效益共有 4 项，分别如下。

① 排除白马湖地区 78.3 万亩农田的雨涝积水。

② 在上下游水位差小于 20 cm 时，可以让船只通航。

③ 反向输水 100 m^3/s 用于淮安四站北调。

④ 反向引水补湖 30 m^3/s。

（2）实际效益

北运西闸工程的建成，极大地缓解了白马湖地区的防涝压力。建成以来，为排除白马湖地区 78.3 万亩农田的涝水作出了卓越贡献；同时，引大运河来水，为南水北调供水地区的工农业生产及人民生活用水提供了丰富的水源，还为湖区生态、航运和水产养殖提供了良好条件。

2. 镇湖闸

（1）设计效益

镇湖闸的设计效益共有 2 项，分别如下。

① 配合淮安抽水站排除白马湖地区涝水。

② 引江水 100 m^3/s，供淮安四站北调。

（2）实际效益

镇湖闸工程的建成，极大地减轻了新河的防洪压力。建成以来成功抗御了 2003 年大洪水，充分发挥了水利工程的效益。具备引大运河水北调抗旱的能力，同时，净化湖区生态。

3. 阮桥闸

（1）设计效益

阮桥闸为白马湖地区排涝通道之一，主要作用为排除白马湖涝水；设有通航孔，水位差小于 20 cm 时，可通航。

（2）实际效益

阮桥闸工程自建成以来，及时排泄白马湖地区涝水，工程效益明显；阮桥闸设有通航孔，实现了上游白马湖与下游宝应湖船只互通。

4. 白马湖穿运洞

（1）设计效益

白马湖穿运洞在不影响里下河地区排涝的情况下，排新河以东、总渠以南、白马湖以北地区的雨涝。

（2）实际效益

经多年应用，白马湖穿运洞达到设计效益。

5. 山阳地涵

（1）设计效益

山阳地涵排除白马湖与大运河间、北运西闸引河以南局部地区涝水，排涝面积5万亩。

（2）实际效益

山阳地涵建成以来，工程达到设计效益。

5 “古堰大闸、湖泊示范”水工程

“古堰大闸、湖泊示范”水工程分布图

淮河第一大闸——三河闸，位于洪泽湖东南角，是淮河下游入江水道的控制口门、淮河流域性骨干工程，建于原清代洪泽湖大堤滚水坝之一——礼坝的旧址处，坝下原有三条泄洪河道，“三河”即由此得名。

千年古堰——洪泽湖大堤，位于洪泽湖东岸，是淮河下游重要流域性防洪工程，始建于东汉建安五年（200），后经历代修建，特别是明清两代，逐步将土堤加做石工墙。从明万历八年（1580）到清乾隆四十七年（1782），经过202年才基本完成。

三河闸、洪泽湖大堤32.35 km（K34+900—K67+250），现隶属江苏省洪泽湖水利工程管理处，该处位于江苏省淮安市洪泽区，成立于1953年11月，承担着三河闸、洪泽湖大堤、三河船闸、蒋坝抽水站、石港抽水站等5座大中型工程的管理任务，并协助江苏省洪泽湖管理委员会办公室统筹协调洪泽湖管理、开发、利用、保护、治理等事务。

江苏省洪泽湖水利工程管理处是江苏省水利厅直属水利工程管理单位，为正处级全民事业单位，核定人员编制294人。处机关设办公室、人事科、党委办公室、工程管理科（安全生产监督科）、湖泊监管科、生态河湖科、水政科、财务审计科、纪律监督室、工会10个科室；下设管理单位8个，分别是省三河闸管理所、省洪泽湖堤防管理所、省蒋坝抽水站管理所、省三河船闸管理所、省石港抽水站管理所、水文站、维修养护中心、水情教育中心。该处科学整合经营资源，通过托管南水北调金湖站、三汊河河口闸、苏州工业园区金鸡湖及周边水环境综合治理项目（水利设施运行养护），开发洪泽湖大堤水土资源，开展多项水管单位达标创建技术服务、工程观测等业务，不断提升经营创收能力，内部经营管理稳定向好。

近年来，该处勇于创新、科学管理、真抓实干，不断加强防汛抗旱、创新创特、人才队伍建设等工作，为工程受益区社会经济发展提供了有力的水利基础保障和服务，荣誉硕果累累。在工程管理方面，三河闸管理所于2016年12月通过国家级水管单位复核验收；洪泽湖堤防管理所于2017年11月通过省二级水管单位考核验收；三河船闸管理所保持省一级水管单位；石港站抽水站管理所于2019年9月通过省二级水管单位考核验收；管理处于2017年12月通过安全生产标准化二级单位考核，成功创建档案五星级单位。在精神文明建设方面，该处获评“全国水利文明单位”“江苏省文明单位”，处属各管理所均获评市级文明单位、省级工人先锋号，管理处志愿服务项目获江苏志愿服务“优秀项目”，1名职工获评“江苏省文明职工”，1名职工获评“全国水利系统先进工作者”，1名职工获评“江苏省劳动模范”，1名职工获评“江苏省五一巾帼标兵”，全处职工精神风貌有了新转变。在水利风景区及水文化建设方面，三河闸水利风景区于2016年12月7日通过国家级复核，完成管理处水文化遗产调查，编撰《洪泽湖水文化遗产研究》书稿并出版；建成洪泽湖治水碑廊、三河闸陈列室等系列水文化景点；三河闸、洪泽湖大堤工程于2017年荣获江苏省“最美水地标”称号；三河闸、洪泽湖大堤工程于2019

年荣获水利部“水工程与水文化有机融合典型案列”称号；三河闸、洪泽湖大堤工程于2019年荣获江苏省“最美运河地标”称号。

5.1 三河闸

三河闸

中华人民共和国成立后，淮河治理得到党和政府的高度关注。1951年5月，毛泽东主席发出了“一定要把淮河修好”的伟大号召，周恩来总理多次亲自召开治淮工作会议，确定“蓄泄兼筹”的治淮方针。1952年10月1日，三河闸工程开工建设，来自全国各地6 000余名干部、技术人员和15.8万民工形成浩浩荡荡的建设大军，投入了三河闸工程的建设施工。在抢筑拦河草坝最关键的时刻，万余民工顶十级大风，在洪水中组成3排人墙，以血肉之躯抵挡湍急的水流，终使草坝顺利合龙。在三河闸建设过程中，广大建设者们不畏艰辛，团结拼搏，争先恐后，乐于奉献，留下了许多感人肺腑、可歌可泣的动人故事。建设者们用了不到10个月的时间，1953年7月26日，三河闸工程胜利建成并放水，创造了新中国水利建设史上的奇迹。从此，滔滔淮水安然下泄，改变了淮北大地数百年来“十年九涝”的灾难史。

5.1.1 工程简介

（1）工程位置及作用

三河闸工程位于江苏省淮安市洪泽区与盱眙县交界处，洪泽湖的东南角，为淮河入江水道的控制口门，是控制和调节洪泽湖下泄流量，确保淮河入江水道及里下河地区防洪安全的重要水工建筑物，发挥着控制洪水、蓄水灌溉、便利航运和发展水产等综合效益。三河闸防洪标准为300年一遇，设计洪水位16.00 m，校核洪水位17.00 m；设计流量12 000 m^3/s，校核流量13 000 m^3/s。

（2）主要机电设备参数

三河闸共63孔，每孔净宽10.00 m，总宽697.75 m，闸孔净高6.20 m，是大（1）型水闸。闸门为钢结构弧形门，每孔设有2×100kN卷扬式启闭机一台。三河闸工程变压器有250 kVA闸南干式变压器、315 kVA闸北干式变压器、160 kVA管理所箱式油浸变压器。目前三河闸共有3路供电线路，分别为：10 kV洪泽网电、10 kV盱眙网电及自备120 kW柴油发电机组。三河闸左右岸墙空箱内分别设有水轮发电机组1台，装机容量均为200 kW。

（3）建筑物结构形式

三河闸闸身为钢筋混凝土结构，底板高程7.50 m（以废黄河口基准面，下同），胸墙底高程13.70 m。闸底板上分设闸墩与门墩，闸墩顶部设有净宽为3.00 m的工作便桥（原工作桥），桥面高程17.30 m。1968年加固时在原工作桥上增设了新工作桥，桥面净宽3.70 m，高程20.45 m。门墩顶部设有净宽7.00 m、桥面高程17.00 m的汽-20级公路桥。2012年加固时拆除工作桥，新建“π”形梁工作桥，桥面净宽4.50 m，高程20.45 m。闸底板上游为钢筋混凝土及干砌块石护坦和防冲槽，顶高程均为7.50 m。闸底板下游设有倒滤水器，顶高程8.00 m，下接钢筋混凝土消力池，池底高程原设计6.00 m，1968年加高至6.20 m。消力池以下顺水流方向为浆砌条石、浆砌块石护坦及防冲槽，顶高程均为6.00 m。上、下游引河河床底高程分别为7.50 m和6.00 m。闸底板、消力池末端以及浆砌条石护坦上各设有消力坎1道。上游拦河坝顶高程为18.00 m，下游拦河坝顶高程由西向东为16.00～15.00 m。三河闸工程（含拦河坝）观测项目有垂直位移、引河河道断面、扬压力、建筑物伸缩缝。

（4）工程建设、改造情况

三河闸于1952年10月开工，1953年7月建成。为提高防洪标准，三河闸建成以来经历过四次加固改造。1968—1970年为提高防洪标准进行了加固，闸墩接长，增建新工作桥、检修门槽及浮箱式检修门，加厚消力池底板，加固闸门等。1976—1978年进行了抗震加固，对排架、门墩进行抗震加固，公路桥加横向夹板。1992—1994年进行除险加固，更新钢闸门、加厚消力池、加宽公路桥、处理工作桥裂缝等。2012—2015年更新改造启闭机系统及部分电气设备，拆建工作桥、启闭机房及桥头堡，排架绑宽，升级改造闸门自动控制系统和视频系统等。

5.1.2 管理单位简介

江苏省三河闸管理所成立于1996年，隶属于江苏省洪泽湖水利工程管理处，是差额拨款事业单位，正科级建制，主要负责三河闸、上下游连接段堤防等工程的运行管理工作。

在历代管理者的辛勤努力下，三河闸管理所单位面貌不断改善，工程管理水平不断提高，精神文明建设成果显著，先后获得“国家级水利工程管理单位”“国家级水利风景区”“全国模范职工小家”“省工人先锋号”“省防汛防旱先进集体”“全省水利系统文明单位”“省水利系统先进党支部”“江苏最美水地标”“最美运河地标”“水工程与水文化有机融合案例”等荣誉称号。

5.1.3 工程管理范围

（1）划界确权情况

1997—1998 年，江苏省洪泽湖水利工程管理处按照省厅统一部署，依据《中华人民共和国水法》《中华人民共和国土地管理法》《江苏省水利工程管理条例》等法律法规和相关文件规定，本着“尊重历史、面对现实、适当微调、妥善处理”的原则开展划界确权工作。该所于 1998 年 1 月完成了土地确权划界工作，领取了国有土地使用证。对确权边界进行了划定，埋设了界桩。

2017—2019 年，在江苏省河道局牵头组织下，通过公开招标，由江苏省工程勘测研究院有限责任公司具体实施，对三河闸工程开展了第二轮划界确权工作。按照《江苏省水利工程管理条例》第六条规定，重新划定工程管理范围。以三河闸为主体，左岸上游北至蒋坝涵洞（含蒋坝涵洞，K61+556），下游东至中渡水文站；右岸上游南至盱眙县张大庄 K67+250（不包括堆头涵洞），下游以三河闸公路桥纵轴线南端顺入江水道右堤至下游 670 m（不包含水轮泵站）。堤防按照背水侧坡脚外 50 m 进行划定，盱眙张庄封闭段按照征地红线进行划界。绘制 1∶2 000 地形图 11 幅，现场埋设界桩 123 个、界牌 15 个、告示牌 9 个；1 105 360.51 m^2 已确权水工程用地完成权籍信息化，成功换发《不动产权证书》。

（2）安全警戒区划定情况

2021 年江苏省水利厅以苏水办河〔2021〕1 号文批复了三河闸工程安全警戒区划定实施方案。三河闸警戒区范围如下：以三河闸为主体，三河闸上下游水面，范围同管理范围一致，上游北至快活岭边，南至上游 1 000 m 处（老裹头），下游北至入江水道堤防 670 m 处，南至下游拦河坝 670 m 处。蒋坝进湖闸按实际管理范围并入三河闸进行划定。

5.1.4 工程效益

（1）设计效益

三河闸的设计效益共有 3 项，分别如下。

① 控制洪泽湖泄洪流量，降低高宝湖水位，保证运河堤防安全，免除里下河地区 1 500 万亩土地受洪水灾害。

② 拦蓄洪泽湖湖水，配合其他工程，灌溉苏北地区 2 580 万亩农棉田。

③ 控制洪泽湖水位，贯通苏皖航运。

（2）实际效益

三河闸工程的建成，极大地减轻了淮河下游的防洪压力。建成以来，成功抗御了1954年、1991年、2003年、2007年、2020年等大洪水，充分发挥了大型骨干水利工程的效益，截至2021年底已经累计泄洪12 902.3亿 m^3，年平均泄洪约200亿 m^3，为保证里下河地区人民生命财产的安全作出了卓越贡献；同时，拦蓄淮河上、中游来水，为苏北地区的工农业生产及人民生活用水提供了丰富的水源，还为湖区生态、航运和水产养殖提供了良好条件。

5.2 洪泽湖大堤

洪泽湖大堤

洪泽湖大堤古称高家堰，始建于东汉建安五年（200），后逐步加高、培厚、延长。明永乐年间（1404—1424）土堤延伸至蒋坝镇。明万历八年（1580）至清乾隆十六年（1751），在堤前兴建了高8.00～9.00 m、长60余km的直立式条石墙，并先后修建了减水坝（高堰六坝）、滚水坝（山盱五坝），以宣泄黄淮合流后异涨非常之洪水。

由于受660多年的黄河夺淮影响，淮河尾闾堵塞，使洪泽湖湖底逐渐淤高，堤防也随之加高。明代开始实施的“蓄清刷黄济运”治水方略也加剧了湖底的淤积。湖底比里下河地区地面高出4.00～8.00 m，真有“堤堰有建瓴之势，城郡有釜底之形”。因此，洪泽湖是一个典型的“悬湖”。据历史记载，从1575年到1855年的280年间，洪泽湖大堤就溃决140余次（处），给里下河地区人民带来深重灾难。

新中国成立后，党和政府十分重视大堤安全，先后进行了五次大规模加固。淮河入海水道工程2003年建成通水后，洪泽湖大堤防洪能力基本达到百年一遇，成为名副其实的“水上长城”。洪泽湖大堤作为千年水利重点工程一直受到重点保护，大堤两侧树木葱茏，已然成为天然大氧吧。2014年6月，洪泽湖大堤作为大运河重要节点成功成为世界文化遗产。

5.2.1　工程简介

（1）工程位置及作用

洪泽湖大堤是淮河下游重要流域性防洪工程，位于洪泽湖东岸，北起淮阴区码头镇，南至盱眙县张大庄，全长67.25km，江苏省洪泽湖水利工程管理处管理其中的32.35km（K34+900—K67+250）。洪泽湖大堤拦蓄淮河上中游15.8万km^2的洪水，是苏北里下河地区人民生命财产安全的屏障，是国务院规定任何时候必须确保安全的全国重点堤防。洪泽湖大堤和沿堤建筑物三河闸、二河闸等工程构成了洪泽湖控制枢纽工程，发挥着防洪、灌溉、城市供水、水产、航运等综合效益。

（2）建筑物结构形式

洪泽湖大堤为1级堤防。其设计水位16.00 m，校核水位17.00 m，有效吹程30 km，正向风速十级（v=26.5 m/s），设计波高2.20 m，设计防浪林台及防浪林一起消能70%，堤顶高程19.50 m，堤身宽度约150 m，湖底平均高程10.50 m，防浪林台高程14.50 m。大堤土质以粉质黏土为主，占60%～70%，其次为重粉质壤土及黏土和粉质土层，高程10.00～10.50 m以上为人工填土。洪泽湖大堤工程观测项目主要有垂直位移、渗流及其他，其中渗流观测包括测压管水位（浸润线）观测和渗流量观测，其他观测包括裂缝观测、近岸河床冲淤观测和波浪观测。

（3）工程建设、改造情况

中华人民共和国成立后，洪泽湖大堤进行了五次较大规模的加固。第一次加固为1951年进行复堤加固，对大堤石工墙裂缝、错动、臌肚、倾斜等97处险工段进行修复。第二次加固为1966年至1969年增设防浪林台加固，利用淮河大旱，对大堤石工墙进行了拆除，增筑宽约50 m的防浪林台（平均高程14.50 m），迎湖面增筑坡度为1∶3的条石护坡，林台以上至高程18.50 m筑1∶2浆灌砌块石护坡。第三次加固为1976年至1978年，实施抗震加固工程，堤后加筑20 km高程11.00 m、14.00 m的二级戗台，建筑戗台时，结合取土在堤后开挖一条顺堤河。第四次加固为1991年淮河大水以后，对三河越闸预留段、菱角塘、三河闸上游拦河坝等重点险工段进行了加固。第五次加固为2012年至2016年，对洪泽湖大堤进行除险加固，主要建设内容为堤基堤身防渗处理、二级坡裂缝处理维修、增设测压管及自动监测系统等。

5.2.2 管理单位简介

江苏省洪泽湖堤防管理所成立于1966年3月，负责洪泽湖大堤（省管段）工程管理，为江苏省洪泽湖水利工程管理处直属正科级事业单位。

多年来，江苏省洪泽湖堤防管理所先后获得"江苏省水利系统文明单位""全省水利系统工程管理先进单位""江苏省工人先锋号""江苏省水利厅先进党支部""淮安市文明单位""江苏最美水地标"等荣誉称号。

5.2.3 工程管理范围

江苏省洪泽湖堤防管理所管理的洪泽湖大堤北起高良涧船坞（里程桩号K34+900），南至蒋坝船坞（里程桩号K60+646），堤长25.746 km。迎水面至坡脚外10 m，背水面有顺堤河的以顺堤河东岸为界，无顺堤河的以坡脚外50 m为界。

1995—1999年，管理处按照省厅统一部署，依据《中华人民共和国水法》《中华人民共和国土地管理法》《江苏省水利工程管理条例》等法律法规和相关文件规定，本着"尊重历史、面对现实、适当微调、妥善处理"的原则开展划界确权工作。顺利完成省管洪泽湖大堤划界确权工作，工程管理范围用地均领取了国有土地使用权权属证明书。确权土地使用总面积为11 062.48亩。

2016—2019年，在江苏省河道局牵头组织下，通过公开招标，由江苏省工程勘测研究院有限责任公司具体实施，对省管洪泽湖大堤工程开展了第二轮划界确权工作。按照《江苏省水利工程管理条例》第六条规定，重新划定工程管理范围。完成管理范围边界测绘53 663 m，绘制1∶2000地形图32幅；现场埋设界桩331个、界牌13个、告示牌33个、分界牌13个、控制点33个；7 990 568.60 m^2 已确权水工程用地完成权籍信息化，成功换发《不动产权证书》。

5.2.4 工程效益

洪泽湖大堤建成加固以来，成功抗御了1954年、1991年、2003年、2007年、2020年等多次大洪水，充分发挥了大型骨干水利工程的效益，为保证里下河地区人民生命财产的安全作出了卓越贡献；同时也为苏北地区的工农业生产及人民生活用水提供了丰富的水源，还为湖区生态、航运和水产养殖提供了良好条件。

5.3 三河船闸

三河船闸位于江苏省淮安市洪泽区蒋坝镇，是洪泽湖大堤的穿堤建筑物。上游经引航道入洪泽湖，下游出路有二条，一是从淮河入江水道经石港船闸、金宝航道和南运西船闸连通大运河，二是从入江水道三河段经金湖控制西偏泓漫水套闸入高邮湖。

三河船闸

5.3.1 工程简介

（1）工程位置及作用

三河船闸位于江苏省淮安市洪泽区蒋坝镇，是淮河入江水道全面规划综合利用的工程之一，是“引江济淮”第三级泵站——蒋坝站的入湖输水通道，是洪泽湖大堤的穿堤建筑物，具有重要的防洪地位。

（2）主要机电设备参数

三河船闸闸门为人字形钢闸门，采用 QT-60kN 型电动推杆式启闭机；输水阀门为平面钢阀门，采用 QL-100kN-SD 单吊点螺杆式启闭机。上闸首安装有两台电动葫芦，型号为 XLD1，额定容量 2.5 t。三河船闸配有一台油浸式变压器，型号为 S11-M-160/10。三河船闸正常由市网供电（10 kV），即通过高压供电线路送电到变压器（10 kV → 0.4 kV），再通过低压供电电缆接入 0.4 kV 双电源进线柜，供电至 0.4 kV 配电柜；如遇市网供电线路停电，则切换至柴油发电机运行供电。

（3）建筑物结构形式

三河船闸上闸首及上游翼墙为 1 级水工建筑物，闸室、下闸首及下游翼墙为 2 级水工建筑物。闸门净宽 10 m，闸室最大净宽 16 m，闸室有效长度 100 m，上游门槛高程 9.0 m，下游门槛高程 4.8 m；设计水位上游 13.5 m，下游 7.3 m，闸室内最小坎上水深 2.5 m。三河船闸工程主要观测项目有垂直位移、河道断面、伸缩缝。

（4）工程建设、改造情况

三河船闸开工建设于 1969 年，建成于 1970 年 3 月。三河船闸建成后分别于 1973 年、1995 年和 2007 年进行了三次加固，1984 年和 1990 年进行了两次大修。2007 年主要加固内容包括：闸室拆除扩建为 100 m×16 m，闸室底板高程降低 0.2 m，上下闸首加固维修，上下游翼墙勾缝处理，上下游护坦护坡整修，新建下游 8 个靠船墩，下游右岸接长 180 m 浆砌块石护坡，更换上下闸首工作闸门、输水阀门、启闭机和电气设备等。

5.3.2 管理单位简介

江苏省三河船闸管理所成立于 1970 年，负责三河船闸工程管理，为省洪泽湖水利工程管理处直属正科级差额拨款事业单位。

多年来，三河船闸管理所先后获得“江苏省一级水利工程管理单位”“江苏省水利安全标准化二级单位”“江苏省工人先锋号”“淮安市文明单位”“江苏省价格诚信单位”等荣誉称号。

5.3.3 工程管理范围

（1）划界确权情况

按照实际管理范围结合划界标准进行划定，上下游河道、堤防各 200 m，左右侧各 50 m，实际管理范围大于划界标准范围。防汛公路段堤脚不明显，以堤肩（路边线）外 70 m 进行划定，防汛公路及迎水面护坡自三河船闸至蒋坝老涵洞段，并入三河船闸工程统一编号进行划定。三河船闸管理范围均已取得《国有土地使用证》。现场埋设界桩 19 个、墙牌 5 个、移位桩 3 个、分界牌 6 个。

（2）安全警戒区划定情况

三河船闸工程目前尚未划定安全警戒区。

5.3.4 工程效益

（1）设计效益

三河船闸的设计效益共有 3 项，分别如下。

①“引江济淮”第三级泵站——蒋坝站的入湖输水通道。

② 拦蓄洪泽湖湖水。

③贯通苏皖航运。

（2）实际效益

2009—2021 年，船舶通过量为 7 700 万 t，为里下河地区的防洪保安和经济繁荣作出了重大的贡献。

5.4 蒋坝抽水站

蒋坝抽水站位于江苏省淮安市洪泽区蒋坝镇境内，蒋坝引江闸工程是其配套建筑物。

蒋坝抽水站

5.4.1 工程简介

（1）工程位置及作用

蒋坝站位于洪泽区蒋坝镇彭城村，1974 年 6 月动土兴建，1975 年投入运行，1978 年底全部建成。蒋坝站为淮河下游第三级泵站，承担引江济淮功能，建成至今，共向洪泽湖补水约 13 亿 m^3，为苏北地区工农业发展及航运用水发挥了巨大作用。目前，该站仅保留第 2 栋机房 25 台套电动机组，主要承担洪泽区蒋坝镇彭城村周边地区排涝任务。

（2）主要机电设备参数

蒋坝站安装 20HB-40 型卧式蜗壳混流泵 260 台，配备 J02-91-4 型 55 kW 电动机 260 台，装机总容量 14 300 kW。目前大部分已拆除，现存设备为淘汰产品。蒋坝站由蒋坝变电所提供 10 kV 电源,经 20 台 SJL-1 000-10/0.4kVA 变压器变压向各栋机房送电。目前 1 台变压器更换为 S11- M- 1000/10 型，18 台变压器已拆除，1 台变压器吸收比不符合要求；铁壳开关存在安全隐患。蒋坝站现有三台真空泵，目前运行良好。

（3）建筑物结构形式

蒋坝站站房采用堤后式分基型结构，全部机组分布在 8 幢机房内，站身总长 728 m。站房为普通砖瓦结构砌筑,260 台套电动机组分布其中,目前仅保留 2 号机房内 25 台套机组。

蒋坝引江闸是蒋坝站的配套工程，入江水道穿堤建筑物，1981 年 10 月建成，设计流量 150 m^3/s。蒋坝引江闸共 5 孔，每孔净宽 6.0 m，高 3.5 m，闸顶高程 9.0 m，闸底板高程 5.0 m。每孔设螺杆式 2×10 t 启闭机一台，闸门为钢丝网水泥门。该闸设计流量

150 m^3/s，上游设计水位 13.56 m，下游设计水位 8.00 m，上游校核水位 14.24 m，下游校核水位 8.50 m。

蒋坝站进水管道均为铸铁管道，进水侧管道末端中心高程为 6.6 m，出水侧管道末端中心高程为 14.5 m。进水池总长 880 m，进水口宽 100 m，中段宽 50 m，尾段宽 35 m，池底高程 5.00 m。出水池堤防顶高程 15.50 m，入三河船闸下游引航道。出水池为开敞式，共设有 20 个喇叭形出水口，出水口两侧设浆砌块石护坡，底面设消力坎一道。出水河道为三河船闸下游引航道，堤顶高程 15.5 m。上下游翼墙均为浆砌块石构造，上游翼墙四节，顶高程为 14.5 m；下游翼墙三节，顶高程为 9 m。翼墙平面采用直线接圆弧布置形式。

（4）工程建设、改造情况

蒋坝站因 1973 年苏北地区抗旱急需而建，1974 年 6 月开始动工，1975 年起拆除原芦苇棚临时机房，改为砖瓦结构机房，至 1978 年底 5 160 m^2 机房续建竣工。1979 年 3 月兴建该站配套工程蒋坝进湖闸，1979 年 7 月竣工。工程建成后因河道未通，因此进湖闸从未使用过，没有发挥效益。1986 年 11 月从一抗调拨 12 台 495G 型柴油机和 12 台 14HB−40 水泵。拆除第 4 幢机房 14 台套电动机泵，改安装 12 台套柴油机泵。1994 年 6 月抽调 20 台套电动机泵到高淳县抗旱，7 月拆回；1996 年底，抽调 1 台柴油机泵到响水县扶贫；1999 年 8 月抽调 57 台套电动机泵到原淮阴越闸抽水站抗旱，2013 年拆回。2001 年 5 月淮安市水利局向蒋坝站租借 100 台套电动机泵建设入海水道，2003 年 1 月经省水利厅同意划拨给淮安市水利局使用。2003 年 7 月，接省防指通知，将 28 台电动机供给淮安市水利局使用。2016 年 2 月，蒋坝站被鉴定为四类工程。目前该站仅保留第 2 栋机房 25 台套电动机组，主要承担附近区域排涝工作。

5.4.2 管理单位简介

江苏省蒋坝抽水站管理所成立于 1975 年，隶属于江苏省洪泽湖水利工程管理处，为差额补贴事业单位，现与江苏省三河船闸管理所合署办公。

5.4.3 工程管理范围

（1）划界确权情况

按照实际管理范围结合划界标准进行划定，划定蒋坝抽水站工程管理范围：北至入江水道中心线，东至入江水道迎水坡脚外 10 m 湖面，南至站区围墙外侧，西以站区背水侧堤脚为界。现场埋设界桩 11 个、墙牌 26 个、移位桩 3 个、分界牌 6 个。

（2）安全警戒区划定情况

根据《省水利厅办公室关于骆运水利工程管理处等厅属管理处水利工程安全警戒区

划定范围的批复》(苏水办河〔2021〕1号),2021年1月完成了蒋坝抽水站工程安全警戒区划定。蒋坝抽水站安全警戒区范围:北至入江水道中心线,东至蒋坝引江闸翼墙外侧,南至站区围墙外侧,西至站区围墙外侧,由南至西以围墙为界,其中扣除泵站站身部分。引江闸工程上下游警戒区范围与管理范围一致。

5.4.4 工程效益

(1)设计效益

蒋坝站作为引江济淮第三级泵站,承担引江水补给洪泽湖的任务。

(2)实际效益

蒋坝站建成运行至今,共抽排水约15亿 m^3,为苏北地区工农业发展及航运用水发挥了巨大作用。

5.5 石港抽水站

石港抽水站

5.5.1 工程简介

(1)工程位置及作用

石港抽水站位于淮安市金湖县金北镇刘庄村,淮河入江水道左岸,是淮河下游引江济淮第二级梯站,与第三梯级站蒋坝站联合运行,干旱时向入江水道和洪泽湖翻水;遇涝时承担白马湖、宝应湖等地区的排涝任务,排涝面积约1 001 km^2,受益农田达30万亩。该站是宝应、金湖、洪泽、淮安四县(区)安全度汛的重要水利设施。圩堤上建有两座配套建筑物:石港引江洞和退水洞。

（2）主要机电设备参数

石港泵站安装 4 台套叶轮直径 2.60 m 的立式液压全调节轴流泵，设计净扬程 5.00 m，最大净扬程 5.83 m，单机设计流量 22.5 m^3/s，配套电机功率 1 800 kW，总装机 7 200 kW。站变为干式变压器，型号为 SCB10–315/10，变比为 10±2×2.5%/0.4 kV，阻抗电压百分值为 4.0，空载损耗 3 470 W，共计 2 台。供电电源由金湖县 110 kV 石港变电所 10 kV 出线间隔引接，架设 2 回 10 kV 专用输电线路向泵站供电，每回线路按 100% 容量设计，总负荷约 8 920 kVA。

石港引江洞为石港抽水站的配套工程，位于淮河入江水道三河段左堤，设计流量 150 m^3/s，共计 3 孔，单孔净宽和净高均为 5.00 m，采用平面钢闸门，安装 QP2×125kN 卷扬式启闭机 3 台套，配 YZ16 m^2–6 型异步电动机 3 台套。石港退水洞为洞口 2 m×2 m 的涵洞，配螺杆启闭机、铸铁闸门 1 台套。

（3）建筑物结构形式

石港泵站采用堤身式块基型结构，肘形进水流道，虹吸式出水流道，真空破坏阀断流。站身上、下游顶高程分别为 13.50 m、9.50 m，站身内部自上而下为电机层（14.10 m）、联轴层（10.25 m）、检修层（5.25 m）、水泵层（2.40 m）和进水流道层，底板底高程 0.635 ～ −3.15 m。站身设一块底板，顺水流方向长 33.00 m，垂直水流方向长 30.00 m，站身自下游往上游分别布置站下交通桥、主厂房、副厂房和站上交通桥。清污机桥布置在站下引河内，距泵站 85 m，采用墩墙承台、板式桥面结构，桥面顶高程 8.50 m，全桥共 14 跨，全长 69.80 m。主要工程观测项目有垂直位移、扬压力、伸缩缝、河道断面、水位、流量等。

（4）工程建设、改造情况

石港抽水站老站建成于 1974 年，设计流量 120 m^3/s，装机 240 台套，总容量 1.32 万 kW。2009 年 4 月，石港抽水站安全鉴定为四类泵站，2011 年石港泵站更新改造工程经国家发改委和水利部批准列入淮河入江水道整治工程。2013 年 11 月，石港泵站更新改造工程正式开工，2015 年 6 月主体工程通过水下工程阶段验收，7 月完成机组试运行工作，2016 年 6 月完成机组启动验收。2017 年 8 月 30 日完成合同工程完工验收，2018 年 12 月通过竣工验收。新石港抽水站设计流量为 90 m^3/s，工程规模为大（2）型，工程等别为Ⅱ等。设计排涝水位站上 11.07 m，站下 6.07 m。抽水站建筑物设计防洪标准 50 年一遇，校核防洪标准 200 年一遇。

5.5.2 管理单位简介

江苏省石港抽水站管理所成立于 1974 年，负责石港抽水站工程管理，为江苏省洪泽湖水利工程管理处直属正科级事业单位。

多年来，石港抽水站管理所先后获得并保持了“省水利厅先进基层党支部”“淮安市文明单位”“江苏省青年文明号”“江苏省工人先锋号”“省级水利工程管理单位”“省级水利风景区”“江苏省水利优质工程奖”“中国水利工程优质（大禹）奖”等荣誉称号。

5.5.3 工程管理范围

（1）划界确权情况

石港抽水站管理用地包括泵站管理区与宿舍楼管理区用地（金宝航道南，入江水道堤防北，金湖防汛物资仓库西），其中泵站管理区确权土地面积 234 903.74 m^2，石港抽水站宿舍确权土地面积 6 649.18 m^2。泵站管理区水域面积包括上游出水池、下游进水池及洪金排涝河等水域，水域面积约 128 093 m^2。

泵站管理区西、北、东以洪金排涝河对岸（含水面）为界，南侧东段以金宝航道北河口为界，南侧西段以入江水道北坡脚常年水位线高程 11.00 m 为界，引江洞工程上下游河道、堤防各 200 m，左右侧各 50 m。上游左岸线堤防（入江水道堤防侧）总长度约 630 m，右岸线堤防总长度约 860 m；下游左岸线堤防总长度约 644.31 m，右岸线堤防总长度约 285.54 m，现场埋设界桩 67 个（包括宿舍楼管理区 5 个）、界牌 4 个、告示牌 2 个、控制点 4 个。已确权水工程用地完成权籍信息化，成功换发《不动产权证书》。

（2）安全警戒区划定情况

2021 年省水利厅以苏水办河〔2021〕1 号文批复了省洪泽湖水利工程管理处安全警戒区划定实施方案。石港抽水站警戒区范围如下：泵站管理区西、北、东以洪金排涝河对岸（含水面）为界，南侧东段以金宝航道北河口为界，南侧西段以入江水道北坡脚常年水位线高程 11.00 m 为界，引江洞工程上下游河道、堤防各 200 m，左右侧各 50 m。引江洞工程上下游警戒区范围与管理范围一致。

5.5.4 工程效益

（1）设计效益

石港抽水站是淮河下游引江济淮第二级梯站，担负着排涝、抗旱双重任务。干旱时向洪泽湖补水，输水线路是从江都抽水站抽引江水入大运河后，开启南运西闸入金宝航道，然后经石港抽水站抽水到入江水道，再由蒋坝抽水站经三河船闸引航道送至洪泽湖；遇涝时承担白马湖、宝应湖等地区的排涝任务，排涝面积约 1 001 km^2。该站是宝应、金湖、洪泽、淮安等 4 县区安全度汛的重要水利设施。

（2）实际效益

新建的石港抽水站自 2016 年投入运行以来，截至 2021 年 12 月 31 日，机组累计运行 215 天，10 348 台时，抽水量 8.41 亿 m^3。

5.6 南水北调金湖站

南水北调金湖站

5.6.1 工程简介

（1）工程位置及作用

金湖站工程为南水北调东线一期工程第二个梯级站，位于江苏省金湖县银涂镇境内。设计调水流量 150 m^3/s，工程规模为大（2）型，建筑物设计防洪标准 100 年一遇，校核防洪标准 300 年一遇。

（2）主要机电设备参数

金湖站工程安装 3350ZGQ37.5-2.45 型后置灯泡全调节贯流泵 5 台套（含备机 1 台套），单机设计流量 37.5 m^3/s，设计调水扬程 2.45 m，配套 TGBKS2200-52/3000 型同步电动机，功率 2 200 kW，总装机容量 11 000 kW。泵站采用快速工作闸门断流，在快速闸门外侧设事故闸门 1 道，配备 QPKY-D-2×250kN-5.8 m 型倒挂式液压启闭机。金湖站由上级 220 kV 双龙变电所架设一回专用 110 kV 输电线路供电，输电距离约 16.2 km，配备 S11-16000/110 型主变一台，额定容量 16 000 kVA，非运行期的生活、照明与检修用电，从 10 kV 淮建 192 线接入。

金湖站变电所位于泵站北侧副厂房，包括一台 GIS 组合开关和一台容量为 16 000 kVA 双线圈油浸式主变压器，采用高压计量方式；主变高压侧采用线路至变压器组的接线方式，主变低压侧采用单母线不分段的接线方式，分别设有进线开关柜、PT 开关柜、站变开关柜与主机开关柜。站用变采用一台容量为 800 kVA 的干式变压器，接于主变 10 kV 侧母线上。所用变采用一台容量为 800 kVA 的干式变压器。金湖抽水站 10 kV 系统由 10 kV 进线开关、10 kVPT 柜、1#—5# 主机开关柜、站变进线开关、所变进线开关柜及一台站变、一台所变组成；400V 系统由进线柜、动力柜、电容补偿柜组成。

（3）建筑物结构形式

金湖站工程站身上游顶高程 14.00 m,，下游顶高程 9.50 m，站底板面高程 −3.50 ~ −1.00 m。上游工作桥桥面高程 13.80 m，下游工作桥桥面高程 9.50 m。上游公路桥汽车载荷等级为公路 -Ⅱ级，总长 151.00 m，总宽 12.00 m。下游清污机桥 10 孔，每孔净宽 4.24 m，安装回转式清污机 10 台套，固定式拦污栅 8 扇，皮带输送机 1 道。金湖站观测项目有垂直位移、扬压力、水平位移、伸缩缝、河道断面、水位、流量等。

（4）工程建设、改造情况

金湖站工程于 2010 年 7 月开工建设，2012 年 12 月通过机组试运行验收，2013 年 4 月通过工程通水验收，2016 年 6 月通过设计单元完工验收，总投资 3.78 亿元。

5.6.2　管理单位简介

自 2013 年起，江苏水源公司与江苏省洪泽湖水利工程管理处签订委托管理合同，并成立现场管理机构“江苏省南水北调金湖站工程管理项目部”，具体负责金湖站工程的运行维护、检查观测、防汛值班等日常管理工作，扬州分公司作为江苏水源公司现场监管机构负责金湖站运行管理的督促、检查与考核。

金湖站项目 2013—2020 年连续 8 年被南水北调东线江苏水源公司评为“考核优秀管理单位”，2020 年通过省一级水管单位考核，并获得“金湖县文明单位”等荣誉称号，金湖站工程 2018 年被评为“中国水利优质工程（大禹）奖”。

5.6.3　工程管理范围

金湖站工程 2005 年完成建设用地预审程序，2013 年取得建设用地批准书和建设用地划拨决定书，同时取得国有土地使用权权属证明书，使用权总面积为 232 021 m^2，土地使用证领取率 100%。

2015 年，江苏水源公司依据《江苏省水利工程管理条例》，委托江苏省工程勘测研究院有限责任公司，根据最终征地红线图和电子版图，实地采用 GPS 放样并埋设永久性界桩 19 根，埋设界牌 3 块，界定了工程管理范围和保护范围。

金湖站工程管理范围东与金宝航道东西段平顺衔接，西临淮河入江水道三河段，南临银集高沈河村排涝河，北临宝应湖农场养殖区；工程保护范围为工程管理范围红线向外延伸 50 m。

5.6.4 工程效益

（1）设计效益

金湖站主要任务是通过与下级洪泽站联合运行，由金宝航道、入江水道三河段向洪泽湖调水 150 m^3/s，为洪泽湖周边及以北地区供水，并结合宝应湖地区排涝。

（2）实际效益

自2012年金湖站投入运行以来，截至2021年12月31日，累计安全运行26 637台时，累计调水 35.92 亿 m^3，发挥了南水北调工程作为基础战略性工程的重大作用。

6 “源头明珠、入江水道”水工程

“源头明珠、入江水道”水工程分布图

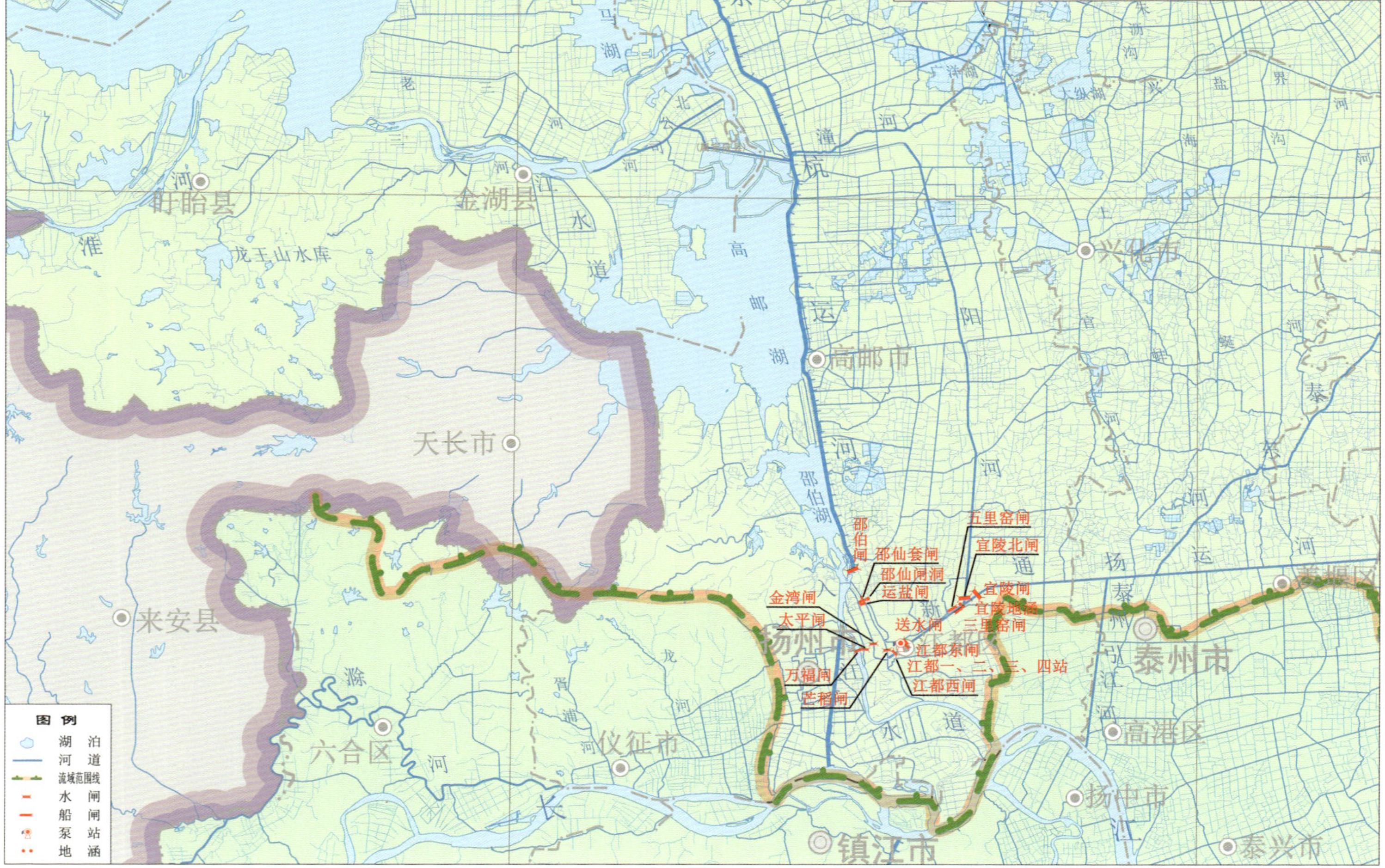

新中国成立不久，在毛泽东主席“一定要把淮河修好”的号召下，党中央、国务院作出了新中国第一次大规模治理淮河的重要部署，江苏迅速掀起了治淮高潮，兴建了一大批治淮防洪骨干工程，万福闸、太平闸、金湾闸等淮河入江水道归江控制工程相继建成。同时，为有效解决苏北地区的缺水问题，20 世纪 50 年代，江苏制定了“扎根长江，江水北调，引江济淮”的江水北调规划，1961 年开工建设江都一站，至 1977 年 4 座泵站全部建成，同期建设了江都东闸、江都西闸、芒稻闸、送水闸、宜陵闸、宜陵北闸、邵仙闸洞、运盐闸等水闸工程，以及输变电等配套工程，江都水利枢纽由此形成。

江都水利枢纽南濒长江、北连淮河，地处江苏省扬州市境内京杭大运河、新通扬运河和淮河入江水道交汇处，目前主要由 4 座大型电力抽水站、11 座大中型水闸、5 座小型水闸以及输变电等配套工程组成。该枢纽既是整个淮河治理工程体系的重要组成部分，又是江水北调工程体系的源头工程。工程贯穿江淮两大流域，连接里下河水系，承担防洪减灾、水资源供给两大任务，具有抽江北送、自流引江、抽排涝水、分泄洪水、余水发电、保障航运、改善生态环境等七大主要功能，农业种植受益面积 290 多万 hm^2，排涝受益范围 11 000 km^2，防洪受益范围 63 000 km^2。具体为：①抽江北送。长江水经 4 座抽水站提升后，沿京杭大运河一路北上至淮安，满足沿线江都、高邮、宝应、淮安等地的用水需要。再通过京杭大运河沿线淮安、泗阳、皂河等 9 级泵站逐级调水，把江水北送徐州，东送连云港，沿途串联洪泽湖、骆马湖、微山湖，沟通长江、淮河、沂沭泗水系，实现跨流域调度、远距离输水。国家南水北调东线工程，是在江苏江水北调基础上的扩大规模和向北延伸，以江都水利枢纽为源头，通过 13 级梯级泵站和穿黄隧道，将长江之水输送到山东、河北、天津等地。②自流引江。打开江都西闸、江都东闸，利用新通扬运河，可把江水自流引入江苏内陆里下河和东部沿海地区，为沿线地区提供生

江都水利枢纽

产、生活用水，同时为沿海改良盐碱地、开发滩涂提供淡水资源。③抽排涝水。苏北里下河地区每逢夏秋雨季极易发生内涝，江都抽水站建成后，当里下河发生内涝时，打开江都东闸，关闭江都西闸，开启 4 座抽水站，将内涝水沿新通扬运河抽出，再经芒稻河直接排入长江。④分泄洪水。淮河洪水经洪泽湖调蓄后，由三河闸下泄到淮河入江水道，再通过万福闸、太平闸、金湾闸等大型水闸安全泄入长江。⑤余水发电。江都三站安装有 10 台可逆式机组，正转时抽水，反转时发电，淮河丰水年份有余水下泄，水头 4.00 m 时，可发电 3 000 kW。⑥保障航运。通过调水和调控，为水运大动脉——京杭大运河苏北段提供充足水源，保持黄金水道常年通航。⑦改善生态环境。通过江都水利枢纽工程抽江北送和自流东引等工程措施，可优化水资源配置，为受益地区生态修复、水生动植物和微生物繁衍提供良好生态环境。该枢纽至 2021 年 12 月底，累计抽江水北送 1 532 亿 m^3，向里下河地区引水 1 433 亿 m^3，排泄淮河洪水 10 325 亿 m^3，抽排里下河涝水 404 亿 m^3，余水发电 10 346 万 kW・h，为促进苏北地区经济社会发展发挥了重要的水利支撑保障作用。

江苏省江都水利工程管理处（以下简称江都管理处）为江苏省水利厅直属差额拨款事业单位，社会公益一类，主要职责是为江都水利工程正常运行提供管理保障，并承担江都管理处所属工程的运行管理，国情、水情教育，江都水利枢纽国家水情教育基地、国家水利风景区管理和利用，高邮湖、邵伯湖保护、开发、利用、管理，工程技术服务等职能。根据《省水利厅关于同意江苏省江都水利工程管理处内设机构调整的批复》（苏水人〔2019〕39 号），核定江都管理处机关科室 11 个，具体为：办公室、人事科、党办、工程管理科（安全生产监督科）、河湖管理科、财务科、审计科、项目管理科、水政保卫科、纪律监督室、工会；下属单位 16 个，具体为：第一抽水站管理所、第二抽水站管理所、第三抽水站管理所、第四抽水站管理所、变电所、电力试验中心、水文站、万福闸管理所、江都闸管理所、邵仙闸管理所、宜陵闸管理所、维修养护中心、水利职业技能培训鉴定站、水利科学研究所、接待中心、省水利系统技师工作室。2020 年，为更好践行习近平总书记嘱托，开展好国情水情教育，省水利厅同意成立水情教育中心；次年，省编办同意增挂江苏省南水北调水情教育中心牌子。根据省编制委员会苏编〔1986〕228 号批复，核定江都管理处编制人数为 565 人，目前实际在编人数为 482 人，其中研究员级高级工程师 6 人，高级工程师 82 人，工程师 67 人，高级技师 11 人，技师 36 人。

江都管理处自建处以来共荣获省部级以上荣誉 80 余次，在工程管理方面，荣获国家优质工程金质奖（1982 年），全国先进灌区、排灌泵站（1990 年），部一级管理单位（1991）年，江苏省 1991 年抗洪救灾先进集体（1991 年），全国水利系统安全生产先进集体（1995 年），全国水利工程管理体制改革工作先进集体（2010 年），百年百项杰出土木工程（2012 年）、国家级水利工程管理单位（2015 年）、水利安全生产标准化一级单位（2016 年）、中国质量奖提名奖（2021 年）、中国水利工程优质（大禹）奖（2019—2020 年）；在精神文明建设方面，先后获评江苏省文明单位（1997—2009 年，2016 年，2019 年）、全国文明单位（2005 年，2009 年，2011 年，2015 年，2017 年，2020 年）、全国水利系统先进集体（2005 年）、江苏省五一劳动奖状（2007 年，2015 年）、全国五一劳动奖状（2008 年）、江苏省工人先锋号（2008 年）、江苏省先进基层党组织（2011 年）、全国先进基层党组织（2011 年）、全国青年文明号（2021 年）；在水文化及水利风景区建设方面，获评国家水利风景区（2001 年，2016 年）、江苏最美水地标（2017 年）、江苏最美运河地标（2019 年）、国家水情教育基地（2019 年）、全国爱国主义教育示范基地（2021 年）。

6.1 江都抽水站（江都一站、江都二站、江都三站、江都四站、江都站变电所）

江都水利枢纽中的调水工程是以 4 座大型电力抽水站为主体，以京杭运河、新通扬运河和三阳河为输水干线，既能抽引江水北送苏北地区，又可自流引江水补给里下河地区，并兼有抽排里下河地区涝水的功能。在南水北调东线工程相继建成后，可抽江水北送至山东、河北、天津等部分缺水地区，缓解水资源短缺的矛盾。

6.1.1 工程简介

1. 江都一站

江都一站

（1）工程位置及作用

江都一站位于江苏省扬州市江都区仙女镇，地处京杭大运河、新通扬运河和淮河入江尾闾芒稻河的交汇处。江都一站与江都其他三座抽水站及相关配套工程一起组成江都水利枢纽工程，是江苏省江水北调的第一级抽水工程，也是我国南水北调东线源头抽水工程，为大型泵站。其主要作用：①抽引江水北送，实现江水北调；②抽排里下河涝水；③抽引江水补充里运河航运水位。

（2）主要机电设备参数

江都一站现装有 8 台 1.75ZLQ-6 型立式机械全调节轴流泵，叶轮直径 1.64 m，配套 TL1000-24/2150 型 1 000 kW 立式同步电机，总装机容量 8 000 kW，单机流量 10.2 m^3/s，总抽水流量 81.6 m^3/s，设计扬程 6.00 m。

江都一站由江都站变电所直接供电，采用四拼 YJV_{22}-10-3×240 高压电缆输电。在运行期间站用 400V 电源采用两台站用变压器（SCB10-400/6 干式变）供电，在非运行期或运行期间 6 kV 电源失电后，站用电自动切换为变电所 400V 备用电源。直流 220V 电源由站直流装置提供。

（3）建筑物结构形式

江都一站采用堤身式结构，肘形进水流道，虹吸式出水流道，真空破坏阀断流方式，主要建筑物级别为 2 级，底板高程为 -5.50 m（废黄河口基准面，下同），叶轮中心高程为 -2.05 m，水泵层高程为 -1.80 m，电机层高程为 6.44 m，驼峰底高程为 9.00 m。主要工程观测项目有垂直位移、河道断面、扬压力、伸缩缝等。

（4）工程建设、改造情况

江都一站于 1961 年 12 月开工，1963 年 3 月竣工，工程造价 874.1 万元；于 1994 年 11 月至 1996 年 12 月进行更新改造，改造经费 1 603.44 万元，由 PVP-160（64ZLB-50）型立式半调节轴流泵改造成 1.75ZLQ-6 型立式机械全调节轴流泵，TDL800-24/2150 型立式同步电机改造成 TL1000-24/2150 型立式同步电机，总装机容量由 6 400 kW 提高到 8 000 kW，单机流量由 8 m^3/s 提升到 10.2 m^3/s，单机流量提高了 27.5%。工程于 2019 年 10 月开展了安全鉴定工作，根据江都一站工程现状调查、现场检测及安全复核分析的成果，按照《泵站安全鉴定规程》（SL 316—2015）的规定，评定水工建筑物为二类建筑物，水泵安全类别为二类，电气设备安全类别为二类。工程运用指标基本达到设计标准，结构基本完整，技术状态较好，建筑物虽存在一定损坏，但不影响安全运用，初步评定泵站安全类别为二类泵站。

2003 年实施了计算机监控、视频系统改造，实现了计算机监控、微机保护、微机励磁和视频监视；2010 年 1 月进行了高压柜改造，2011 年 9 月进行了低压柜、站用变压器、空压机和行车改造。2012 年对计算机监控进行了升级改造，与管理处集中调度系统工程监控网相连接，支持与已建江苏省防汛调度计算机网络系统的互联，以及具备与南水北调东线工程调度运行管理网络系统互联的功能。2020 年下半年进行了励磁系统、微机继电保护、主机层低压柜改造。2021 年进行了行车、主机冷却水系统改造。

2. 江都二站

江都二站

（1）工程位置及作用

江都二站位于江苏省扬州市江都区仙女镇，地处京杭大运河、新通扬运河和淮河入江尾闾芒稻河的交汇处、江都一站东侧 260 m。江都二站与江都其他三座抽水站及相关配套工程一起组成江都水利枢纽工程，是江苏省江水北调的第一级抽水工程，也是我国南水北调东线源头抽水工程，为大型泵站。其主要作用：①抽引江水北送，实现江水北调；②抽排里下河涝水；③抽引江水补充里运河航运水位。

（2）主要机电设备参数

江都二站现装有 8 台 1.75ZLQ_C-6 型立式机械全调节轴流泵，叶轮直径 1.64 m，配套 TL1000-24/2150 型 1 000 kW 立式同步电机，总装机容量 8 000 kW，单机流量 10.2 m^3/s，总抽水流量 81.6 m^3/s，设计扬程 6.00 m。

江都二站由江都站变电所直接供电，采用四拼 YJV_{22}-10-3×240 高压电缆输电。在运行期间站用 400V 电源采用两台站用变压器（SCB8-315）供电，在非运行期或运行期间 6 kV 电源失电后，站用电自动切换为变电所 400 V 备用电源。直流 220 V 电源由站直流装置提供。

（3）建筑物结构形式

江都二站采用堤身式结构，肘形进水流道，虹吸式出水流道，真空破坏阀断流方式，主要建筑物级别为 2 级，底板高程为 -5.50 m，叶轮中心高程为 -2.05 m，水泵层高程为 -1.80 m，电机层高程为 6.56 m，驼峰底高程为 9.00 m。主要工程观测项目有垂直位移、河道断面、扬压力、伸缩缝等。

（4）工程建设、改造情况

江都二站于 1963 年 7 月开工，1964 年 8 月竣工；于 1997 年 11 月进行更新改造，1999 年 4 月改造工程基本完成，工程总投资 1 998.5 万元，由 PVP-160（64ZLB-50）型立式半调节轴流泵改造成 1.75ZLQ$_C$-6 型立式机械全调节轴流泵，TL800-24/2150 型立式同步电机改造成 TL1000-24/2150 型立式同步电机，总装机容量由 6 400 kW 提高到 8 000 kW，单机流量由 8 m^3/s 提升到 10.2 m^3/s，单机流量提高了 27.5%。工程于 2019 年 10 月开展了安全鉴定工作，根据江都二站工程现状调查、现场检测及安全复核分析的成果，按照《泵站安全鉴定规程》（SL 316—2015）的规定，评定水工建筑物为二类建筑物，水泵安全类别为二类，电气设备安全类别为二类。工程运用指标基本达到设计标准，结构基本完整，技术状态较好，建筑物虽存在一定损坏，但不影响安全运用，初步评定泵站安全类别为二类泵站。

2000 年 1 月，江都二站增设计算机监控、视频系统。2010 年 4 月完成了高压开关柜改造，2011 年 12 月完成了监控系统改造，2012 年 12 月完成了励磁系统、保护系统改造，2013 年 12 月完成了低压系统改造，2014 年 11 月完成了视频系统升级改造，2020 年 4 月完成了冷却水系统、供排水管道和直流系统改造，2021 年 12 月再次完成励磁系统改造。现与管理处集中调度系统工程监控网相连接，支持与已建江苏省防汛调度计算机网络系统的互联，具备与南水北调东线工程调度运行管理网络系统互联的功能。

3. 江都三站

江都三站

（1）工程位置及作用

江都三站位于江苏省扬州市江都区仙女镇，京杭大运河、新通扬运河和淮河入江尾闾芒稻河的交汇处、江都二站东侧 250 m。江都三站与江都其他三座抽水站及相关配套工程一起组成江都水利枢纽工程，是江苏省江水北调的第一级抽水工程，也是我国南水北调东线源头抽水工程，为大型泵站。其主要作用：①抽引江水北送，实现江水北调；②抽排里下河涝水；③抽引江水补充里运河航运水位；④利用淮河余水发电。

（2）主要机电设备参数

江都三站现装有 10 台 2000ZLQ13.5–8 型立式液压全调节轴流泵，叶轮直径 2.00 m，配套 TL1600–28/2600 型 1 600/450 kW 立式同步电动 / 发电机，总装机容量 16 000 kW，单机流量 13.5 m^3/s，总抽水流量 135 m^3/s，设计扬程 7.80 m。

江都三站由江都站变电所直接供电，采用六拼 YJV_{22}–10–3×240 高压电缆输电。在运行期间站用 400V 电源采用两台站用变压器（SCB10–630/6/0.4）供电，在非运行期或运行期间 6 kV 电源失电后，站用电自动切换为变电所 400V 备用电源。直流 220V 电源由站直流装置提供。

（3）建筑物结构形式

江都三站采用堤后式结构，建站初采用平面蜗壳式进水流道，1970 年改为半肘形进水流道，2006 年 11 月更新改造后改为完全肘形流道，出水流道采用虹吸弯管式出水流道，真空破坏阀断流方式，主要建筑物等级为 2 级，底板高程为 –6.50 m，叶轮中心高程为 –3.50 m，水泵层高程为 –3.80 m，电机层高程为 5.00 m，驼峰底高程为 9.00 m。主要工程观测项目有垂直位移、河道断面、扬压力、伸缩缝等。

（4）工程建设、改造情况

江都三站于 1966 年 12 月兴建，1969 年 10 月竣工，工程投资 1 086 万元。江都三站更新改造工程是南水北调东线一期工程江都站改造工程的一个单位工程，于 2006 年 11 月 6 日开工，2009 年 3 月 15 日完成自动化控制及视频监视系统施工，2009 年 11 月 10 日更新改造泵站机组通过试运行验收，2009 年 12 月 20 日土建及机电设备安装工程全部完成，2010 年 7 月 20 日完成装饰工程，2010 年 10 月 11 日通过江都三站更新改造单位工程验收，工程总投资 5 239 万元。改造后江都三站仍然保留发电功能，采用反向变频发电方式，增设变频发电机组，包括 4 000 kW 50Hz 发电机和 4 300 kW 25Hz 电动机各一台。

工程改造期间，对自动化监控系统进行了更新，采用微机集中控制，实现了计算机监控、视频监视、微机励磁、微机保护等，与管理处集中调度系统工程监控网相连接，支持与已建江苏省防汛调度计算机网络系统的互联，具备与南水北调东线工程调度运行管理网络系统互联的功能。

4. 江都四站

（1）工程位置及作用

江都四站位于江苏省扬州市江都区仙女镇，东临新通扬运河入口处，西临芒稻河与京杭大运河的交汇处，江都四站与江都其他三座抽水站及相关配套工程一起组成江都水

江都四站

利枢纽工程，是江苏省江水北调的第一级抽水工程，也是我国南水北调东线源头抽水工程，为大型泵站。其主要作用：①抽引江水北送，实现江水北调；②抽排里下河涝水；③抽引江水补充里运河航运水位。

（2）主要机电设备参数

江都四站现装有 7 台 ZLQ30-7.8 型立式液压全调节轴流泵，叶轮直径 2.90 m，配套 TL3400-40 型 3 400 kW 立式同步电机，单机流量 30 m^3/s，总抽水流量 210 m^3/s，设计扬程 7.80 m。配备 S10-31500/110 型主变压器，110 kV 主电源由江都站专用变电所经架空线路转供。

（3）建筑物结构形式

江都四站采用堤后式结构，肘形进水流道，虹吸式出水流道，真空破坏阀断流方式，主要建筑物等级为 1 级，底板高程为 −9.10 m，叶轮中心高程为 −3.50 m，水泵层高程为 −4.50 m，电机层高程为 8.20 m，驼峰底高程为 9.00 m。主要工程观测项目有垂直位移、河道断面、扬压力、伸缩缝等。

（4）工程建设、改造情况

江都四站于 1973 年 11 月开工，1977 年 12 月竣工，2008 年 9 月至 2010 年 6 月进行了更新改造，工程总投资 6 286 万元。

江都四站更新改造工程是江都站改造工程的主要项目之一，由江苏省水利勘测设计研究院有限公司设计，土建施工及机电设备安装由江苏省水利建设工程有限公司完成，自动化设计、施工由江苏省引江水利水电设计研究院完成。

2009 年 2 月 15 日开始门槽改造，2010 年 4 月 28 日完成。2010 年 6 月 20 日完成混凝土结构修补、裂缝及碳化处理、翼墙防渗及裂缝处理等。2008 年 9 月 3 日开工新建控制室，2010 年 10 月 20 日完成装饰工程。

机电部分改造分两批进行，2008 年 9 月开始第一批主机组及主要电气设备拆除，2009 年 4 月 28 日完成 1 至 4 号 4 台机组及高低压电气设备安装，4 月 30 日通过试运行验收。2009 年 9 月，第二批更新改造工作开始，2010 年 2 月完成 5 至 7 号 3 台机组、辅机设备及视频系统的安装，2010 年 2 月 25 日通过试运行验收。机组联合试运行于 2010 年 6 月 19 日开始，2010 年 6 月 23 日江都四站更新改造泵站机组通过试运行验收，2010 年 11 月 11 日通过单位工程验收。

5. 江都站变电所

江都站变电所

（1）工程位置

江都站变电所位于江苏省扬州市江都区仙女镇，东临新通扬运河入口处，西临芒稻河与京杭大运河的交汇处，为江都站专用 110 kV 变电所，始建于 1961 年，由江苏省电业局设计院设计，原坐落于江都一站、江都二站之间，属华东电力系统苏北电网供电范围。改造后新变电所选址于江都二站、江都三站之间，采用户内布置形式。

（2）电气设备及布置形式

江都站变电所按照户内变电所建设，采用预应力混凝土管桩基础，结构形式为框架结构，建筑层数为地上四层地下一层，地下一层设电缆夹层（高低压配电室下部），布置电缆桥架；一层设变压器室（分别布置 2 台 110 kV 主变压器，1# 主变压器：S10-40000/110、2# 主变压器：SZ10-25000/110）、35 kV 开关室（布置 9 台 KYN61-40.5 高压开关柜，配备 VD4 型真空断路器）、6 kV 开关室（布置 12 台 KYN28A-12 高压开关柜，配备 VD4 型真空断路器）、低压开关室（布置 9 台 MNS 低压开关柜及 2 台所用干式变压器 SCB10-1250/10、SCB13-1250/10)，以及检修间、工具间、备品件间等辅助用房；二层设集中控制室、继电保护室、办公用房；三层设办公室、活动室、资料室及数据中心机房；四层设 110 kV GIS 组合开关室（布置 5 套 ZF10-126 型组合电气间隔）。变电所南侧布置变压器检修平台，110 kV终端塔布置在检修平台南侧约20 m处（靠西侧布置）。

江都站变电所直流电源为变电所主设备提供控制、保护、信号电源。继电保护均采用南瑞微机保护装置。同时改造后的计算机监控系统和视频监视系统能够实现在变电所对整个枢纽工程进行统一调度和集中控制。

（3）供电方式

江都站变电所内110 kV电源进线一回（742引砖线），110 kV母线分三路间隔分别向3台主变压器供电，其中1# 主变经6 kV Ⅰ段母线供一站、二站6 kV电源；2# 主变经6 kV Ⅱ段母线供三站6 kV电源，6 kV Ⅰ、Ⅱ段之间装有母联断路器，特殊情况下，可以灵活调度。3# 主变出线间隔经703开关出线后，用架空导线送至江都四站主厂房西侧的3# 主变；35 kV电源进线（344提砖线）、10 kV电源进线（216龙金线）各一回，互为备用，分别向两台干式所用变压器供电，为四座抽水站提供400V检修动力电源和生产、办公、生活区的动力、照明电源。

（4）工程建设、改造情况

1961年兴建江都站变电所，为江都一站、江都二站提供6 kV电源。

1966年江都三站开工兴建，原江都站变电所已不能满足供电需求，遂于1967年扩建成为110 kV变电所，并增设2号主变压器。

1976年，江都四站竣工，四座抽水站总负荷达到49 800 kW，变电所改用专用110 kV江扬线供电，并增设3号主变。

1979年对3号主变进行扩容，将3号主变更换为31 500 kVA的新主变，原3号主变替换原1号主变，主变总容量由55 000 kVA提升至71 500 kVA。

2007年4月南水北调东线江都站改造工程中变电所更新改造工程开工实施，2009年2月变电所新址建成首次试运行。同年5月，工程正式通过竣工验收。工程总投资3 300多万元。改造后变电所总受电容量达到99 000 kVA，新变电所坐落于二站、三站之间，采用室内布置形式。110 kV仍由原110 kV引砖线供电；35 kV备用电源回路（江都提砖线、扬州引广线）2回，作为两台所用干式变压器（型号皆为SCB10-1250/35）的电源，供江都站停运期间维修、照明、办公等用电。

2012年3月，江都站变电所35 kV引广线供电改为10 kV龙金线供电，并将原有的1号所变（SCB10-1250/35）更换为目前使用的1号所变（SCB10-1250/10）。

6.1.2 管理单位简介

1. 江都第一抽水站管理所

江苏省江都水利工程管理处第一抽水站管理所负责江都一站工程运行管理，为江都管理处直属正科级事业单位。

自成立以来，第一抽水站管理所一直重视工程管理、党的建设、人才队伍、精神文明建设及科技创新等相关工作，以“四心合力”党建工作法引领业务中心工作。2019 年，一站党支部荣获省级机关“服务高质量发展”标兵党支部；2021 年，一站党支部荣获“厅先进基层党组织”。管理所研究的“江都一站主机组摆度测量技术改造”获 2016—2018 年度全国水利职工创新成果优秀奖。

管理所开展师徒结对，传承技艺，全面提升全体职工的综合素质，先后涌现出一批杰出的技术人才。如：金超获得第三届全国泵站运行工技能竞赛冠军、政府特殊津贴、全国技术能手、“全国五一劳动奖章”等荣誉；张歆获得第五届全国泵站运行工技能竞赛冠军、“全国五一劳动奖章”、全国技术能手、“江苏省五一劳动奖章”等荣誉；尤文成获得第八届全国泵站运行工技能竞赛第二名、“江苏省五一创新能手”、“江苏省技术能手”等荣誉。

2. 江都第二抽水站管理所

江苏省江都水利工程管理处第二抽水站管理所负责江都二站工程运行管理，为江都管理处直属正科级事业单位。

自成立以来，第二抽水站管理所一直重视工程管理、党的建设、人才队伍、精神文明建设及科技创新等相关工作，以“二元方程”党建工作法引领业务中心工作。2006 年获得水利厅颁发的“先进集体”称号，2007 年获得水利厅颁发的“一级管理单位”称号，2009 年获得水利厅颁发的“2007—2008 年全省水利系统文明单位”及“全省水利工程管理先进集体”称号，2009 年获得共青团江苏省省级机关工作委员会颁发的“青年文明号”称号，2010 年获得中国农林水利工会全国委员会颁发的“全国水利系统模范职工小家”称号，2013 年获得水利厅颁发的“2011—2012 年全省水利系统文明单位”称号。

近年来共完成“五小成果”4 项，实用新型专利 4 项，其中“五小”项目“同步电机转子集电环在线研磨工具”2017 年荣获中国水利教育协会第二届“五小”成果评选二等奖，并代表江苏省水利厅参加中国水利教育协会开展的“五小”优秀项目交流推广活动；“五小”项目“大型立式同步机组不安全因素研究及解决方案”2019 年荣获中国水利教育协会水利职工创新成果评选一等奖。

3. 江都第三抽水站管理所

江苏省江都水利工程管理处第三抽水站管理所负责江都三站工程运行管理，为江都管理处直属正科级事业单位。

多年来，第三抽水站管理所先后荣获了“江苏省工人先锋号”、江都管理处“全面先进一等奖”，管理所党支部先后荣获了处“先进党支部”“特色党支部”等荣誉称号。

近年来，第三抽水站管理所涌现出一批专业技术人才。其中，王松峻同志获得 2009 年江苏省第四届泵站运行与维修工技能竞赛一等奖，并被授予“江苏省机关事业单位技术能手”荣誉称号;张志军同志获得2017年江苏省第六届泵站运行与维修工技能竞赛三等奖，并被授予“江苏省水利技术能手”荣誉称号；徐士坤同志获得2020年第八届全国水利行业泵站运行工技能竞赛冠军，2019年江苏省第六届闸门运行工技能竞赛特等奖，并被授予“全国技术能手”“全国五一劳动奖章”“江苏省五一劳动奖章”“江苏省最美职工”“江苏省技术能手”等荣誉称号。

4. 江都第四抽水站管理所

江苏省江都水利工程管理处第四抽水站管理所负责江都四站工程运行管理，为江都管理处直属正科级事业单位。

第四抽水站管理所深化“一支部一品牌一工作法”创建活动，打造“精承新”三步工作法，以精细化管理夯实基础，通过师带徒传承精神技艺，创新工作方法，先后获得江苏省水利工程一级管理单位、江苏省“工人先锋号”等荣誉。2018年11月，管理所党支部被江苏省委省级机关工作委员会选树为“省级机关党支部书记工作室”。管理所研究的“江都四站检修闸门旋转式自动抓梁技术改造”及“江都四站主水泵水导密封动静环压簧座技术改造”获全国第二届“五小”成果评选活动优秀奖。

第四抽水站管理所坚持把党员培养成技术骨干、把技术骨干发展成党员，开展师徒结对，传承技艺，全面提升全体职工的综合素质，先后涌现出一批杰出的技术人才，杨华同志获得江苏省等四届泵站运行与维修工职业技能竞赛特等奖、第四届全国泵站运行工技能竞赛第12名、“全国水利技术能手”、“全国水利技能大奖”等荣誉；周晨钟同志获得江苏省第六届水利系统泵站运行与维修工职业技能竞赛二等奖、第五届全国泵站运行工技能竞赛第6名、“全国水利技能大奖”等荣誉。

5. 江都水利工程管理处变电所

江都水利工程管理处变电所负责变电所工程运行管理，为江都管理处直属正科级事业单位。

多年来，变电所一直将工程管理及党的建设深度融合，着力打造“核心动力、智水先锋”支部品牌，以“三相四线制”工作法引领业务中心工作，先后荣获“全国水利系统模范职工之家”“江苏省工人先锋号”“全省水利工程管理工作先进集体”，多次荣获管理处“先进党支部”“工程管理先进单位”“安全生产先进集体”等荣誉称号。

6.1.3 工程管理范围

（1）划界确权情况

江都水利枢纽所辖第一、第二、第三、第四抽水站及江都西闸、江都东闸、芒稻闸、送水闸管理用地连为一体，因此作为一个整体开展划界确权及安全警戒区划定工作。1994—1995年，管理处按照省厅统一部署，依据《中华人民共和国水法》《中华人民共和国土地管理法》《江苏省水利工程管理条例》等法律法规和相关文件规定，本着“尊重历史、面对现实、适当微调、妥善处理”的原则开展划界确权工作。顺利完成上述4座抽水站、4座水闸《国有土地使用证》领取工作，对确权边界进行了划定，埋设了界桩。

2016—2019年，在省河道局牵头组织下，通过公开招标，由江苏易图地理信息有限公司具体实施，管理处对上述工程开展了第二轮划界确权工作。按照《江苏省水利工程管理条例》第六条规定，重新划定工程管理范围。完成管理范围边界测绘7 191.8 m，绘制1∶2 000地形图6幅；现场埋设界桩58个、界牌7个、告示牌12个、分界牌4个、控制点8个；1 383 000.75 m^2已确权水工程用地完成权籍信息化，换发《不动产权证书》。

（2）安全警戒区划定情况

根据《省江都管理处安全警戒区划定实施方案（报批稿）》内容，江都一站、二站、三站、四站4座大型泵站因处于处核心工程区，和江都西闸、江都东闸、送水闸合并划定安全警戒区。其中，江都西闸上游满足大型水闸安全警戒区划定标准；江都东闸下游、送水闸下游满足中型水闸安全警戒区划定标准。该《方案》已获得省厅苏水办河〔2021〕1号文批复。

6.1.4 工程效益

（1）设计效益

江都水利枢纽中的调水工程是以4座大型电力抽水站为主体，以京杭大运河、新通扬运河和三阳河为输水干线，既能抽引江水北送苏北地区，又可自流引江水补给里下河地区，并兼有抽排里下河地区涝水的功能。2002年开工新建的南水北调东线江苏段工程，在原有以京杭大运河为输水干线的江水北调工程基础上，新建宝应站、淮安四站等11座泵站，改扩建泗阳站、刘山站等3座泵站，加固改造江都三站、四站等4座泵站，形成了江苏境内双线输水格局。南水北调东线一期工程建成后，可抽江水北送至山东、河北、天津等部分缺水地区，有效缓解北方水资源短缺问题。另外，在淮河来水较丰有余水下泄时，江都三站可逆式机组还可反转发电。

（2）实际效益

自1963年江都一站投入运行以来，截至2021年12月31日，机组共运行108.14万台时，抽水北送248.6亿 m^3，抽排涝水67.8亿 m^3。

自1965年江都二站投入运行以来，截至2021年12月31日，机组共运行102.81万台时，抽水北送257.2亿 m^3，抽排涝水67.7亿 m^3。

自1969年江都三站投入运行以来，截至2021年12月31日，机组共抽水运行111.53万台时，抽水北送393.5亿 m^3，抽排涝水104.7亿 m^3；发电运行46.06万台时，发电量10 346万kW·h，发电用水166.5亿 m^3。

自1977年江都四站投入运行以来，截至2021年12月31日，机组共运行76.04万台时，抽水北送 626.4 亿 m^3，抽排涝水 165.5 亿 m^3。

自 2009 年 2 月改造后首次投运以来，变电所已连续安全无事故运行 13 年。截至 2021 年底，工程累计安全转供电约 12.75 亿 kW·h，发电约 2 464 多万 kW·h。工程在历年的抗旱、排涝、发电、航运等工作中发挥了重要作用，为南水北调和淮北地区的高产、稳产以及确保工业生产、人民生活用水作出了重要贡献。

6.2 江都东闸、江都西闸、芒稻闸、送水闸

江都东闸、江都西闸、芒稻闸、送水闸 4 座工程为江都闸管理所管理，江都东闸、江都西闸、芒稻闸可配合抽水站将抽排的里下河涝水排入长江，同时也可排泄上游来水入江，设计流量 830 m^3/s；江都东闸可利用长江高水位向里下河地区自流引水，设计流量 550 m^3/s；送水闸主要是配合承担防洪减灾和水资源供给等任务。

6.2.1 工程简介

1. 江都东闸

江都东闸

（1）工程位置及作用

江都东闸位于扬州市江都区境内的新通扬运河上，距江都西闸 1.5 km，距江都四站中心线 430 m，是江都水利枢纽工程的重要组成部分，为中型水闸。该闸于 1977 年 11 月 1 日开工兴建，1978 年 3 月 25 日竣工。2017 年 12 月鉴定为一类闸。工程主要作用是：①自流引江水入里下河地区；②配合江都抽水站抽排里下河涝水；③配合江都三站发电，排放发电尾水入里下河地区。

（2）主要机电设备参数

江都东闸共 13 孔，设计流量 550 m^3/s，闸总长 120.00 m，总宽 91.20 m，每孔净宽

6.00 m，上下扉门全部为平面钢闸门，配备 12 台 QP-2×160kN 卷扬式启闭机，1 台 QPC-2×160kN 卷扬式启闭机（通航孔）。为满足抽水站排涝时水面漂浮物打捞要求，江都东闸设置的清污设备包括：HZQ-6m×13m 回转式清污机 12 台套，5.5 kW/ 台；6 m×3.5 m悬挂式拦污栅1扇(通航孔)；TD75-10063-110皮带输送机1台套，22 kW/ 台；QH-2×75kN-15.5 m 起吊拦污栅启闭机 12 台套，7.5 kW/ 台。

江都东闸配备 1 台变压器（型号 SCB10-315/10）、1 台高压开关柜（型号 GG-1A）、1 台低压进线柜（型号 GCS）、1 台低压开关柜（型号 GCS）、1 台电容补偿柜（型号 GCS）、1 台计量柜（型号 GCS）、1 台自动化控制柜（型号 GGD）、1 台监控网络柜、7 台启闭机现场控制柜、1 台柴油发电机组（型号 75GF）、1 台清污机 PLC 控制柜（型号 GGD）、2 台清污机控制柜（型号 GGD）、6 台拦污栅启闭机控制柜（型号 YC-JXF）。

（3）建筑物结构形式

江都东闸主要建筑物等级为 2 级，底板分为六块，两侧岸墙各挑出半块，分缝在闸底板中间，底板高程为 -7.00 m。东闸岸墙采用空箱式结构，上游翼墙采用圆弧形式，圆弧半径 22 m，翼墙顶高程为 6.00 m，其中第一、二节翼墙为圆弧连拱空箱结构，第三节为直线连拱结构，第四、五节为重力式结构。下游翼墙采用八字墙形式，其中第一、二节翼墙为空箱结构，第三节翼墙为重力式结构。

江都东闸工程观测项目主要包括垂直位移和引河河道断面，工作基点采用二等水准点抽水站 BM5。

（4）工程建设、改造情况

① 闸门更新加固

1990 年经江苏省水利厅苏水基〔1990〕22 号文《关于江都东闸加固工程初步设计及概算的批复》批准，决定对江都东闸进行加固，主要项目有更换 13 孔下扉门为钢闸门，工作桥加宽 0.80 m 及增设检修门库一座等，工程于 1990 年 8 月 27 日开工，1991 年 12 月 31 日主体工程结束，1992 年 6 月底工程全面完成，1992 年 10 月 5 日验收，共使用经费 105.60 万元。

② 通航孔加固改造

1995 年将南侧第 13 号孔改造为通航孔，更换上下扉门为平面钢闸门，上扉门顶高程 4.50 m，底高程 1.30 m，下扉门顶高程 1.50 m，底高程 -1.60 m，2005 年通航孔改为节制孔。

③ 江都东闸除险加固工程及清污设备工程

2005—2007 年对江都东闸进行了除险加固改造，于 2007 年 8 月 16 日进行竣工验收，总投资 1 840.59 万元。主要内容有：桥头堡拆建，新增启闭机房；拆建公路桥荷载标准提高至公路 -Ⅱ级，桥面高程 6.495 m（不包括铺装层、沥青路面），桥面净宽 9.00 m，

T形梁结构;闸门更新,其中1-12号孔上扉门由原下扉门改造而成,13号孔上扉门及1-13号孔下扉门重新制作;启闭机更新,1-12号孔下扉门启闭机更换为QP-2×160kN卷扬式启闭机,13号孔启闭机更换为QPC-2×160kN卷扬式启闭机,上扉门采用SGCDI-2×100kN双钩式电动葫芦临时起吊并加锁定的启闭方式;新建工作桥为"π"形结构,桥面总宽5.10 m,高程12.32 m;电气设备及自动化监控系统更新改造;闸墩水上部分、工作桥排架及工作桥防碳化处理。

新增江都东闸清污设备工程主要包括:清污机起吊便桥一座,长173.20 m,宽4.00 m,高程6.65 m,HZQ-6 m×13 m回转式清污机12台套,6 m×3.5 m悬挂式拦污栅1扇(通航孔),TD75-10063-110皮带输送机1台套,以及QH-2×75kN-15.5m型卷扬启式闭机12台套等起吊设备。

2. 江都西闸

江都西闸

(1)工程位置及作用

江都西闸位于扬州市江都区境内新通扬运河的河口,是国家南水北调东线工程江都抽水站抽引江水和里下河地区自流引江的渠首工程,为大型水闸。2018年12月鉴定为一类闸。工程主要作用是:①在江都抽水站抽引江水北送时,开闸引水;②在江都抽水站抽排里下河涝水时,关闸隔断江水;③与江都东闸配合,自流引江入里下河地区;④配合江都三站发电。

(2)主要机电设备参数

江都西闸共9孔(其中1孔为通航孔),每孔净宽10.00 m。江都西闸闸门为弧形钢闸门,上设钢筋混凝土胸墙(通航孔设有钢质活动胸墙),配备QP2×250kN(通航孔QH2×250kN)卷扬式弧门启闭机,运行控制采用大型水闸微机控制系统进行管理。原设计流量为 505 m^3/s，加固改造后，设计流量为 950 m^3/s，校核流量为 1 050 m^3/s，实际最大引水流量达 1 478 m^3/s（1982 年 5 月 26 日）。

江都西闸配备 1 台变压器（型号 SC10-500/10）、1 台高压开关柜（型号 HXGN-12）、1 台照明计量柜（型号 GCS）、1 台动力柜（型号 GCS）、1 台电容柜（型号 YCJ）、1 台 PLC 控制柜（型号 GGD）、1 台视频网络柜（型号 GGD）、5 台启闭机现场控制柜（型号 YCXL-21）、1 台柴油发电机组（型号 75GF）。

（3）建筑物结构形式

江都西闸主要建筑物等级为 2 级，闸身为钢筋混凝土结构，闸总宽 106.27 m，闸总长 103.05 m，闸底板高程 -5.80 m，分 3 块底板。闸室两侧岸墙为钢筋混凝土空箱扶壁式结构，岸墙底板底面高程分别为 -9.00 m、-7.50 m，墙顶高程均为 9.00 m。上下游均为圆弧形翼墙，第 1 节翼墙为钢筋混凝土扶壁式结构，岸墙及第 1 节翼墙底板均坐落在第Ⅱ层重粉质壤土上。其余翼墙均为浆砌块石重力式结构，底板坐落在第Ⅰ层粉砂土地基上。上游翼墙墙顶高程为 7.50 m，下游翼墙墙顶高程为 5.20 m，上下游翼墙均设 1.00 m 高挡浪板。

江都西闸工程观测项目主要包括垂直位移和引河河道断面，工作基点采用二等水准点抽水站 BM1。

（4）工程建设、改造情况

江都西闸建于 1964 年 5 月，于 2006 年 2 月至 2008 年 12 月进行了除险加固改造，增设启闭机房，公路桥拆除重建，桥头堡拆除重建，翼墙加固，工作便桥拓宽，更换闸门、启闭机，更换电气设备，下游消能防冲设施加固等。2008 年 12 月通过单位工程验收，总投资 1 750.31 万元。

3. 芒稻闸

芒稻闸

（1）工程位置与作用

芒稻闸位于扬州市江都区芒稻河河口上，它既是江都抽水站配套工程，也是淮河下游入江水道的控制工程之一。其主要作用为：①排泄淮河部分洪水入江；②配合江都抽水站排里下河涝水入江；③蓄水保水；④调节大运河通航水位。

（2）主要机电设备参数

芒稻闸设计流量为 830 m^3/s，校核流量为 900 m^3/s，根据实际过闸流量（建成后实际最大流量为 1 180 m^3/s）和重要性，工程属中型水闸，主要建筑物等级为 2 级。2020 年 9 月鉴定为一类闸。芒稻闸闸门为弧形钢闸门，每孔装有一台 QH-2×225kN 卷扬式启闭机，钢丝绳为 6×37+1-ϕ52，每根长 20 m。

芒稻闸配备 1 台变压器（型号 SCB10-200/10）、1 台 10 kV 进线柜（型号 ABB-SFG）、1 台低压开关柜（型号 GGD）、7 台启闭机控制柜、1 台东桥头堡配电柜、1 台照明柜（型号 GCS）、1 台动力柜（型号 GCS）、1 台控制柜（型号 GCS）、1 台自动化控制柜（型号 MNS）、1 台柴油发电机组（型号 75GF）。

（3）建筑物结构形式

芒稻闸闸身为钢筋混凝土结构，闸总宽 81.25 m，每孔净宽 10.00 m，共 7 孔，分 3 块底板，闸顶高程 10.50 m，底板高程 -1.00 m。公路桥净宽 7.00 m，按汽 -13 级设计、拖 -60 级校核，桥面高程 12.00 m，工作桥净宽 4.60 m，桥面高程 17.50 m，工作便桥净宽 2.10 m，桥面高程 10.20 m。闸室两岸为扶壁式钢筋混凝土空箱岸墙，上游为扶壁式和重力式浆砌块石翼墙，上下游两岸灌砌及干砌块石护坡。闸总长 157.00 m，闸底板长 22.00 m，上游接钢筋混凝土护坦和块石防冲槽。下游接钢筋混凝土消力池及灌砌、干砌块石海漫和块石防冲槽。闸基土壤系软壤土，下层为软砂壤土，贯入击数 9 ～ 10 击，抗剪强度较小，压缩性大。

芒稻闸工程观测项目主要包括垂直位移和引河河道断面，工作基点采用二等水准点抽水站 BM1。

（4）工程建设、改造情况

芒稻闸于 1964 年 9 月开工建设，1965 年 6 月 10 日建成。此后进行了几次改造。① 2004—2005 年，对芒稻闸下游左岸堤防工程加固。加固内容：原坡面清理平整、铺设土工布，石子垫层 1 114 m^3，砂垫层 1 114 m^3，C20 混凝土格埂 941 m^3，新建浆砌块石护坡 2 521 m^3，原干砌护坡翻砌灌浆 1 128 m^3；挡土墙基础地槽开挖，浇筑挡土墙混凝土底板 548 m^3，砌筑浆砌块石挡土墙 1 498 m^3，浇筑挡浪板 232 m^3；堤基清理土方 3 491 m^3，堤防填土筑堤 11 394 m^3；水下 1.5 m 厚抛石 7 599 m^3；新建 16 cm 厚、4 m 宽防汛道路 3 768 m^2，新建 10 cm 厚、1.5 m 宽巡查便道 1 383 m^2，新砌排水沟 1 364 m。

2005 年 6 月工程验收。

② 2004—2005 年，将桥头堡拆除重建、新建启闭机房。2004 年进行了启闭机房和桥头堡的土建施工。2005 年对芒稻闸桥头堡和启闭机房进行完善和装饰等。于 2005 年 12 月验收，总投资约 125 万元。

③ 2012 年 7 月—2013 年 4 月，钢闸门及门槽埋件更换。改造项目：更换 7 孔闸门和门槽埋件，制作检修门 8 块（一套），喷锌防腐面积约 6 800 m^2，7 台启闭机大修（包括启闭机减速箱解体检修，更换钢丝绳 $6\times37+1-\phi52$ 等）。2013 年 4 月 18 日通过通水验收。2014 年 5 月通过合同项目完成验收。

4. 送水闸

送水闸

（1）工程位置及作用

送水闸位于江都四站上游引河东侧，距四站中心线 400 m，该闸上游为高水河，下游为新通扬运河。设计流量 300 m^3/s，为中型水闸，是江都抽水站配套工程之一。

（2）主要机电设备参数

送水闸闸门为直升平面钢闸门，每孔配备 QPQ2×100kN 卷扬式启闭机。2019 年 10 月鉴定为一类闸。送水闸配备 1 台闸门控制柜，电源从江都东闸转送。

（3）建筑物结构形式

送水闸主要建筑物级别为 3 级，总长 103.40 m，闸总宽 21.00 m，共三孔，每孔净宽 6.00 m。闸底板采用整体式钢筋混凝土结构，闸顶高程 10.00 m，闸底高程 0.00 m，设计最大流量 300 m^3/s。工作桥桥面高程 14.00 m，净宽 4.00 m；上游工作便桥为钢筋混凝土双“π”形结构，桥面宽 2.90 m，桥面高程 10.00 m；下游公路桥为混凝土正拱拱圈结构，矢跨比 0.3，桥面高程 10.50 m，净宽 7.00 m，按汽 -10 级设计，拖 -50 级校核。

翼墙上游采用圆弧形式，上游左侧六节、右侧四节、第一节翼墙采用浆砌块石空箱混凝土连拱形式，第二、三节翼墙为浆砌块石扶壁式，上游左侧第三节翼墙结合引水涵洞洞首布置，第四节翼墙为重力式；下游翼墙三节，均为浆砌块石扶壁式。

送水闸工程观测项目主要包括垂直位移，工作基点采用二等水准点抽水站 BM5。

（4）工程建设、改造情况

送水闸于 1977 年 12 月开工，1978 年 10 月竣工。2011 年实施高水河送水闸闸门和启闭机更换、工作桥加固工程。主要内容如下。

① 门槽改造：门槽的宽度由原来的 1 290 mm 调整为 680 mm，门槽深 300 mm；门槽改造后，闸门吊点中心线向下游移动 260 mm。

② 排架加固：原设计排架采用的是双层钢架结构，后在钢架结构的基础上，在内部采用钢筋混凝土填实作为钢筋混凝土实体排架，提高了排架的抗震性能。

③ 闸门底槛改造：根据工程改造后钢闸门使用要求，凿除底槛顶部混凝土（深度约 16cm），布置钢筋及底槛埋件，立模浇筑 C25 细石钢筋混凝土。

④ 胸墙底梁接长并安装止水座。

该项目于 2011 年 12 月通过验收，总投资 80 万元。

6.2.2　管理单位简介

江苏省江都水利工程管理处江都闸管理所负责江都西闸、江都东闸、芒稻闸、送水闸 4 座水闸工程日常管理，为江都管理处直属正科级事业单位。

多年来，江都闸管理所党支部本着“不忘初心、服务社会”理念，着力打造“枢纽口门、服务先锋”支部品牌，形成“三精三创”工作法，实现了党建工作和中心工作的融合发展，促进了管理工作迈上新台阶，支部建设实现新跨越。多次荣获“工程管理先进单位”“全省水利工程管理先进集体”“江苏省一级水利工程管理单位”，以及管理处“全面先进一等奖”“安全生产先进集体”“江苏省工人先锋号”等荣誉称号。

江都闸管理所不断涌现出一批专业技能人才，周心禹同志 1997 年 10 月在全省首届闸门运行工技能竞赛中获得二等奖，1998 年 2 月在全国水利行业职业技能竞赛首届闸门运行工技能竞赛中获得三等奖。王玉芳同志 2016 年获得江苏省第五届水文勘测技能竞赛一等奖，并被授予“江苏省五一创新能手”和“江苏省技术能手”荣誉称号。

6.2.3　工程管理范围

（1）划界确权情况

江都水利枢纽所辖第一、第二、第三、第四抽水站及江都西闸、江都东闸、芒稻闸、送水闸管理用地连为一体，因此作为一个整体开展划界确权及安全警戒区划定工作。

1994—1995 年，管理处按照省厅统一部署，依据《中华人民共和国水法》《中华人民共和国土地管理法》《江苏省水利工程管理条例》等法律法规和相关文件规定，本着“尊重历史、面对现实、适当微调、妥善处理”的原则开展划界确权工作。顺利完成上述 4 座抽水站、4 座水闸《国有土地使用证》领取工作，对确权边界进行了划定，埋设了界桩。

2016—2019 年，在省河道局牵头组织下，通过公开招标，由江苏易图地理信息有限公司具体实施，管理处对上述工程开展了第二轮划界确权工作。按照《江苏省水利工程管理条例》第六条规定，重新划定工程管理范围。完成管理范围边界测绘 7 191.8 m，绘制 1∶2 000 地形图 6 幅；现场埋设界桩 58 个、界牌 7 个、告示牌 12 个、分界牌 4 个、控制点 8 个；1 383 000.75 m^2 已确权水工程用地完成权籍信息化，换发《不动产权证书》。

（2）安全警戒区划定情况

根据《省江都管理处安全警戒区划定实施方案（报批稿）》内容，江都一站、二站、三站、四站 4 座大型泵站因处于处核心工程区，和江都西闸、江都东闸、送水闸合并划定安全警戒区。其中，江都西闸上游满足大型水闸安全警戒区划定标准；江都东闸下游、送水闸下游满足中型水闸安全警戒区划定标准。该《方案》已获得省厅苏水办河〔2021〕1 号文批复。

6.2.4 工程效益

1. 江都东闸

（1）设计效益

江都东闸共 13 孔，于 1978 年 3 月建成，设计流量 550 m^3/s，是江都水利枢纽配套工程之一。工程主要作用是：①自流引江水入里下河地区；②配合江都抽水站抽排里下河涝水；③配合江都三站发电，排放发电尾水入里下河地区。

（2）实际效益

江都东闸自建成以来，控制运用频繁，历史最大引水流量达 1 140 m^3/s（1980 年 10 月 13 日），工程效益得到了充分发挥。自 1963 年以来（原江都东闸建成于 1963 年，目前东闸系 1978 年重建），至 2021 年底，已累计自流引江 1 376.352 亿 m^3，排除涝水 404.837 亿 m^3。

2. 江都西闸

（1）设计效益

江都西闸位于扬州市江都区境内新通扬运河的河口，是国家南水北调东线工程江都抽水站抽引江水和里下河地区自流引江的渠首工程，工程建成于 1964 年 5 月。目前，工程主要作用是：①在江都抽水站抽引江水北送时，开闸引水；②在江都抽水站抽排里下河涝水时，关闸隔断江水；③与江都东闸配合，自流引江入里下河地区；④配合江都三站发电。

（2）实际效益

江都西闸自1964年5月投入运行以来，在挡洪、排涝、灌溉、航运等方面均发挥了巨大效益，尤其在南水北调、里下河地区灌溉排涝等方面发挥的效益十分显著。设计流量950 m^3/s，实际最大引水流量达1 478 m^3/s（1982年5月26日）。至2021年底，已累计引江2 967.803亿m^3。

3. 芒稻闸

（1）设计效益

芒稻闸位于扬州市江都区芒稻河河口上。它既是江都水利枢纽配套工程，也是淮河下游入江水道的控制工程之一，1965年6月竣工，设计排洪量830 m^3/s。其主要作用为：①排除淮河部分洪水入江；②配合江都抽水站排里下河涝水入江；③蓄水保水；④调节大运河通航水位。

（2）实际效益

芒稻闸自1965年投入运行以来，在挡洪、排涝、灌溉、航运等方面均发挥了巨大效益，尤其在南水北调、里下河地区灌溉排涝等方面发挥的效益十分显著。设计流量830 m^3/s，实际最大流量达1 180 m^3/s（1969年7月27日）。至2021年底，已累计排水556.80亿m^3。

4. 送水闸

（1）设计效益

送水闸位于江都四站上游引河东侧，距四站中心线400 m，该闸上游为高水河，下游为新通扬运河。工程于1977年12月开工，1978年10月竣工，设计流量300 m^3/s，为Ⅱ级建筑物，是江都水利枢纽配套工程之一。其主要作用是在长江枯水位季节，可利用江都抽水站抽引江水，经该闸调入里下河地区，也可调淮河余水入里下河地区。

（2）实际效益

送水闸自1978年10月建成投入运行以来，已安全运用40多年，共引水10.094亿m^3。

6.3 淮河入江水道归江控制工程（万福闸、太平闸、金湾闸）

江都水利枢纽中的防洪工程是以万福闸、太平闸、金湾闸为主要口门的淮河入江水道归江控制工程，分泄淮河75%左右洪水入长江，三座水闸自西向东分别布置在淮河入江水道的廖家沟、太平河、金湾河上。

6.3.1 工程简介

1. 万福闸

万福闸

（1）工程位置及作用

万福闸地处扬州市生态科技新城与广陵区交界处，是淮河入江的主要控制工程之一，属大（1）型拦河、挡潮水闸。工程等别为Ⅰ等，主要建筑物级别为2级，上游防洪标准为300年一遇洪水位设计，1 000年一遇洪水位校核，下游挡潮标准为100年一遇潮水位设计，300年一遇潮水位校核，其消能防冲的洪水标准与该闸洪水标准一致，抗震设防烈度为7度。

（2）主要机电设备参数

万福闸共65孔，闸室净宽6.00 m，总净宽390.00 m，闸墩厚1.20 m，总宽466.80 m，总长141.00 m，设计流量8 270 m^3/s，校核流量9 400 m^3/s。闸门结构形式为上下扉直升门，上下扉门均为平面钢闸门，经加固改造，现每孔为一台套2×160kN/2×80kN新型同轴主副卷筒固定卷扬式启闭机，配备用于启闭上下扉门的主副卷筒，通过一套驱动装置和离合机构，实现主卷筒独立转动和主副卷筒联动，从而满足上下扉闸门的启闭要求。

万福闸配备10 kV干式变压器（型号SCB10-500/10，额定容量500 kVA）1台，由扬州乐园游乐场10 kV环网柜提供10 kV电源；还配备10 kV高压开关柜（型号KYN28A-12）4台，低压抽出式开关柜（型号GGD、GCS）5台，电容补偿柜（型号SVC）1台，直流电源屏（型号GZDW-II）1台，启闭机动力柜（型号XL-21）8台；备用电源为75 kW柴油发电机组（型号75GF60）1台；自动化监控系统包括工控机2台，主站 PLC 柜（型号 GGD）1 台，配电 RIO 分站 PLC 柜（型号 GGD）1 台，闸门 RIO 分站 PLC 柜（型号 GGD）4 台；视频监视系统包括监控大屏 1 套（55 寸液晶拼接单元 9 块），UPS1 台，交换机及通信设备 1 套，彩色固定摄像机 12 只，球形一体化摄像机 18 只。

（3）建筑物结构形式

万福闸闸身两端为重力式混凝土岸墙及浆砌块石护坡，上游凤凰河与新河之间设 600 m 长的一条干砌块石导流堤。闸身上下游设双向消能，上游消能设施由长 20.00 m 的消力池与长 5.00 m 的混凝土护坦、14.00 m 长灌砌石护坦和 11.00 m 长干砌石护坦（含防冲槽）组成，下游消能设施由 23.00 m 长消力池，接 10.00 m 长混凝土护坦、30.00 m 长的灌砌块石护坦和 10.00 m 长干砌块石护坦、防冲槽组成。

万福闸闸室为开敞式钢筋混凝土结构，闸墩和底板构成倒“π”字形结构（底板伸缩缝位于闸孔正中），共 32 组。其中底板高程 −2.00 m，闸顶高程 8.00 m，上扉门门底高程 4.80 m，门顶高程 7.50 m，下扉门底槛高程 −2.00 m，门顶高程 5.00 m，下扉门最大开启高度为 10.50 m，上扉门最大开启高度为 3.50 m；公路桥净宽 11.00 m，公路桥桥面高程 9.22 m，按汽 −20 级设计，拖 −100 级校核；工作便桥净宽 2.95 m，桥面高程 8.66 m；工作桥净宽 5.20 m，桥面高程 16.80 m；上游翼墙顶高程 7.50 m，下游翼墙顶高程 5.50 m。

万福闸工程现用工作基点为国家二等水准点Ⅱ六江 30。工程观测任务主要包括垂直位移、扬压力、引河河道断面、水位。

（4）工程建设、改造情况

万福闸于 1959 年 10 月开工，1962 年 12 月建成，又分别于 1961 年冬至 1964 年、1968 年至 1973 年、1980 年至 1982 年、1986 年至 1994 年进行了 4 次大修加固和改造。2012 年 3 月，开始进行更为全面的加固改造；至 2017 年 4 月，完成初步设计及概算批复建设内容；2018 年 8 月，通过单位工程验收；2018 年 12 月通过工程竣工验收。万福闸加固工程总批复投资 9 449.04 万元，工程主要建设内容包括加固闸室结构、减载翼墙、加固上下游护底、拆建桥头堡、增建启闭机房、安置观测设施等土建工程；更新上扉门、下扉门维修防腐、改造启闭机、增设下游侧检修门启吊装置、增补检修闸门等金结工程；更新改造电气设备、增设自动控制及视频监视系统；水土保持工程；万福闸、芒稻闸水文设施改建；公路桥、工作便桥整修；万福闸上下游护坡整修工程。

2. 太平闸

（1）工程位置及作用

太平闸位于扬州市生态科技新城太平河上，西距万福闸约 400 m，系淮河入江水道的控制工程之一，与万福闸、金湾闸一起构成淮河入江水道最后一级控制性工程，具有排洪、蓄水等方面的综合效益，设计流量 1 950 m^3/s（目前河道未开挖到位，河床淤积，

太平闸

最大行洪能力不足 1 500 m^3/s)，校核流量 2 470 m^3/s，防洪标准按 300 年一遇设计。太平闸属大型水闸，2015 年 10 月鉴定为一类闸。

（2）主要机电设备参数

太平闸共设 24 孔，每孔净宽 6.00 m，闸室总宽为 167.00 m。太平闸采用一开一方式，每孔装有 2×12.5t 卷扬式启闭机 1 台。闸门为上下扉直升门，下扉门为实腹式平板钢闸门，上扉门为钢筋混凝土直升门。本工程 24 孔上扉门共用一台 2×7.5t 电动葫芦逐孔启闭。太平闸采用 SC10−160/10 所变一台，由扬州乐园游乐场 10 kV 环网柜提供 10 kV 电源。

太平闸配备 10 kV 干式变压器（型号 SC10−160/10，额定容量 160 kVA）1 台，高压进线柜（型号 HXGN−12）1 台，计量照明柜（型号 GGD）1 台，动力柜（GGD）1 台，电容补偿柜（MNS）1 台，照明柜（MNS）1 台，动力进线柜（MNS）1 台，动力柜（MNS）1 台，PLC 柜 1 台，视频网络柜 1 台。与万福闸合用一台 75 kW 柴油发电机组（型号 75GF60）作为备用电源。

（3）建筑物结构形式

太平闸主要建筑物级别为 2 级，上下游翼墙为 3 级。下扉门门底高程为 −1.00 m，门顶高程为 5.85 m。上扉门门底高程为 5.50 m，门顶高程为 7.50 m。本工程两端为连拱式挡土墙，上游翼墙顶高程 7.50 m，下游翼墙顶高程 7.00 m。本工程公路桥桥面高程 8.80 m，净宽 10.00 m，按汽 −13 级设计，拖 −60 级校核。检修便桥桥面高程 8.75 m，净宽 1.20 m。工作桥桥面高程 15.30 m，净宽 4.60 m。另外，为保护渔业资源和生态平衡，在闸西侧兴建一座鱼道，分别在万福闸、太平闸下游各设一处进口，太平闸上游设有一处出口。

太平闸工程现用工作基点为国家二级水准点Ⅱ六江 31。工程观测任务主要包括垂直位移、扬压力、引河河道断面、水位。

（4）工程建设、改造情况

太平闸于 1971 年 12 月开工，1972 年 6 月进行水下工程验收，1973 年 8 月竣工移交管理，工程总投资 253 万元。

1994 年 7 月至 1996 年 10 月对闸墩、排架、下游翼墙进行了抗震加固，1996 年 11 月工程竣工验收，总投资 900 万元。

2002 年 10 月至 2003 年 12 月进行了加固续建，内容主要包括：上下扉闸门及鱼道闸门更换；启闭机更换（改 1 台移动式油压启闭机逐孔逐节开 24 孔闸门的方式为卷扬式启闭机一开一方式）；闸墩、排架防碳化处理及门槽改造；工作桥拆除重建；公路桥、工作便桥裂缝、碳化处理；增设启闭机房；西桥头堡拆除重建；电气设备改造；增设自动化系统。总投资 1 752 万元。

2012 年 1 月工程进行底板裂缝加固，采用 C25 混凝土将闸室反拱底板下游反拱段填平，填筑高程至 −1.00 m，2013 年 3 月工程施工完成。

3. 金湾闸

金湾闸

（1）工程位置及作用

金湾闸位于扬州市生态科技新城与江都区交界的金湾河上，系淮河入江水道的控制工程之一，与万福闸、太平闸一起构成淮河入江水道最后一级控制性工程，具有排洪、蓄水、引潮等方面综合效益。设计流量 3 200 m^3/s，校核流量 3 500 m^3/s，防洪标准按 300 年一遇设计。金湾闸属大型水闸，2015 年 10 月鉴定为一类闸。

（2）主要机电设备参数

金湾闸共 22 孔，每孔净宽 6.00 m，高 10.00 m，闸墩宽 1.20 m，闸室总宽 157.20 m，每孔配有 56t 两级顶升油压启闭机（QPPY Ⅱ）2 台，闸门为实腹式平板钢闸门，1 台 SCB9-315/10 所变，一路 10 kV“南海线二桥王庄支线”供电。

金湾闸配备 10 kV 干式变压器（型号 SCB9，额定容量 315 kVA）1 台，10 kV 高压开关柜（型号 HXGN-12）1 台，低压动力柜（型号 GCK）1 台，电容补偿柜（型号 GCK）1 台，计量照明柜（型号 GCK）1 台，控制柜（型号 GGD）3 台，鱼道控制柜 1 台，PLC 柜（型号 GGD）1 台，备用电源为 120 kW 柴油发电机组（型号 120GF）1 台。

（3）建筑物结构形式

金湾闸主要建筑物级别为 2 级，上下游翼墙为 3 级。采用连续反拱底板，底板高程为 -3.00 m，闸上设有 7.00 m 宽公路桥一座，按汽 -13 级设计，拖 -60 级校核。另设 2.60 m 净宽的检修便桥及 3.60 m 净宽的工作桥各一座。公路桥及检修便桥的桥面高程为 9.20 m，工作桥桥面高程为 15.90 m，上游翼墙顶高程为 7.50 m，下游翼墙顶高程为 7.00 m。另外，为保护渔业资源和生态平衡，在闸西侧建有 1.60 m 宽鱼道一座，长 150.00 m。

金湾闸工程现用工作基点为金湾闸 BM。工程观测任务主要包括垂直位移、扬压力、引河河道断面、水位。

（4）工程建设、改造情况

金湾闸于 1972 年 10 月动工建设，1973 年 6 月建成并投入使用。该工程始建时未作抗震设计，1977 年江都管理处按抗震烈度 7 度进行抗震验算，并于 1994 年至 1996 年对本工程工作桥排架进行了抗震加固。2004 年 2 月至 2004 年 12 月，作为淮河灾后重建应急工程，对工程进行了再次加固，总投资 2 259.33 万元。

6.3.2 管理单位简介

江苏省江都水利工程管理处万福闸管理所负责万福闸、太平闸、金湾闸工程管理，为江都水利工程管理处直属正科级事业单位。

万福闸管理所连续多年获得“江苏省工人先锋号”“全国青年文明号”“江苏省水管先进单位”“江苏省水利系统文明单位”等荣誉称号。近年来，管理所职工主持研发了“新型压力加油嘴”“卷扬式启闭机绳孔封闭自动装置”“一种卷扬式启闭机防范闸门飞车系统”“一种水利系统轨道式自动监控装置”等多个“五小创新”技改项目，获得多项国家实用新型以及国家发明专利，并将创新技术应用于工程管理实践中，解决了不少实际难题，取得了良好的工程和经济效益。其中，“卷扬式启闭机绳孔封闭自动装置研制探讨”参加由中国水利教育协会组织的第二届“五小”成果评选活动，获得优秀奖。目前，“一种卷扬式启闭机电磁制动器失灵应急工具”“一种闸门自密闭装置”等技术创新项目正在设计完善中。2021 年 12 月，万福闸加固工程荣获“中国水利优质（大禹）奖”。

万福闸管理所坚持把党员培养成技术骨干、把技术骨干发展成党员，开展师徒结对，传承技艺，全面提升全体职工的综合素质，先后涌现出一批杰出的技术人才。如：高级技师陈宇潮获得第六届全国水利行业职业技能竞赛第一名，荣获“全国五一劳动奖章”、“全国技术能手”、“全国水利技术能手”、“全国水利行业首席技师”、水利部第三届“最美水利人”、“江苏省有突出贡献中青年专家”、“江苏省技术能手”、“江苏省机关事业单位技术能手”等荣誉称号；技师薛宽政获得第六届全省闸门运行工技能竞赛一等奖，荣获“江苏省五一创新能手”“江苏省技术能手”等荣誉称号；技师冷明获得全省第四届闸门操作与维修工职业技能竞赛一等奖，荣获“江苏省机关事业单位技术能手”荣誉称号；技师张军获得江苏省第三届水文勘测工技能竞赛全能第六名，荣获“江苏省水利行业技术能手”荣誉称号。

6.3.3　工程管理范围

1. 万福闸

（1）划界确权情况

根据《江苏省水利工程管理条例》关于大中型涵闸管理范围的相关规定，经江苏省水利厅批准，万福闸工程管理范围已明确，上游东岸：沿万福闸管理所围墙东南角向北 138 m，向西 150 m，再向北 351 m 连线以西、以南区域；下游东岸：沿万福闸管理所围墙东南角向东 147 m，过扬江公路向西沿万福闸至太平闸鱼道 240 m，向南 450 m 连线以南、以西区域；上游西岸：自上游右岸防汛大门围墙西南角起沿扬江公路北边线向西 97.7 m 止，由该点与从上游翼墙起顺圆弧河口线向北 249.6 m 止的连线以东三角形区域；下游西岸：由上游西岸起点沿扬江公路向西南 390.4 m，滨水路向东南 446.3 m 止的连线以东、以北区域。

通过划界确权，万福闸工程土地使用权属清楚，界线明确，为依法管理工程奠定了坚实的基础。目前，万福闸土地使用权总面积 198 415 m^2。其中万福闸东岸 69 542 m^2（包括万福闸管理所）、西岸 128 873 m^2。并按照确权划界范围设置了管理界桩 44 根、分界牌 4 块、告示牌 6 块。界桩、分界牌、告示牌标志明显、定期维护、划界资料齐全。

（2）安全警戒区划定情况

根据江苏省水利厅苏水办河〔2021〕1 号文批复，万福闸工程警戒区范围与工程管理范围相同。

2. 太平闸

（1）划界确权情况

太平闸工程管理范围已明确，上游东岸：长度由闸室北边线向北 110 m，宽度 12 m；

上游西岸：长度由鱼道出口闸向北 110 m，宽度 10 m；下游东岸：从闸室开始向南 264.7 m 止，宽度 10 m；下游西岸：由鱼道进口闸向南至二道桥，宽度 10 m。太平闸鱼道上段以南，太平闸鱼道下段以东和太平闸西岸以西的三角区域全属管理范围。太平闸鱼道上段以北，太平闸鱼道下段以西自鱼道口起向外 4 m 的狭长地带属管理范围。太平闸上下游左右岸与生态科技新城共管范围，上游东岸：由原工程管理上游东岸北侧点向北延伸 410 m；上游西岸：由原工程管理上游西岸北侧点向北延伸 450 m；下游东岸：由原工程管理下游东岸南侧点向南延伸 380 m；下游西岸：由原工程管理下游西岸南侧点向南延伸 330 m。并按照确权划界范围设置了管理界桩 39 根、分界牌 4 块、告示牌 2 块。界桩、分界牌、告示牌标志明显、定期维护、划界资料齐全。

（2）安全警戒区划定情况

根据江苏省水利厅苏水办河〔2021〕1 号文批复，太平闸上游水域安全警戒范围稍小于工程管理范围，左岸护坡 195 m，右岸护坡 139 m；下游左岸护坡 518 m，右岸护坡 568 m。

3. 金湾闸

（1）划界确权情况

金湾闸工程管理范围已明确，以闸中心线算起，上游西岸 600 m，上游东岸 542 m，下游西岸 525 m，下游东岸 598 m，西至排水沟，东至七闸村。并按照确权划界范围设置了管理界桩 41 根、分界牌 3 块、告示牌 4 块。界桩、分界牌、告示牌标志明显、定期维护、划界资料齐全。

（2）安全警戒区划定情况

根据江苏省水利厅苏水办河〔2021〕1 号文批复，金湾闸工程警戒区范围与工程管理范围相同。

6.3.4 工程效益

1. 万福闸

（1）设计效益

万福闸的设计效益共有 3 项，分别如下。

①承泄淮河入江洪水量的 70% 左右。

②利用长江高潮位反向引潮，改善邵伯湖沿湖 66 700 hm^2 农田的灌溉用水条件。

③控制扬州段京杭大运河水位，改善通航、城市工业和生活用水条件。

（2）实际效益

万福闸工程自 1961 年投入运行以来，成功抗御了 1991 年、2003 年、2016 年、2020 年等多次大洪水，充分发挥了大型骨干水利工程的效益，截至 2021 年 12 月 31 日，万福闸共运行 7 595 天，排泄上游洪水 9 411.33 亿 m^3，引纳江水 10.18 亿 m^3。工程防洪减灾效益显著。

2. 太平闸

（1）设计效益

太平闸与万福闸、金湾闸配合排泄淮河洪水，当淮河入江洪流 12 000 m^3/s 时，太平闸泄流为 1 950 m^3/s；当淮河入江洪流 15 000 m^3/s 时，太平闸泄流为 2 470 m^3/s。

（2）实际效益

太平闸工程自 1973 年投入运行以来，共运行 798 天；截至 2021 年 12 月 31 日，太平闸共排泄上游洪水 419.11 亿 m^3。

3. 金湾闸

（1）设计效益

金湾闸汛期排洪、汛后蓄水、自流引江，兼顾交通、过鱼。

（2）实际效益

金湾闸工程自 1974 年投入运行以来，共运行 1 220 天；截至 2021 年 12 月 31 日，金湾闸共排泄上游洪水 522.64 亿 m^3，引纳江水 800 万 m^3。

6.4 邵仙枢纽（邵仙闸洞、运盐闸、邵伯闸、邵仙套闸）

邵仙枢纽由邵仙闸洞、运盐闸、邵伯闸、邵仙套闸组成，为邵仙闸管理所管理，作为江都水利枢纽的重要组成部分，主要承担苏北地区的抗旱、防洪、排涝、灌溉、通航等任务。该枢纽自建成以来，工程作用得到了充分发挥，产生了显著的综合效益。

6.4.1 工程简介

1. 邵仙闸洞

邵仙闸洞

（1）工程位置及作用

邵仙闸洞工程由邵仙闸和邵仙洞两部分组成，邵仙闸和邵仙洞的空间位置关系为上下层十字立交，上层为开敞式水闸即邵仙闸，下层为倒虹吸式地下涵洞即邵仙洞。从江都抽水站沿高水河向北约 7.7 km 即到达邵仙闸洞。2018 年 12 月邵仙闸鉴定为一类闸。

邵仙闸横跨高水河，当江都抽水站抽引江水北送时开邵仙闸，配合抽水站向北送水，当江都抽水站抽排里下河涝水时关邵仙闸，以降低抽水站排涝扬程。邵仙闸设计流量为 300 m^3/s，当江都站所有机组投运向北送水时，邵仙闸实际流量可达 500 m^3/s 以上，属中型水闸。

邵仙洞上游通邵伯湖，下游为老通扬运河，当老通扬运河水位很低时，可视邵伯湖水位情况适当送淮水以缓旱情；当江都面临集中暴雨，水位抬至 4.50 m 时，遇邵伯湖低水位 3.50 m 时，开洞门退涝水入湖。邵仙洞原设计流量为 80 m^3/s，1998 年封去两边孔后设计流量调整为 50 m^3/s。

（2）主要机电设备参数

邵仙闸共计 4 孔，每孔净宽 13.00 m，总宽 57.00 m，闸总长 110.60 m，采用钢结构弧形门，配备 2×225kN 卷扬式启闭机。邵仙洞现有 5 孔，洞口尺寸为 2.35 m×2.50 m，总宽 14.80 m，采用平面钢闸门，配备 10 t 螺杆式启闭机。

邵仙闸洞与运盐闸、邵仙套闸共用 10 kV 干式变压器（型号 SCB10-500/10，额定容量 500 kVA）1 台，10 kV 高压开关柜（型号 HXGN-12）2 台，低压抽出式开关柜（型号 YSGCS）3 台，电容补偿柜（型号 YSVC）1 台；备用电源为 150 kW 柴油发电机组（型号 150-GF-W6）1 台；邵仙闸配备现场配电控制柜（型号 GXL）2 台，邵仙洞配备现场配电控制柜（型号 GXL）1 台。因闸门启闭频率极低，邵仙闸洞启闭机未实行微机自动控制，但设有监测监视设备。

（3）建筑物结构形式

邵仙闸为平底板开敞式水闸，主要建筑物级别为 3 级，底板高程 1.00 m，闸顶高程 10.50 m，工作桥面高程 19.40 m。邵仙洞为倒虹吸式地下涵洞，洞首底高程 0.00 m，顶高程 2.50 m；中段洞底高程 -2.00 m，顶高程 0.50 m。

根据邵仙闸洞工程观测任务书，观测项目主要有垂直位移、引河河道断面。邵仙闸洞、运盐闸、邵仙套闸现有共用垂直位移工作基点 3 个（分别为邵仙 BM1、邵仙 BM2、邵仙 BM3），基点高程从国家二等水准点Ⅱ六江 30 引测。

（4）工程建设、改造情况

邵仙闸洞始建于 1963 年 5 月，于 1964 年 5 月竣工。2000 年 1 月至 2000 年 8 月对邵仙闸进行了加固改造，其主要内容有工作桥大梁、工作便桥大梁、人行桥大梁以及排架表面混凝土采取环氧厚浆防护；闸墩、牛腿混凝土修补；闸门支臂修复、止水橡皮更换；

抗震加固；增设轻型彩板启闭机房 270 m^2；人行桥拓宽至 3.00 m。

2. 运盐闸

运盐闸

（1）工程位置及作用

运盐闸位于邵仙闸洞毗邻的运盐河上，运盐闸上游为直通邵伯湖的运盐河，下游为高水河。运盐闸主要作用是正常情况下关闭，确保江都站顺利通过高水河向北送江水；抗旱时可引江水 300 m^3/s 进邵伯湖；排淮河洪水时打开运盐闸可通过芒稻闸排洪 830 m^3/s 入江。运盐闸属中型水闸，2018 年 12 月鉴定为一类闸。

（2）主要机电设备参数

运盐闸共 9 孔（原为 7 孔，1999 年大修改造，两通航孔被分为 4 孔，不再通航），大孔净宽 6.80 m，小孔净宽 6.00 m，总宽 71.80 m，闸总长 132.05 m。采用平面钢闸门，配备 9 台 2×160kN 卷扬式启闭机。

运盐闸与邵仙闸洞、邵仙套闸共用 10 kV 干式变压器（型号 SCB10-500/10，额定容量 500 kVA）1 台，10 kV 高压开关柜（型号 HXGN-12）2 台，低压抽出式开关柜（型号 YSGCS）3 台，电容补偿柜（型号 YSVC）1 台；备用电源为 150 kW 柴油发电机组（型号 150-GF-W6）1 台；现场配备配电控制柜（型号 GXL）1 台。因闸门启闭频率极低，运盐闸启闭机未实行微机自动控制，但设有监测监视设备。

（3）建筑物结构形式

运盐闸为开敞式水闸，主要建筑物级别为 3 级，底板高程 0.00 m，闸顶高程 10.50 m，胸墙底高程 5.50 m，交通桥面高程 12.40 m，工作桥面高程 17.00 m。

根据运盐闸工程观测任务书，观测项目主要有垂直位移、引河河道断面。

（4）工程建设、改造情况

运盐闸始建于1963年10月8日，于1966年5月27日竣工。1999年4月至2000年1月对运盐闸进行了加固改造，将原两孔孔径13.00 m的通航孔中间增设闸墩，分隔成4孔节制孔；取消上扉门，增设胸墙；将原下扉门下卧式弧形钢闸门更换成平面直升钢闸门；更换启闭机，由原来的门式启闭机更换成1孔1台卷扬式启闭机；增设彩钢板启闭机房；闸身混凝土环氧厚浆防护；下游河道清淤；人行桥拓宽0.40 m。

运盐闸加固改造是江都水利枢纽邵仙控制运盐闸、邵仙闸加固改造工程的组成部分。改造工程于1999年4月开工，2002年7月竣工，总投资627万元。

3. 邵伯闸

邵伯闸

（1）工程位置及作用

邵伯闸为节制闸，位于南干渠的渠首，工程建筑在邵伯镇与邵伯船闸间旧有运河槽上。2021年11月鉴定为一类闸。邵伯闸上游为高水河，下游为南干渠，因该闸上下游水位差较大，为防止大流量时水流对原河道的冲刷，在闸下300多m处，设有浆砌块石滚水坝一座，坝顶高程3.70 m，溢流高程3.00 m。邵伯闸原设计用途是向老通扬运河送水150 m^3/s，随着江都水利枢纽兴建，水系调整后改为通过盐邵河为里下河地区补水，2012—2013年加固改造后，可送水50 m^3/s，属小型水闸。

邵伯闸共2孔，总宽13.00 m，闸总长96.50 m，2012年7月至2013年7月对邵伯闸进行了加固改造，加固改造后邵伯闸仍为2孔，总宽仍为13.00 m，每孔净宽由5.00 m缩至4.00 m，闸门由钢结构弧形门改为平面钢闸门，新启闭机为2台双吊点QP2×100kN卷扬式启闭机。

（2）主要机电设备参数

邵伯闸没有设置专用的变压器，电源从邵伯船闸宿舍楼 2[#] 变接引。现场配备低压配电柜（型号 GGD）1 台、配电控制柜（型号 XL）1 台。因闸门启闭频率极低，邵伯闸启闭机未实行微机自动控制，但设有监测监视设备。

（3）建筑物结构形式

邵伯闸为开敞式水闸，主要建筑物等级为 1 级，原底板高程 0.50 m，闸顶高程 8.50 m，胸墙底高程 5.50 m，交通桥面高程 8.50 m，净宽 4.00 m，工作桥面高程 8.50 m。加固改造后门底采用实用堰，堰顶高程 2.00 m，堰顶宽度 0.65 m。胸墙及上游侧闸墩加高至 9.00 m，胸墙底高程仍为 5.50 m，公路桥拆除加宽至 8.00 m，交通桥面高程加高至 8.80 m，新建后的工作桥面高程为 13.80 m，宽 4.00 m。两岸钢筋混凝土空箱式岸墙顶高程加高至 8.80 m，并将上游翼墙挡浪墙顶高程加高至 9.90 m。

根据邵伯闸工程观测任务书，观测项目主要为垂直位移。邵伯闸现有垂直位移工作基点 3 个（分别为邵伯 BM1、邵伯 BM2、邵伯 BM3），基点高程从国家二等水准点Ⅱ六江 30 引测。

（4）工程建设、改造情况

邵伯闸始建于 1952 年 10 月 5 日，于 1953 年 5 月 10 日竣工。2012 年 7 月至 2013 年 7 月对邵伯闸进行了加固改造。按 50 m^3/s 设计流量改造闸孔，增建工作桥排架，改建公路桥，更新工作桥、闸门及埋件、启闭机，更新改造电气设备，增建桥头堡和改建启闭机房，混凝土防碳化处理，闸室处淤泥清除等。工程投资 318 万元。

4. 邵仙套闸

邵仙套闸

（1）工程位置及作用

邵仙套闸工程位于江都区仙女镇以北的高水河与运盐河之间的隔堤上，距芒稻船闸约 7.7km，该工程同时也是江都水利枢纽工程的重要组成部分。该闸主要作用：可作船闸运行使用，解决了邵仙闸在江都抽水站大流量运行期间因过闸流速太大造成船只撞闸沉船的重大安全隐患；可配合邵仙闸向北送水 70 m^3/s，扩大向北送水能力；在淮河行洪时可加以控制，提高高邮湖东堤的防洪能力和减轻江都市区的防洪压力；当江都站为里下河排涝时，通过控制降低江都站上游水位，提高排涝效率。

邵仙套闸纵轴线与邵仙闸纵轴线基本平行，夹角为 4°，上闸首纵轴线与邵仙闸横轴线相交，交点距邵仙闸中心线约 83 m 处。套闸工程规模为中型，主要建筑等级 2 级。

邵仙套闸上下闸首各设有一扇升卧式钢闸门和一台双吊点 2×400kN 卷扬式启闭机。

（2）主要机电设备参数

邵仙套闸与邵仙闸洞、运盐闸共用 10 kV 干式变压器（型号 SCB10-500/10，额定容量 500 kVA）1 台，10 kV 高压开关柜（型号 HXGN-12）2 台，低压抽出式开关柜（型号 YSGCS）3 台，电容补偿柜（型号 YSVC）1 台；备用电源为 150 kW 柴油发电机组（型号 150-GF-W6）1 台；单独配备现场控制柜（型号 GCS）4 台、UPS 电源柜（型号 C2KS）1 台。

因闸门启闭频繁，邵仙套闸启闭机实行了微机自动控制，还设有视频监视设备，通过摄像头对上下游引河、靠船墩、闸室、启闭机房等处进行实时监视。2020 年 9 月上线了基于手机 App 的智能运管系统，船民不用上岸也能进行远程登记、调度、缴费等操作，使船舶过闸更加安全便捷。

（3）建筑物结构形式

邵仙套闸由上下闸首、闸室、上下游引航道、靠船墩、隔水墙和导航设施等组成。上下闸首、闸室均采用钢筋混凝土“U”形结构。闸室净宽 16.00 m，长 160.00 m，分 8 节，每节长 20.00 m，最小通航水深 3.50 m。

上下闸首均为排架式工作桥，工作桥面布设启闭机，上建启闭机房，上闸首东侧建控制楼，实现闸门集中控制。工作桥排架顶高程 17.00 m，工作桥桥面高程 18.80 m，宽 5.00 m，上下闸首净宽 16.00 m，长 15.00 m，底板面高程 2.00 m，消力池处高程 1.50 m，闸墩顶高程 9.50 m。

根据邵仙套闸工程观测任务书，观测项目主要有垂直位移、扬压力。

（4）工程建设、改造情况

邵仙套闸 1998 年 11 月开工建设，1999 年 11 月 28 日竣工。2016 年 6 月经江苏省水利厅批准，利用芒稻船闸断航拆建的有利时机对邵仙套闸进行了大修，先后完成启闭机更新、闸门加固、自动化系统改造、建筑物维修加固等大修工作，使邵仙套闸面貌一新，2017年元旦邵仙套闸与芒稻船闸同步恢复通航。邵仙套闸大修工程2016年6月开工，2019年12月竣工验收，工程总投资952万元。

6.4.2 管理单位简介

江苏省江都水利工程管理处邵仙闸管理所负责邵仙闸洞、运盐闸、邵伯闸、邵仙套闸工程管理，为江都管理处直属正科级事业单位。

邵仙闸管理所以“绿色通道、惠民先锋”支部品牌为目标，以“谈、访、议”工作法为抓手，在搞好工程管理和通航管理的同时，切实加强党风廉政和行风建设，深入推进管理精细化、标准化、长效化。近年来，先后完成邵仙套闸启闭机更新、闸门加固、自动化系统改造、建筑物维修加固及邵仙闸启闭机房改造等大修工程，全面消除安全隐患，大力改善环境面貌，连续多年实现工程安全运行无事故，工程效益充分发挥。先后荣获“全省水利系统先进集体”、省级机关“青年文明号”、全省水利系统“文明单位”“文明单位标兵”等荣誉称号。

邵仙闸管理所始终注重人才培养及新技术的应用研究，积极推行师徒传帮带制度，充分发挥支部战斗堡垒作用，全所职工扎根水利、拼搏进取，涌现出一批爱岗敬业、勇于创新、岗位成才的“劳动模范”和“技术能手”。如：邵仙套闸开发应用“邵仙套闸智能运管系统（ETC）”，实现不见面服务；何云轩获得第十一届“全国水利技能大奖”，丁建兰获得“全国水利技术能手”“全国五一巾帼标兵”等。

6.4.3 工程管理范围

（1）划界确权情况

为依法确认邵仙闸管理所所辖邵仙闸洞、运盐闸等水工程的土地使用权属，维持水工程的安全和正常运行，充分发挥工程效益，并合理开发利用水利工程用地，1994年3月，省江都水利工程管理处按照省水利厅的要求，对邵仙闸洞、运盐闸等水工程管理范围用地进行确权划界，本着“尊重历史、面对现实、适当微调、妥善处理”的原则，于1995年底，全面完成对邵仙闸洞、运盐闸、邵伯闸等水工程用地的调查、登记、发证工作，领取了国有土地使用证，对确权边界进行了划定，并埋设了界桩。

2016—2019年，在省河道局牵头组织下，通过公开招标，由江苏易图地理信息有限公司具体实施，管理处对上述工程开展了第二轮划界确权工作。按照《江苏省水利工程管理条例》第六条规定，重新划定工程管理范围；完成邵仙枢纽管理范围边界测绘2 151.87 m，控制点9个；完成邵伯闸管理范围边界测绘1 078.75 m，控制点4个，已确权水工程用地完成权籍信息化，成功换发《不动产权证书》。

（2）安全警戒区划定情况

根据江苏省水利厅苏水办河〔2021〕1号文批复，邵仙闸洞、运盐闸、邵仙套闸同为中型水利工程且位置紧邻，决定合并划定安全警戒区，北侧至运盐闸上游翼墙向外 253 m、邵仙闸下游翼墙向外 110 m；南侧沿运盐闸下游翼墙向外 164 m、邵仙闸上游翼墙向外 62 m；东侧至邵仙洞下游邵仙河左堤向外 40 m，西侧沿运盐河河口线向外 40 m。安全警戒区和管理范围重合，安全警戒线也为管理范围线。邵伯闸属于小型水利工程，参照确权范围划定安全警戒区，北侧至邵伯闸上游 69 m 处；南侧从下游翼墙向南至滚水坝；左岸至高水河河口线向外 59 m；右岸至高水河河口线向外 24 m。安全警戒区和管理范围重合，安全警戒线也为管理范围线。

6.4.4 工程效益

1. 邵仙闸洞

（1）设计效益

邵仙闸洞的设计效益共有 5 项，分别如下。

① 邵仙闸配合江都抽水站抽引江水送入里运河，全部开启闸门可送水 300 m^3/s。

② 邵仙闸可排泄白马湖、宝应湖地区涝水达 300 m^3/s。

③ 邵仙洞原设计流量为 80 m^3/s，1998 年封去两边孔后设计流量调整为 50 m^3/s。

④ 当老通扬运河水位很低时，可视邵伯湖水位情况适当送淮水以缓旱情。

⑤ 当江都面临集中暴雨，水位抬至 4.50 m 时，遇邵伯湖低水位 3.50 m 时，可开启邵仙洞退涝水入湖。

（2）实际效益

邵仙闸的实际效益主要体现在开闸配合江都抽水站向北方送水、关闸配合江都抽水站抽排里下河涝水，相应的引排流量决定于江都抽水站的抽水流量；邵仙洞的实际效益主要是满足老通扬运河沿岸用水需求，近年来随着经济不断发展，邵仙洞频繁引淮水补给老通扬运河，有效保障了老通扬运河沿岸居民生产生活用水需求。

2. 运盐闸

（1）设计效益

运盐闸抗旱时可配合江都抽水站引江水 300 m^3/s 进邵伯湖；排淮河洪水时打开运盐闸可通过芒稻闸排洪 830 m^3/s 入江。

（2）实际效益

运盐闸的实际效益主要体现在正常情况下关闭挡水，隔开高水河与邵伯湖，确保江都站顺利通过高水河向北方送水。

3. 邵伯闸

（1）设计效益

邵伯闸原设计用途是向老通扬运河送水 150 m^3/s，随着江都水利枢纽兴建，水系调整后改为通过盐邵河为里下河地区补水，2012—2013 年加固改造后，可送水 50 m³/s。

（2）实际效益

邵伯闸的实际效益主要体现在正常情况下关闸挡水，以确保江都站顺利通过高水河向北方送水。

4. 邵仙套闸

（1）设计效益

邵仙套闸的设计效益有二：一是作套闸使用，解决通航安全问题；二是可配合邵仙闸向北送水 70 m³/s。

（2）实际效益

邵仙套闸实际效益主要体现在为过往船舶提供安全、高效的通航服务。邵仙套闸自 1999 年 11 月连续运行多年后，于 2016 年下半年进行大修，2017 年元旦正式恢复通航。此后通航效益连年增长，2017 年度船舶通过量为 2 574 万 t；2018 年度船舶通过量为 3 010 万 t；2019 年度船舶通过量为 3 119 万 t；2020 年面对新冠疫情，管理所坚持疫情防控和安全通航两手抓，持续为过往船员提供优质、贴心的服务，实现了“零事故、零投诉、零滞留”的目标，船舶通过量再创历史新高，达到 4 199 万 t，有效保障了生产生活物资水上运输通道畅通。

6.5 宜陵闸、宜陵北闸、三里窑闸、五里窑闸、宜陵地涵

宜陵闸、宜陵北闸、三里窑闸、五里窑闸、宜陵地涵等 5 座工程由宜陵闸管理所管理，宜陵闸主要为解决新通扬运河高低地之间的引排矛盾，与宜陵北闸配合使用选择引排新通扬运河或三阳河；宜陵北闸主要为防止新通扬运河高水侵入三阳河两岸大片低田，并作为南水北调东线工程沿三阳河、潼河引水至宝应站的控制口门；三里窑闸、五里窑闸、宜陵地涵主要为共同解决因新老通扬运河交叉而带来的灌溉、排涝、航运的矛盾。

6.5.1 工程简介

1. 宜陵闸

（1）工程位置及作用

宜陵闸位于江苏省扬州市江都区宜陵镇东北 1.5 km 的新通扬运河上，属江都水利枢纽工程的主要工程之一，其主要设计作用是：①解决新通扬运河高低地之间的引排矛盾；②与宜陵北闸配合使用选择引排新通扬运河或三阳河；③通航。

（2）主要机电设备参数

宜陵闸设计流量 300 m³/s，属中型水闸。全闸共 13 孔，闸孔总净宽为 64.00 m，其中，12 孔节制孔，每孔净宽 4.50 m，1 孔通航孔，净宽 10.00 m。节制孔闸门为钢结构平面直

宜陵闸

升门，通航孔闸门为上下扉平面钢闸门。节制孔每孔设 1 台 QP−1×160kN 卷扬式启闭机，通航孔设 QPB−2×100kN 及 QPB−2×125kN 卷扬式启闭机。2019 年 10 月鉴定为一类闸。

宜陵闸配备 10 kV 干式变压器（型号 SCB10−100/10，额定容量 100 kVA）1 台，10 kV 高压开关柜（型号 HXGN−12）1 台，计量照明柜（型号 GCS−P1）1 台，配电房动力柜（型号 GCS−P2）1 台，桥头堡动力柜（型号 GGD）1 台，启闭机控制柜（型号 XL）7 台；备用电源为 75 kW 柴油发电机组（型号 75GF6135D−3）。自动化控制系统分主控级、现场控制级，远控级留有接口。控制系统具有程序控制与现场控制两种形式，以现场控制优先。控制室微机工作台 1 套，自动控制系统 1 套，视频监视系统 1 套，视频主机 1 台，网络交换机 1 台，现场安装彩色固定摄像机 6 只，球形一体化摄像机 4 只。

（3）建筑物结构形式

宜陵闸主要建筑物级别为 3 级，闸身总宽 75.25 m，闸长 79.00 m，闸顶高程 6.00 m，闸底高程 −2.50 m，底板为钢筋混凝土结构，节制孔采用二墩一块底板的形式，底板厚 1.20 m，通航孔两边分别为相邻的节制孔闸底板和岸墙底板，中间另设一块 5.00 m 宽的小底板，厚 1.60 m。岸墙采用埋石混凝土重力式，顶高 8.70 m，底板面 −2.50 m，底板厚 1.20 m；翼墙采用重力式浆砌块石结构；上游翼墙顶高 6.00 m，距闸身 7.00 m 后约以 1∶3 之坡，直降至与河底平；下游翼墙顶高 4.50 m，距闸身 1.40 m 后约以 1∶3 之坡，直降至与河底平。闸身上下游均设置钢筋混凝土消力池，上游消力池兼作防渗铺盖用，长 12.50 m，深 0.50 m；下游消力池是透水的，长 11.50 m，深 0.50 m，下设倒滤层。上下游消力池外分别有 7.00 m 和 6.00 m 长的浆砌块石护坦，上游护坦是透水的，其下设倒滤层，上下游护坦外分别设置 15.00 m 和 14.00 m 长的干砌块石海漫，尽端并做防冲槽。上下游翼墙后及翼墙外皆布置干砌块石护坡，直做至防冲槽以外 5.00 m 处。

闸上交通桥净宽 7.50 m，桥面高程 8.95 m，设计汽车荷载等级按公路 – Ⅱ级取用；节制孔工作桥净宽 4.00 m，桥面高程 10.23 m；通航孔工作桥净宽 6.00 m，桥面高程 14.55 m；工作便桥净宽 1.75 m，桥面高程 6.00 m。

宜陵闸工程观测项目主要包括垂直位移和引河河道断面，现有工作基点 3 个，基点高程从国家二等水准点江海 4 引测。

（4）工程建设、改造情况

宜陵闸于 1963 年 3 月 1 日开始兴建，1963 年 7 月 16 日竣工。2011 年 5 月至 2012 年 12 月，宜陵闸进行除险加固，主要建设内容：公路桥及支架拆建、工作桥及排架拆建、南桥头堡拆建、启闭机房增设、岸墙改造、路堤墙拆建，闸墩、岸墙、胸墙砼结构修补、表面防碳化处理，节制孔钢架钢丝网水泥闸门更换为钢结构闸门，通航孔钢闸门更新，门槽埋件改造，活动门档更换，启闭机更换，变压器、高低压柜及现地控制柜更新，电缆更换，自动控制及视频监视系统增设。宜陵闸除险加固工程概算批复工程总投资 1 223.83 万元，2012 年 12 月，通过江苏省水利厅组织的竣工验收。

2. 宜陵北闸

宜陵北闸

（1）工程位置及作用

宜陵北闸位于江苏省扬州市江都区三阳河河口，属江都水利枢纽工程的主要工程之一，其主要设计作用是：①防止新通扬运河高水侵入三阳河两岸大片低田；②引江水北调灌溉和冲淤；③作为南水北调东线工程与京杭运河平行河道的三阳河、潼河的引水控制口门。

在江都东闸、宜陵地涵等工程建成后，宜陵北闸原功能有所调整，通过与宜陵闸的联合控制运用，主要具备以下功能：①在灌溉高峰期，利用长江高水位自流引江至新通扬运河，再向三阳河等河网送水。在冬春期，长江低水位自引能力不足的情况下，可关闭宜陵闸，由江都东、西闸将长江水引流至新通扬运河后，再向三阳河送水；②当三阳河及其周边地区出现涝水时，可通过本闸经由新通扬运河并经江都站抽排。

（2）主要机电设备参数

宜陵北闸共7孔。闸门为钢结构平板闸门，门高7.29 m，配备QP−2×16kN卷扬式启闭机。工程配备10 kV干式变压器（型号SCB10−100/10，额定容量100 kVA）1台，10 kV高压开关柜（型号HGN15−12）1台，低压进线柜（型号GGD）1台，电容补偿柜（型号GGD）1台，启闭机控制柜（型号XL）7台；备用电源为75 kW柴油发电机组（型号75GF4135D−1）。自动化控制系统分主控级、现场控制级，远控级留有接口。控制系统具有程序控制与现场控制两种形式，以现场控制优先。控制室微机工作台1套，计算机监控系统1套，视频主机1台，网络交换机1台，现场安装彩色固定摄像机3只，球形一体化摄像机5只。

（3）建筑物结构形式

宜陵北闸设计流量300 m^3/s，主要建筑物级别为3级，设计抗震烈度为7度。2020年9月鉴定为一类闸。全闸共7孔，每孔净宽6.00 m，闸身总宽为48.60 m，闸长87.50 m，闸顶高程5.50 m，闸底高程−5.00 m。门顶设混凝土板梁式胸墙，墙底高程2.00 m，墙顶高程5.50 m。闸墩长16.10 m，厚1.10 m，根部加贴角厚2.10 m；闸墩除主门槽段长4.30 m的范围内用现浇混凝土外，其余均为浆砌块石结构，两端墩头用预制混凝土构件砌筑。两岸岸墙采用连拱空箱式挡土墙结构，墙顶高程5.50 m、6.00 m，底板面高程−5.00 m。上、下游第一、二节翼墙同为连拱式挡土墙结构，上游翼墙墙顶高程为5.00 m，底板面高程分别为−5.00 m、−2.50 m；下游翼墙墙顶高程为3.50 m，底板面高程分别为−5.50 m、−2.50 m。上下游第三节翼墙均采用扶垛式浆砌块石结构。上游第四节翼墙采用重力式结构，底板倾斜设置，高差1.00 m。闸底板为钢筋混凝土反拱结构，未分缝，顺水流方向长16.50 m，拱顶厚0.50 m，拱脚厚0.60 m，跨长4.50 m，矢高0.50 m，矢跨比1/9。上游钢筋混凝土铺盖长9.00 m，浆砌块石护底长24.00 m。闸下消力池长8.00 m，深0.50 m，为钢筋混凝土结构；海漫为块石结构，长29.90 m。上下游引河底宽50 m，底高程−5.50 m，边坡1∶3，堤顶高程5.50 m。上、下游护坡分别长102 m、110 m。

公路桥采用双铰圆弧拱结构，汽车设计荷载等级为公路−Ⅱ级，车道荷载按0.8折减，车辆荷载按0.7折减，桥面高程为6.50 m，净宽6.00 m；工作桥为钢筋混凝土“π”形结构，桥面总宽4.00 m，桥面高程12.30 m；工作便桥为浆砌块石拱形结构，桥面总宽2.00 m，桥面高程 5.50 m。

宜陵北闸工程观测项目主要包括垂直位移和引河河道断面，工作基点在院内大门东侧处，其高程为 6.336 7 m，每隔 5 年须与国家水准点校测一次，并进行考证。

（4）工程建设、改造情况

宜陵北闸于 1974 年 11 月 16 日开始兴建，1975 年 9 月 25 日竣工。2013 年 11 月开始实施宜陵北闸加固改造工程，于 2015 年 7 月完工。2015 年 11 月通过竣工验收。主要内容：加固底板及闸墩；增设撑梁、拦污栅搁置牛腿、起吊排架；拆建工作门槽、胸墙、公路桥、工作桥、排架及桥头堡；新建启闭机房及管理用房；整修工作便桥、上下游护坡；混凝土防碳化处理；增设 10 kV 环网柜、自动控制及视频监视系统；更换 10 kV 架空线路终端杆及杆上设备、变压器、现地控制箱、电缆；增设浮箱叠梁检修闸门；更换钢丝网水泥波形门、门槽埋件、活动门档、启闭机等。工程总投资 2 089.00 万元。

3. 三里窑闸

三里窑闸

（1）工程位置与作用

三里窑闸位于江苏省扬州市江都区宜陵镇以西，是控制老通扬运河的水工建筑物，属江都水利枢纽工程的配套工程之一，与五里窑闸、宜陵地涵一起，共同解决因新老通扬运河交叉而带来的灌溉、排涝、航运的矛盾。其主要作用是：①三里窑闸在上游局部暴雨水位过高时，可以排除涝水，设计流量为 80 m^3/s，正常水情时抬高上游水位 2 ～ 3 m；②通航，单向通航能力为 800 t 级船队（该功能已于 2015 年废除）。

2021 年 11 月，根据《水闸安全评价导则》（SL 214—2015）相关规定，评定三里窑闸工程运行管理良好，防洪标准、渗流安全、抗震安全、金属结构和电气设备等安全级别均评定为 A 级，工程质量、结构安全为 B 级，综合评定三里窑闸工程为二类水闸。

（2）主要机电设备参数

三里窑闸设计最大流量 80 m^3/s，上闸首采用下卧式弧形钢闸门，配用 2×15 t 卷扬式启闭机，下闸首采用钢结构横拉门，配用 2×2.5 t 卷扬式启闭机，输水阀门采用钢结构平面直升门，配用 2 台 8t 螺杆启闭机。工程配备干式变压器［型号 SC(B)10−160/10，额定容量 160 kVA］1 台，高压进线柜［型号 XGN15−12(F.R)/T630−31.5］1 台，高压进线柜［型号 XGN15−12(F)/T630−20］1 台，计量照明柜（型号 GCS）1 台，低压总进线柜（型号 GCS）1 台，低压动力柜（型号 GCS）1 台，无功补偿柜（型号 GGJ）1 台，桥头堡照明柜（型号 GCK）1 台，桥头堡动力柜（型号 GCK）1 台；备用电源为 75 kW 柴油发电机组（型号 75GF6135−D）。控制系统为现场控制。视频监视主机 1 台，网络交换机 1 台，球形一体化摄像机 5 只。

（3）建筑物结构形式

三里窑闸闸室长 135.00 m，宽 12.30 m；上闸首高程 9.00 m，下闸首高程 6.00 m；闸孔净宽：闸首 10.00 m，闸室 12.00 m；上游消力池底板高程 −3.00 m，下游消力池底板高程 −2.50 m；交通桥桥面高程 5.50 m，净宽 2.00 m，闸室高程 5.00 m，上下游堤顶高程 6.00 m。

三里窑闸工程观测项目主要为垂直位移，现在工作基点 3 个，基点高程从国家二等水准点江海 4 引测。

（4）工程建设、改造情况

三里窑闸于 1964 年 7 月正式开工，1965 年 12 月通过水下工程竣工检验，1966 年 1 月拆坝放水，8 月 22 日办理管理处接交代管手续。

三里窑闸先后进行了三次加固改造：① 2012 年对下游横拉门及上游弧形门进行大修。② 2014 年对上游启闭机进行维修，保留滚筒，更新电机、制动器、减速机、小齿轮。③ 2017 年 2 月进行高低压电气设备改造，2017 年 3 月完工，2017 年 4 月通过竣工验收。改造工程包含：浇筑配电房柜体垫层；更换干式变压器、所变进线柜、计量进线柜、400V 动力柜、400V 照明柜、户内检修动力柜，新添电容补偿柜，调试电气设备；更换 10 kV 进户电缆、低压电缆、柴油发电机组以及相应配套设施移位保养；浇筑混凝土地坪，安装电缆沟、排水沟盖板等。

4. 五里窑闸

（1）工程位置及作用

五里窑闸位于江苏省扬州市江都区宜陵镇以西，是控制老通扬运河的水工建筑物，属江都水利枢纽工程的配套工程之一，与三里窑闸、宜陵地涵一起，共同解决因新老通扬运河交叉而带来的灌溉、排涝、航运的矛盾。其主要作用是：①五里窑闸在上游局部

五里窑闸

暴雨水位过高时，可以排除涝水，设计流量为 80 m^3/s，正常水情时抬高上游水位 2 ～ 3 m；②通航，单向通航能力为 800 t 级船队。

2021 年 11 月，根据《水闸安全评价导则》（SL214–2015）相关规定，评定五里窑闸工程运行管理良好，防洪标准、渗流安全、抗震安全、金属结构和电气设备等安全级别均评定为 A 级，工程质量、结构安全评定为 B 级，综合评定五里窑闸工程为二类水闸。

（2）主要机电设备参数

五里窑闸上闸首闸门为下卧式弧形钢闸门，启闭机为 1 台电轴同步 2×15t 卷扬式启闭机；下闸首工作门为钢结构平板人字门，启闭机为 1 台 2×4 t 推杆式启闭机；下闸首两侧输水阀门为钢筋混凝土平板直升门，启闭机为 2 台 8 t 螺杆式启闭机。

五里窑闸配备 10 kV 干式变压器（型号 SC10–100/10，额定容量 100 kVA）1 台，10 kV 高压开关柜（型号 XGN15–12）1 台，计量柜（型号 GCK）1 台，动力柜（型号 GCK）1 台，照明总柜（型号 GCK）1 台，桥头堡动力柜（型号 GGK）1 台；备用电源为 75 kW 柴油发电机组（型号 75GF6135–D）。控制系统为现场控制。

（3）建筑物结构形式

五里窑闸按三级建筑物标准设计，上下闸首净宽 10.00 m，闸室净宽 12.30 m，闸室长 135.00 m，最低通航水深 2.50 m，上闸首顶高程 6.00 m，底高程 −0.50 m，下闸首顶高程 6.00 m，底高程 −2.50 m，各长 13.50 m，闸室和闸首全长 162.00 m。

五里窑闸工程观测项目主要为垂直位移，现在工作基点 3 个，基点高程从国家二等水准点江海 4 引测。

（4）工程建设、改造情况

五里窑闸建成于 1964 年 5 月。2013 年 10 月至 2013 年 12 月，工程进行大修，主要建设内容：闸室墙防碳化维修、弧形门加固、人字门维修、启闭机维修、启闭机房维修、防汛道路局部修缮、排水沟维修等。五里窑闸大修工程概算批复工程总投资 92 万元。

5. 宜陵地涵

宜陵地涵

（1）工程位置及作用

宜陵地涵位于江苏省扬州市江都区宜陵镇以西，是三里窑闸以东新通扬运河河底下的一座立交工程，属江都水利枢纽工程的配套工程之一，与三里窑闸、五里窑闸一起，共同解决因新老通扬运河交叉而带来的灌溉、排涝、航运的矛盾。其主要作用是恢复老通扬运河引邵伯湖水的能力，将邵伯湖水送向老通扬运河三里窑闸以东段，为灌溉、航运及沿河群众用水提供水源。

2021 年 11 月，根据《水闸安全评价导则》（SL 214—2015）相关规定，评定宜陵地涵工程运行管理良好，工程质量、结构安全评定为 B 级，渗流安全、抗震安全、金属结构和电气设备等安全级别均评定为 A 级，综合评定宜陵地涵工程为二类水闸。

（2）主要机电设备参数

宜陵地涵设计流量为 40 m^3/s，闸门为平面钢闸门，启闭机为 3 台 10 t 螺杆式启闭机。宜陵地涵地理位置紧靠三里窑闸，其动力控制、生活照明用电均由三里窑闸引入，现场设置启闭机地控制柜（型号 GCK）1 台，用于启闭闸门。

（3）建筑物结构形式

宜陵地涵为钢筋混凝土箱式涵洞，涵洞总长 160.00 m，分 3 孔，每孔涵洞净高 3.597 m，净宽 3.50 m。洞顶高程 −9.463 m，洞底高程 −13.16 m；上游消力池底板高程 −1.50 m，下游消力池底板高程 −2.00 m；上下游翼墙、护坡顶高程 5.50 m，底高程 −1.00 m。

（4）工程建设、改造情况

宜陵地涵建成于 1978 年 5 月，2015 年 7 月至 11 月进行了大修，批复经费 80 万元，主要大修内容：闸门涂刷环氧富锌漆防腐并维修滚轮；螺杆启闭机拆除大修保养后重新安装；拆除工作桥桥面，降低工作桥排架，重新浇筑工作桥并建启闭机房；拆除并重建桥头堡；更换老化供电线路，安装电气照明设备；便桥栏杆混凝土表面修补并防碳化处理；混凝土护坡修补、块石护坡灌缝修补。

6.5.2 管理单位简介

江苏省江都水利工程管理处宜陵闸管理所负责宜陵闸、宜陵北闸、三里窑闸、五里窑闸、宜陵地涵工程管理，为江都管理处直属正科级事业单位。

宜陵闸管理所以“精细化、信息化、标准化、现代化”为目标，以“生态兴闸，党员先行”为品牌，以“协定目标、协调安排、协商解决、协作配合、协力攻坚”的“5X”工作法为抓手，切实加强党建和精神文明建设，统筹实施工程运行、维修养护和综合经营，深入推进精细化、标准化长效管理。近年来，管理所充分发挥支部战斗堡垒作用和党员先锋模范作用，相继完成宜陵闸、宜陵北闸、宜陵地涵等加固改造工程，全面消除安全隐患，大力改善环境面貌，连续多年实现工程安全运行无事故，工程效益充分发挥，综合经营稳步增长，精神文明建设持续推进。

宜陵闸管理所成立以来，始终重视意识形态建设、工程高质量发展和技术创新等各项重要工作，以“5X”党支部工作法促进管理所党建工作与业务工作深度融合。同时，管理所注重人才培养及新技术应用研究，如：宜陵北闸的新技术应用“水闸卷扬式启闭机闸门锁定装置”在江苏省水利“五小”成果评选活动中获得三等奖。技术人才方面：于水获得“全国水利技术能手”“江苏省机关事业单位技术能手”称号；缪树杰在对口援疆工作中获得“优秀援疆干部人才”荣誉等。

6.5.3 工程管理范围

1. 宜陵闸

（1）划界确权情况

1994—1995 年，管理处按照江苏省水利厅统一部署，本着“尊重历史、面对现实、适当微调、妥善处理”的原则开展划界确权工作。顺利完成宜陵闸《国有土地使用证》

领取工作，对确权边界进行了划定，埋设了界桩。

2016—2019 年，在江苏省河道局牵头组织下，通过公开招标，由江苏易图地理信息有限公司具体实施，管理处对上述工程开展了第二轮划界确权工作。按照《江苏省水利工程管理条例》第六条规定，重新划定工程管理范围。完成管理范围边界测绘 1 618.79 m，并绘制地形图；现场埋设界桩 18 个、界牌 2 个、告示牌 2 个、分界牌 4 个、控制点 4 个；87 292.67 m^2 已确权水工程用地完成权籍信息化，换发《不动产权证书》。

（2）安全警戒区划定情况

《省江都管理处安全警戒区划定实施方案（报批稿）》中，根据工程规模，宜陵闸安全警戒区参照中型水闸安全警戒区划定标准确定，其具体范围与管理范围一致，明确且独立，不与其他工程交界，单独划定安全警戒区；该《方案》已获得江苏省水利厅苏水办河〔2021〕1 号文批复。

具体范围：东北至宜陵闸工程主体 247 m，西南至宜陵闸 240 m，西北至宜陵闸 99 m，东南至宜陵闸 171 m（以工程管理范围线为界）。

2. 宜陵北闸

（1）划界确权情况

1994—1995 年，管理处按照江苏省水利厅统一部署，本着“尊重历史、面对现实、适当微调、妥善处理”的原则开展划界确权工作。顺利完成宜陵北闸《国有土地使用证》领取工作，对确权边界进行了划定，埋设了界桩。

2016—2019 年，在江苏省河道局牵头组织下，通过公开招标，由江苏易图地理信息有限公司具体实施，管理处对上述工程开展了第二轮划界确权工作。按照《江苏省水利工程管理条例》第六条规定，重新划定工程管理范围。完成管理范围边界测绘 2 023.21 m，并绘制地形图；现场埋设界桩 31 个、界牌 2 个、告示牌 4 个、分界牌 4 个、控制点 3 个；92 111.22 m^2 已确权水工程用地完成权籍信息化，换发《不动产权证书》。

（2）安全警戒区划定情况

《省江都管理处安全警戒区划定实施方案（报批稿）》中，根据工程规模，宜陵北闸安全警戒区参照中型水闸安全警戒区划定标准确定，其具体范围与管理范围一致，明确且独立，不与其他工程交界，单独划定安全警戒区；该《方案》已获得江苏省水利厅苏水办河〔2021〕1 号文批复。

具体范围：东北至宜陵北闸工程主体 310 m，西南至宜陵北闸 387 m，西北至宜陵北闸 132 m，东南至宜陵北闸 111 m（以工程管理范围线为界）。

3. 三里窑闸

（1）划界确权情况

1994—1995 年，管理处按照江苏省水利厅统一部署，本着“尊重历史、面对现实、适当微调、妥善处理”的原则开展划界确权工作。顺利完成三里窑闸《国有土地使用证》领取工作，对确权边界进行了划定，埋设了界桩。

2016—2019 年，在江苏省河道局牵头组织下，通过公开招标，由江苏易图地理信息有限公司具体实施，管理处对上述工程开展了第二轮划界确权工作。按照《江苏省水利工程管理条例》第六条规定，重新划定工程管理范围。完成管理范围边界测绘 2 652.57 m，并绘制地形图；因与宜陵地涵管理范围线交接，所以现场共同埋设界桩 49 个、界牌 3 个、告示牌 4 个、分界牌 9 个、控制点 4 个；159 204.04 m² 已确权水工程用地完成权籍信息化，换发《不动产权证书》。

（2）安全警戒区划定情况

《省江都管理处安全警戒区划定实施方案（报批稿）》中，根据工程规模，三里窑闸安全警戒区参照中型水闸安全警戒区划定标准确定，其具体范围与管理范围基本一致，明确且独立，不与其他工程交界，单独划定安全警戒区；该《方案》已获得江苏省水利厅苏水办河〔2021〕1 号文批复。

具体范围：东北至三里窑闸东侧闸首 271 m，西南至三里窑闸西侧闸首 375 m，西北至北侧闸室墙 170 m，东南至南侧闸室墙 44 m（以工程管理范围线为界）。

4. 五里窑闸

（1）划界确权情况

1994—1995 年，管理处按照江苏省水利厅统一部署，本着“尊重历史、面对现实、适当微调、妥善处理”的原则开展划界确权工作。顺利完成五里窑闸《国有土地使用证》领取工作，对确权边界进行了划定，埋设了界桩。

2016—2019 年，在江苏省河道局牵头组织下，通过公开招标，由江苏易图地理信息有限公司具体实施，管理处对上述工程开展了第二轮划界确权工作。按照《江苏省水利工程管理条例》第六条规定，重新划定工程管理范围。完成管理范围边界测绘 3 076.97 m，并绘制地形图；现场埋设界桩 45 个、界牌 2 个、告示牌 4 个、分界牌 6 个、控制点 3 个；100 710.67 m² 已确权水工程用地完成权籍信息化，换发《不动产权证书》。

（2）安全警戒区划定情况

《省江都管理处安全警戒区划定实施方案（报批稿）》中，根据工程规模，五里窑闸安全警戒区参照中型水闸安全警戒区划定标准确定，其具体范围与管理范围基本一致，明确且独立，不与其他工程交界，单独划定安全警戒区；该《方案》已获得江苏省水利厅苏水办河〔2021〕1 号文批复。

具体范围：东北至五里窑闸东侧闸首 324 m，西南至五里窑闸西侧闸首 140 m，西北至北侧闸室墙 76 m，东南至南侧闸室墙 150 m（以工程管理范围线为界）。

5. 宜陵地涵

（1）划界确权情况

1994—1995 年，管理处按照江苏省水利厅统一部署，本着“尊重历史、面对现实、适当微调、妥善处理”的原则开展划界确权工作。顺利完成宜陵地涵《国有土地使用证》领取工作，对确权边界进行了划定，埋设了界桩。

2016—2019 年，在江苏省河道局牵头组织下，通过公开招标，由江苏易图地理信息有限公司具体实施，管理处对上述工程开展了第二轮划界确权工作。按照《江苏省水利工程管理条例》第六条规定，重新划定工程管理范围。完成管理范围边界测绘 730.58 m，并绘制地形图；因与三里窑闸管理范围线交接，所以现场共同埋设：界桩 49 个、界牌 3 个、告示牌 4 个、分界牌 9 个、控制点 4 个；12 091.61 m^2 已确权水工程用地完成权籍信息化，成功换发《不动产权证书》。

（2）安全警戒区划定情况

《省江都管理处安全警戒区划定实施方案（报批稿）》中，根据工程规模，宜陵地涵安全警戒区参照中型水闸安全警戒区划定标准确定，其具体范围与管理范围一致，明确且独立，不与其它工程交界，单独划定安全警戒区；该《方案》已获得江苏省水利厅苏水办河〔2021〕1 号文批复。

具体范围：东北至宜陵地涵工程主体 42 m，西南至宜陵地涵 39 m，西北至宜陵地涵 148 m，东南至宜陵地涵 134 m（以工程管理范围线为界）。

6.5.4 工程效益

1. 宜陵闸

（1）设计效益

宜陵闸设计流量 300 m^3/s，通过自流引江，可向里下河地区提供灌溉用水，同时解决新通扬运河上下游高低地引排矛盾。

（2）实际效益

历年来，宜陵闸积极运用，与宜陵北闸配合，年平均向里下河引水约 23.1 亿 m^3，年平均排除里下河涝水约 6.9 亿 m^3；枯水期，压低闸门，配合宜陵北闸向北送水，满足南水北调宝应站运行要求。此外，还常年保持通航运行，确保新老通扬运河航运畅通。

2. 宜陵北闸

（1）设计效益

宜陵北闸设计流量 300 m^3/s，作为南水北调东线三阳河、潼河、宝应站取水渠首，是南水北调东线工程宝应站水源的控制工程之一。该闸具有引水灌溉和冲淤、排涝等功能，同时防止新通扬运河高水侵入三阳河两岸大片低田。

（2）实际效益

历年来，宜陵北闸积极运用，与宜陵闸配合，年平均向里下河引水约 23.1 亿 m^3，年平均排除里下河涝水约 6.9 亿 m^3；尤其枯水期，为满足南水北调宝应站向北送水流量要求，通过压低宜陵闸闸门，控制向北送水流量，实现精准调度运用。

3. 三里窑闸

（1）设计效益

三里窑闸建于 1964—1965 年，为宜陵闸管理所办公所在地，主要解决新通扬运河自流引江与老通扬运河交叉带来的灌溉、排涝和航运的矛盾；负责抬高通南地区老通扬运河水位，并可排涝。

（2）实际效益

历年来，三里窑闸积极运用，正常水情时抬高上游水位 2 ～ 3 m；当周边局部暴雨水位过高时，与五里窑闸、宜陵地涵配合运用进行排涝，设计流量 80 m^3/s；此外，还常年保持通航运行，确保新老通扬运河航运畅通（2015 年改造前，单向通航能力为 800 t 级船队）。

4. 五里窑闸

（1）设计效益

五里窑闸建于 1963—1964 年与三里窑闸相望，主要解决新通扬运河与老通扬运河交叉带来的灌溉、排涝和航运的矛盾；负责抬高通扬运河江都段水位，并可排涝，同时兼顾通航。

（2）实际效益

历年来，五里窑闸积极运用，正常水情时抬高上游水位 2 ～ 3 m；当周边局部暴雨水位过高时，与三里窑闸、宜陵地涵配合运用进行排涝，设计流量 80 m^3/s；此外，还常年保持通航运行，确保新老通扬运河航运畅通，单向通航能力为 800t 级船队。

5. 宜陵地涵

（1）设计效益

宜陵地涵与三里窑闸、五里窑闸一起，共同解决因新老通扬运河交叉而带来的灌溉、排涝、航运的矛盾。其主要作用是恢复老通扬运河引邵伯湖水的能力，将邵伯湖水送向老通扬运河三里窑闸以东段，为灌溉、航运及沿河群众用水提供水源。

（2）实际效益

历年来宜陵地涵积极运用，主要为恢复老通扬运河引邵伯湖水的能力，满足新通扬运河以南至泰州南官河 450 km^2 的农田灌溉用水，改善群众生活用水和航运条件，解决新通扬运河自流引江与老通扬运河向南送水及航运的矛盾。

7

“秦淮控制、生态引水”水工程

“秦淮控制、生态引水”水工程分布图

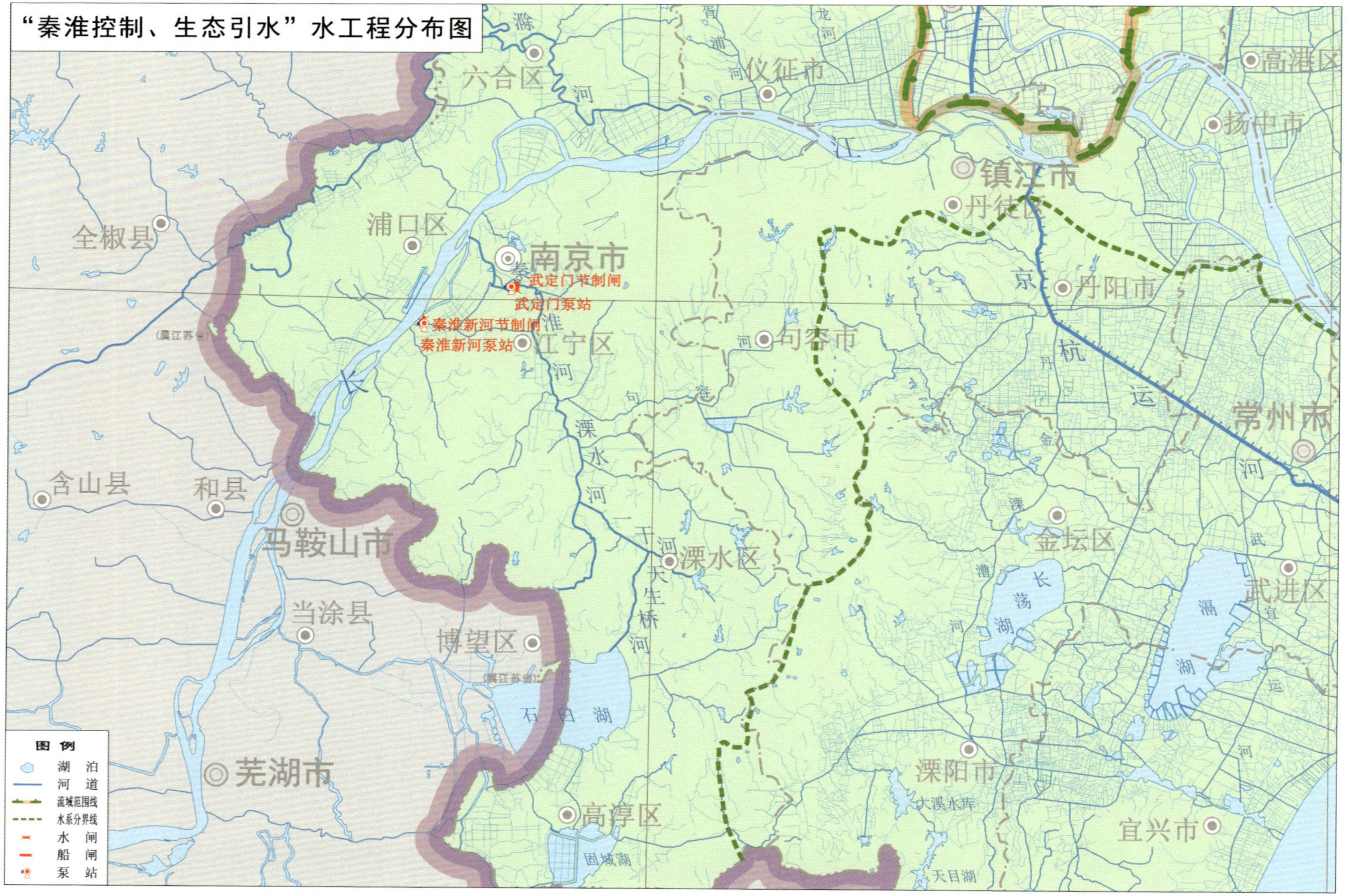

秦淮河是长江下游的一条支流，流域面积 2 684 km^2。流域内包括南京、镇江两市的江宁、溧水、句容三区（市）的大部分和南京市城区、郊区的一部分，其中江宁区占流域面积的 41%，句容市占 33.4%，溧水区占 17.9%，南京城、郊区占 7.7%，耕地面积 153.1 万亩，圩区面积 50 万亩。秦淮河流域位于“长三角”地区，社会经济较为发达，城市化进程较快，属于苏南现代化建设示范区。南京市是全省政治、文化、经济的中心，是省府、东部战区机关的所在地，有京沪高铁、宁杭高铁、宁芜铁路和沪宁高速公路、宁杭高速公路等交通干线，禄口国际机场、南京南站等重要设施，江宁经济技术开发区、梅山铁矿等重要厂矿企业。秦淮河全长约 110 km，有 2 000 多年历史，这里孕育了南京的古老文化，被称为“南京的母亲河”。秦淮河有南北二源，南源出自溧水区东庐山北，北源出自句容市宝华山西南，两源在江宁区的西北村附近交汇形成秦淮河干流，秦淮河干流自西北村经方山埭、上坊门至武定门节制闸，长约 35.1 km。秦淮河在此附近分内秦淮河和外秦淮河，内河由东水关入城，经城区南部的夫子庙等“十里秦淮”最繁华之地，由西水关出城与外河汇合；外河经武定门、中华门、西水关，沿石头城流向三汊河入长江。此外，在江宁东山与长江之间于 1980 年新辟一条 17 km 长的人工河道——秦淮新河，经西善桥到雨花台区天后社区入江，河口设节制闸和泵站，即秦淮新河水利枢纽。秦淮新河水利枢纽与武定门水利枢纽共同担负着秦淮河流域防洪、排涝、灌溉、水环境改善及航运等任务。

秦淮新河水利枢纽与武定门水利枢纽由江苏省秦淮河水利工程管理处管理。1962 年 10 月，依据江苏省水利厅水人办〔1962〕81 号文批复成立江苏省武定门闸管理处；1979 年 7 月苏编〔1979〕10 号文，更名为“江苏省秦淮河闸坝管理处”；1997 年苏编〔1997〕3 号和苏水人〔1997〕46 号文批准，将该处更名为“江苏省秦淮河水利工程管理处”；2004 年实施水利工程管理体制改革，苏水人〔2004〕80 号文核定该处编制为 183 名；2012 年实施岗位设置管理改革时，苏编办〔2012〕143 号及苏水人〔2012〕44 号文核定该处编制为 174 人。管理处下设办公室、组织人事科（党委办公室、工会、团委）、工程管理科（安全生产监督科）、财务审计科、水政科、河湖管理科、纪律监督室、工会、经营管理科 9 个科室，水文站、武定门闸管理所、秦淮新河闸管理所 3 个单位。

目前全处在编职工 153 人，离退休人员 117 人，拥有江苏省“333 高层次人才”3 名、全省水利系统“111 人才”4 名。全国水利技术能手、全省水利系统“十大水利工匠”1 人，江苏省技术能手、省五一创新能手 2 人。具备高级以上职称 38 人（其中正高 3 人），工勤技能岗拥有中级工以上职称 41 人，高级政工师 3 人，高级会计师 2 人。

近年来，江苏省秦淮河水利工程管理处坚持以习近平新时代中国特色社会主义思想为指导，把握江苏水利改革发展总基调，着眼秦淮河流域水生态文明建设，坚持走秦淮特色生态治水之路，为流域高质量发展提供坚实的水利支撑和保障。秦淮河水利工程管理处被中央文明委授予“全国文明单位”荣誉称号、以优异成绩通过水利部水利工程管理单位、水利安全生产标准化一级单位考核验收，被江苏省委评为江苏省先进基层党组织，连续8届获评“江苏省文明单位”，并获得“全国工人先锋号”“全国青年文明号”“全国模范职工之家”“全国水利系统和谐企事业单位”“江苏省文明单位标兵”“全省水利系统先进集体”“省级机关法治文化建设示范点”等荣誉称号。2017年，秦淮河水利风景区被江苏省水利厅正式授牌“江苏水利风景区”；武定门节制闸被评为水工程类“江苏最美水地标”。2021年，武定门节制闸、武定门泵站双双入选江苏省首批省级水利遗产名录。

7.1 秦淮新河水利枢纽（秦淮新河节制闸、泵站）

秦淮新河是一条人工开挖河道，于1980年建成通水，全长16.88 km，秦淮新河水利枢纽位于南京市雨花台区天后社区秦淮新河入江口处，该枢纽由一座大型节制闸、一座大型泵站和一座船闸（船闸目前由交通部门管理）组成。秦淮新河水利枢纽工程中泵站和节制闸采用闸站结合的布置方式，泵站沿河道南岸布置，节制闸位于河槽中间，泵站和节制闸之间设置导流墙，用于调整局部水流，改善工程区域流态。

秦淮新河水利枢纽

7.1.1 工程简介

1. 秦淮新河节制闸

（1）工程位置及作用

秦淮新河节制闸位于南京市雨花台区天后社区秦淮新河入江口处，为秦淮新河水利枢纽组成部分。设计泄洪流量为800 m^3/s，校核流量为1 100 m^3/s，系大（2）型水闸，2级水工建筑物，按地震烈度7度设防。

（2）主要机电设备参数

秦淮新河节制闸闸身为钢筋混凝土结构，三孔一联平底板，闸门分上、下扉，联动启闭，下扉门为钢结构滚轮支撑的平板直升门，上扉门为钢筋混凝土梁板结构直升门（门顶以上为钢筋混凝土胸墙），用 12 台 2×100 kN 电动卷扬式启闭机启闭，配套电机功率 7.5 kW。供电电源通过一根 0.4 kV 电缆从泵站（南堡）低压柜引入，水闸现场安装低压动力柜 1 台、UPS 柜 1 台、PLC 柜 1 台。备用电源采用 1 台 30 kW 柴油发电机，安装于泵站南堡一楼。

（3）建筑物结构形式

秦淮新河节制闸共 12 孔，每孔净宽 6.00 m，闸孔净高 9.50 m，闸身总长 87.30 m，底板采用直径 1.00 m、深 3.00 m 砂桩基础，底板前后设有防渗板桩，桩底高程 −5.70 m（吴淞基面，下同）。底板高程 0.00 m，闸墩顶面高程 12.00 m，闸孔设有钢筋混凝土胸墙，墙顶高程 12.00 m，墙底高程 9.50 m。闸上设有公路桥（汽 −10 级设计，拖 −50 级校核，桥面高程 12.00 m），工作便桥（桥面高程 12.00 m），工作桥（桥面高程 17.20 m），下游设消力池，闸两岸为空箱岸、翼墙。闸上游设有混凝土及块石护坦、防冲槽，共长 40.00 m。下游消力池长 17.00 m，混凝土、块石护坦、防冲槽共长 40.00 m。岸、翼墙为空箱结构，鱼道从右岸墙体通过，闸左与泵站相连，中隔导流墙。

（4）工程建设、改造情况

秦淮新河节制闸建成于 1980 年，2001 年进行了加固改造，主要加固改造项目为：对闸墩、排架、公路桥、便桥、栏杆等部位进行混凝土碳化处理；拆除原上扉门，将下扉门维修后改作上扉门，下扉门更换为钢结构滚轮支撑的平板直升门；加固工作桥，并新建轻型彩钢板结构启闭机房，同时对北堡进行改造；增设测压管 4 根，并对原有测压管进行疏通；下游引河清淤；鱼道混凝土工作门防腐，更换止水铁件；对 12 台启闭机进行大修；增设控制系统，以进行闸门启闭的集中控制、监测。

2. 秦淮新河泵站

（1）工程位置及作用

秦淮新河泵站位于南京市雨花区天后社区秦淮新河入江口处，为秦淮新河水利枢纽组成部分。泵站等级为Ⅱ等，规模为大（2）型，主要建筑物级别为 2 级，建筑物防洪标准按 100 年一遇设计、300 年一遇校核，主泵站总长为 34.00 m，总宽 12.60 m。加固改造后标准按挡潮 100 年一遇高潮位设计、300 年一遇高潮位校核，按基本地震烈度 7 度设防。

（2）主要机电设备参数

秦淮新河泵站为双向灌排两用泵站，在国内大型水泵中首次采用“S”形双向叶片，水泵叶轮直径 1.70 m，叶轮中心高程 1.00 m，叶片调节机构采用涡轮、蜗杆停机手动调节，叶片角调节范围为 −6° ～ +4° 。安装 5 台 1700ZWSQ10−2.5 型双向卧式轴流泵，配用 Y500−6/630 kW 型卧式异步电动机 5 台套，B2SH11 齿轮箱 5 台套，总装机容量 3 150 kW，正反向设计流量 50 m^3/s，正向（灌溉）设计扬程 2.50 m，反向（排涝）设计扬程 2.00 m。站身上下游流道口分设平板式直升工作门和检修门，采用快速闸门断流方式，工作门上设 1.1×1.1 m 拍门，门前设拦污栅。工作门和检修门分别采用液压启闭机和电动葫芦启闭。该站由一路 35 kV 专线及一路 10 kV 线路供电，内设主变 SC9−5000/35、所变 SCB10−630/35（2016 年 8 月更新）、站变 SC9−250/10 各一台。

（3）建筑物结构形式

秦淮新河泵站采用堤身式块基结构，双向卧式平面“S”形流道泵房。站身由主厂房、副厂房、公路桥、工作便桥四部分组成，上下游两岸翼墙为重力式挡土墙。5 台套主机组布置在 1 块底板上，底板宽 34.00 m，长 25.00 m，流道进出口底高程为 −0.45 m，长江侧流道进水口上缘顶板高程为 2.00 m。泵站站身南侧与空箱岸墙相接，主厂房宽 13.50 m，南侧为控制楼，北侧与节制闸连成一个整体；站身秦淮新河侧设置工作桥和便桥，长江侧为公路桥，桥面高程 12.00 m。

秦淮新河水利枢纽工程目前开展的观测项目有垂直位移、渗流、河道、伸缩缝、水位流量等。

（4）工程建设、改造情况

秦淮新河泵站于 1982 年建成投运，2002 年进行了加固改造。加固改造主要项目为：混凝土结构裂缝和防碳化处理；主厂房屋面及闸站间沉降缝防水处理；加厚长江侧进水流道顶板；更新原 5 台泵机组；改造原辅机系统；原户外变电所改为户内式，更换所有电气设备；增设计算机监控、视频监视、处局域网系统和枢纽亮化项目；更换上下游工作闸门、备用门止水铁件及止水橡皮，并进行防腐处理；改造闸门液压启闭系统；更换拦污栅;维修检修门电动卷扬机;新建变配电用房，对主副厂房、控制室等进行适当装修，整修部分管理用房等。

7.1.2 管理单位简介

江苏省秦淮新河闸管理所成立于 1979 年 3 月，负责秦淮新河水利枢纽管理，为江苏省秦淮河水利工程管理处直属正科级事业单位。

多年来,秦淮新河闸管理所先后获得并保持了“全国工人先锋号”“全国青年文明号”“江苏水利系统文明单位”“全国模范职工之家”“省文明单位标兵”“全省水利系统先进集体”“全省水利系统工程管理先进单位”“全省水利系统防汛防旱先进单位”等荣誉称号，管理所党支部获评 2021 年度省级机关“服务高质量发展”先锋队党支部。

7.1.3 工程管理范围

（1）划界确权情况

2015年根据《关于做好河湖管理范围和水利工程管理与保护范围划定试点工作的通知》（苏水管〔2015〕40号，省水利厅、国土厅、财政厅联合印发）和《水利部关于开展河湖管理范围和水利工程管理与保护范围划定工作的通知》（水建管〔2014〕285号）的要求，秦淮河水利工程管理处开展新一轮确权划界，2019年12月2日项目整体顺利通过江苏省水利厅组织的完工和竣工验收。2020年按照江苏省水利厅统一部署，调整划定工程范围线并录入水利信息化系统，组织施工单位对管理范围内界桩、权属界桩以及分界牌等进行全面复核、补桩埋设。秦淮新河闸站与相邻接边建立起范围明确、权属清晰、责任落实的水利工程管理范围，为依法行政、岸线管护、安全运行等工作奠定基础。根据最新的划界确权成果，秦淮新河水利枢纽管理范围为：上游右岸堤防1 220 m，左岸堤防840 m，下游右岸堤防940 m，左岸堤防565 m，右侧宽15～100 m，左侧宽70～100 m，划定长度5 045.91 m，划定范围面积567 214 m^2（其中水域面积222 757 m^2）。

（2）安全警戒区划定情况

2019年，管理处根据《江苏省河道管理条例》等有关规定，制定了《省秦淮河水利工程管理处安全警戒区划定实施方案》并上报省水利厅，省水利厅办公室以苏水办河〔2020〕1号文批复同意。秦淮新河闸站安全警戒区范围：上游左岸堤防长840 m，右岸堤防长1 220 m；下游左岸堤防长565 m，右岸堤防长940 m。上游左岸宽距河口线30 m（堤防背水坡堤脚线），右岸宽以与船闸分界线为界；下游左岸宽距河口线30 m（堤防背水坡堤脚线），右岸宽以与船闸分界线为界。

7.1.4 工程效益

（1）设计效益

秦淮新河水利枢纽设计效益共有3项，分别如下。

① 防洪减灾。当秦淮河流域发生大范围强降雨，河湖库水位持续上涨时，开启秦淮新河节制闸，使洪水自流排入长江；如遇长江水位高于秦淮河水位时，关闭秦淮新河闸、武定门闸挡洪，开启秦淮新河泵站将洪水抽排入长江，减灾效益巨大。

② 抗旱灌溉。当秦淮河流域出现大面积旱情，开启秦淮新河泵站，抽引长江水入秦淮河，为全流域工农业生产及700万人民生活提供可靠用水，并可择机向石臼湖、固城湖地区实施应急补水，素有“流域生命站”美誉。

③ 航运保障。通过调水和调控，为秦淮河提供充足水源，保持水道常年通航。秦淮新河为国家5级航道标准，可常年通航100～300 t级船舶。

（2）实际效益

秦淮新河枢纽承担着秦淮河流域防洪排涝、水环境改善、农业灌溉、城市生活用水、航运等任务，工程发挥了巨大效益。

①防汛抗旱：秦淮新河枢纽成功抵御 1983 年、1991 年、1995 年、1998 年、2015 年、2016 年、2020 年等多次洪涝灾害和 1994 年、2011 年、2022 年全流域罕见旱情。2020 年 7 月长江发生超历史洪水，秦淮新河闸上、下游水位均创历史新高，上游水位 10.75 m（超历史 0.27 m），下游水位 10.76 m（超历史 0.28 m），秦淮新河闸排涝 5.6 亿 m^3，泵站运行 34 天、排涝量 1.6 亿 m^3，减灾效益显著。

②生态补水：自 2005 年起，秦淮新河泵站抽引长江水，有效改善了秦淮新河水生态。从 2017 年起，秦淮新河泵站全年常态化运行，在保证工程安全的前提下，年平均运行天数超 250 天。2019 年泵站运行 267 天，抽引江水 6.2 亿 m^3；2020 年泵站运行 232 天，抽引江水 5.3 亿 m^3；2021 年泵站运行 221 天，抽引江水 5.2 亿 m^3，有效保证了秦淮河生态水位和生态基流，国考、省考断面水质持续优于考核标准。

7.2 武定门水利枢纽（武定门节制闸、泵站）

武定门水利枢纽为控制秦淮河流域的枢纽工程之一，位于外秦淮河下游南京市武定门，包括中型节制闸、泵站各 1 座，与秦淮新河水利枢纽工程共同担负着流域内 2 684 km^2 的南京、镇江两市的江宁、溧水、句容及南京郊区的防洪、排涝、灌溉、改善水环境等任务。

7.2.1 工程简介

1. 武定门节制闸

武定门节制闸

（1）工程位置及作用

武定门节制闸位于南京武定门外秦淮河下游，距三汊河口 12.8 km，距河定桥 10.8 km。该闸为中型水闸，工程等别为Ⅱ等，共 6 孔，每孔净宽 8.00 m，设计排洪流量 450 m^3/s，设计引潮流量 150 m^3/s。主要建筑物闸身和岸墙为 2 级水工建筑物，次要建筑物上下游翼墙等为 3 级水工建筑物。

武定门节制闸设计蓄水水位组合为 6.50 m/1.58 m（闸上 / 闸下），设计防洪水位组合为 8.00 m/11.37 m（闸上 / 闸下），防洪标准按长江 100 年一遇高潮位 11.07 m 设计，按长江 200 年一遇高潮位 11.35 m 校核。节制闸闸上最高水位 11.05 m（2016 年 7 月 7 日），最低水位 3.41 m（1965 年 2 月 10 日）；闸下最高水位 11.05 m（2016 年 7 月 7 日），最低水位 2.27 m（1980 年 2 月 1 日）。

（2）主要机电设备参数

武定门节制闸闸门分上、下扉，上扉门为平面滑块钢闸门，下扉门为平面定轮钢闸门，上、下扉门采用 2×100 kN 和 2×250 kN 卷扬式启闭机分别启闭。节制闸配置 1 台干式变压器、3 台 SM6 型高压开关柜和 5 台 MNS 低压开关柜，布置在北堡一层配电室，10 kV 电源由节制闸路 10 kV 环网柜终端经电缆沟引入配电室高压进线柜；75 kW 柴油发电机组布置在闸上游右岸管理用房内。

（3）建筑物结构形式

武定门节制闸闸身为钢筋混凝土结构，二孔一联平底板共三块底板，底板高程 0.30 m，闸墩顶部高程 11.46 m，排架顶高程 20.17 m，工作桥建于排架顶部，桥面宽 5.90 m，桥面高程 21.40 m；工作便桥建于排架上游侧闸墩顶部，桥面宽 2.96 m，桥面高程 12.16 m，两侧为镀锌钢管栏杆；公路桥位于排架下游侧闸墩顶部，2020 年加固，车道宽 8.00 m，桥面高程 12.30 m，闸上下游均建有消力池、护坦、海漫及防冲槽，左右两岸岸墙及翼墙为空箱结构，岸墙顶高程 12.55 m，上、下游翼墙顶高程分别为 9.50 m 和 10.00 m。启闭机房为单层钢结构框架、隐框玻璃幕墙护围、铝单板屋面结构，宽 5.85 m。南、北桥头堡建在南、北岸墙顶和墙后填土区，为灌注桩基础（岸墙以外）、三层钢结构框架、点式、铝塑板、石材等幕墙护围。主要工程观测项目有垂直位移、渗流、河道、水位、流量等。

（4）工程建设、改造情况

武定门节制闸于 1960 年 9 月建成投运。2006 年 2 月安全鉴定，安全类别评定为三类。2007 年实施加固改造。改造工程于 2007 年 11 月 18 日开工，2008 年 6 月 17 日完成水下工程，2009 年 12 月 8 日完成全部工程，2011 年 2 月通过竣工验收。主要加固改造项目有：工作桥拆除重建及排架处理；桥头堡和启闭机房拆扩建；工作便桥和公路桥改造；闸墩、底板加固和门槽改建；岸墙、翼墙等两岸建筑物加固处理；护坦、消力池混凝土结构修补；

上下游防汛道路改建；上扉门更新；下扉门改造；启闭机更新；供配电更新改造；新建计算机监控系统和视频监视系统；移建上下游水位自计台；闸上防冲槽以内河段清淤；增设管理用房、绿化等。

2. 武定门泵站

武定门泵站

（1）工程位置及作用

武定门泵站位于南京市武定门外秦淮河右堤上，下游距入江口 12.8 km，上游距河定桥 10.8 km，为双向灌排两用泵站。目前主要承担南京市城区内秦淮河范围内的防洪、排涝、改善水环境等任务。

（2）主要机电设备参数

武定门泵站安装 1300QZ100–330 型潜水电泵 10 台套，配用 Y630–16–330 kW–10 kV 三相潜水电机，总装机容量 3 300 kW，设计流量 46 m^3/s。配用 SCB10–5000/10–10 主变压器和 SCB11–800/10 站变压器各 1 台。上下游各设有 10 扇钢结构直升工作门，配合 QP–125kN–10.0 m 平面卷扬式启闭机。检修门为钢结构平板直升式，采用电动行车启闭。上下游出水流道口采用拍门断流。水泵层东西侧集水井各安装潜水泵 150QW140–18–15、100QW65–15–5.5 两台套，用于抽排渗漏水及流道检修排水。泵站共安装 KYN28–12 kV 高压开关柜 22 面，高压电容柜 6 面。泵站进线采用 10 kV 红旗线与 10 kV 武定线双回路供电。

（3）建筑物结构形式

武定门泵站为中型泵站，工程等别为Ⅲ等，泵房及防渗范围内上下游翼墙建筑物级别为1级，与所在外秦淮河堤防级别相同，其余次要建筑物为3级。该站为堤身式结构，双向“X”形进出水流道，底板长33.40 m，宽20.00 m，泵站主厂房原净宽7.50 m，改造时拆建原有主厂房，并增设上下游副厂房，改造后厂房宽度为22.70 m。利用控制上下游工作闸门在上下层流道的位置来达到抽引和抽排的目的。泵站基底标高 -0.70 m，站基为粉砂与淤泥质粉质黏土互层，下卧层为细砂层，地基承载力为100～120kPa。泵站底板高程0.30 m，水泵层高程4.70 m，电机层高程7.10 m，泵站长江侧与浆砌块石重力式八字翼墙相连，翼墙顶高程8.00 m。秦淮河侧站身与公路桥之间两侧有浆砌块石重力式翼墙相连，翼墙顶高程8.00 m。主要工程观测项目有垂直位移、河道断面、河道地形、水位、流量等。

（4）工程建设、改造情况

武定门泵站站于1967年11月动工兴建，1969年5月竣工。2009年该站列入《全国大型灌溉排水泵站更新改造规划》。2009年12月安全鉴定，综合评定武定门泵站为三类泵站；2010年12月安全鉴定通过了水利部灌排中心专家组复核，同意泵站建筑物安全类别为三类，机电设备安全类别为三类，金属结构安全类别为四类，武定门泵站安全类别综合评定为三类。2013年1月江苏省发改委批复了武定门泵站更新改造工程可行性研究报告。2013年7月31日省发改委批复了武定门泵站更新改造工程初步设计，批准投资概算4 797万元。改造工程于2013年10月28日开工，2016年6月通过竣工验收。更新改造主要内容有：更换原有6台立式轴流泵为立式潜水电泵，改造原有4台立式潜水电泵；更换主变、站变及高低压开关柜、直流屏，更换辅机控制柜、动力及控制信号电缆，增设微机保护、视频监视系统；更换20扇钢筋砼工作闸门为钢闸门，配套卷扬式启闭机；改造6扇检修钢闸门；增设上下游闸门启吊行车；改造辅机系统；拆建主副厂房、控制楼；加固长江侧挡水墙及空箱边墩；对混凝土结构进行病害处理；室外景观绿化等。

7.2.2 管理单位简介

江苏省武定门闸管理所，负责武定门节制闸与武定门泵站的日常工程运行管理、维修养护等相关工作，为江苏省秦淮河水利工程管理处直属正科级事业单位。

多年来，武定门闸管理所先后获得并保持了“全国文明单位”“国家级水利工程管理单位”“水利部安全生产标准化一级单位”“两聚一高先锋行动队”“江苏省防汛防旱先进集体”“江苏省五一劳动奖状”“江苏省工人先锋号”等荣誉称号。

7.2.3 工程管理范围

（1）划界确权情况

根据《转发 <关于水利工程用地确权有关问题的通知> 的通知》（苏土籍〔1992〕60

号、苏水管〔1992〕50号)、《关于转发水利部进一步做好水利工程土地划界工作的通知》(苏水管〔1992〕69号)等通知要求，江苏省秦淮河水利工程管理处积极开展河道及水利工程用地确权工作，2014年4月完成对武定门水利枢纽部分管理范围确权划界，国土部门颁发国有土地使用证，确权面积50 062.23 m^2，其中武定门泵站4 519.20 m^2，但泵站尚有57 400 m^2未完成确权划界。2015年根据《关于做好河湖管理范围和水利工程管理与保护范围划定试点工作的通知》(苏水管〔2015〕40号，省水利厅、国土厅、财政厅联合印发)和《水利部关于开展河湖管理范围和水利工程管理与保护范围划定工作的通知》(水建管〔2014〕285号)的要求，秦淮河水利工程管理处开展新一轮确权划界，划界成果：武定门节制闸上游右岸堤防260 m，左岸堤防380 m；下游右岸堤防380 m，左岸堤防480 m；右侧宽25～50 m，左侧宽10～100 m；划定长度2 637.24 m，划定范围面积196 923.6 m^2(其中水域面积81 744.6 m^2)；武定门泵站上游右岸堤防260 m，左岸堤防260 m；下游右岸堤防200 m，左岸堤防220 m；右侧宽10～65 m，左侧宽10～50 m；划定长度1 348.74 m，划定范围面积53 427.4 m^2(其中水域面积28 274.2 m^2)。2019年12月2日项目整体顺利通过省厅组织的完工和竣工验收。已确权管理范围在相应位置埋设了界桩。

(2)安全警戒区划定情况

2019年，管理处根据《江苏省河道管理条例》等有关规定，制定了《省秦淮河水利工程管理处安全警戒区划定实施方案》并上报省水利厅，省水利厅办公室以苏水办河〔2020〕1号文批复同意。武定门节制闸安全警戒区范围：上游左岸堤防长380 m，右岸堤防长260 m；下游左岸堤防长480 m，右岸堤防长380 m。上游左侧宽距河口线15 m，右岸宽距河口线33 m(以管理线为界)；下游左侧宽距河口线15 m，右侧宽距河口线23 m(以管理线为界)；划定面积148 374 m^2，划定周长2 319.42 m。武定门泵站安全警戒区范围：上游左、右岸堤防长260 m，下游左、右岸堤防长220 m；左侧宽10～50 m(以管理范围线为界)，右侧宽10～65 m(以管理范围线为界)；划定面积53 530.91 m^2，划定周长1 348.74 m。

7.2.4 工程效益

(1)设计效益

武定门水利枢纽设计效益共有4项，分别如下。

① 防洪减灾。当秦淮河流域发生大范围强降雨，河湖库水位持续上涨时，开启武定门节制闸，使洪水经外秦淮河排入长江；如遇长江水位高于秦淮河水位，则关闭武定门节制闸挡洪。

② 抗旱。武定门泵站自1969年建成，多次投入抗旱运行，有效缓解了流域旱情。

但自秦淮新河抽水站建成投运后，武定门泵站抗旱运行功能弱化。2007 年加固改造后仍保留泵站抗旱功能，当遇流域特大干旱时，根据管理处调度指令开机，江水经三汊河河口闸、武定门泵站、象房村三孔闸、武定门节制闸上游至秦淮河流域。

③ 排涝。目前武定门泵站的主要功能是为南京市主城区城南地区排涝服务，根据协议，当内秦淮河东水关水位达 6.50 m 时，及时排除南京城区内涝，确保城区汛期的安全。

④ 引排水。根据城市工程建设或者水环境的需要，短期引水、排污、控制上游水位运行。

（2）实际效益

武定门水利枢纽与秦淮新河水利枢纽工程共同担负着秦淮河流域内 2 684 km^2 的南京、镇江两市的江宁、溧水、句容及南京郊区的防洪、排涝、灌溉、改善水环境等任务，工程发挥了巨大效益。

① 防汛抗旱：武定门水利枢纽成功抵御 1983 年、1991 年、1998 年、2015 年、2016 年、2020 年等多次洪涝灾害。2016 年 7 月长江发生超历史洪水，武定门节制闸上、下游水位均创历史新高，上游水位 11.05 m，下游水位 10.05 m（超警戒水位 2.25 m）。武定门节制闸 2017 年、2018 年连续两年行洪超 17 亿 m^3，减灾效益显著。

② 生态补水：自 2005 年起管理处实施生态调水项目，利用秦淮新河泵站抽引长江水，在江宁区河定桥处与秦淮河干流汇合，从武定门节制闸调控经外秦淮河，抵三汊河河口闸入江。通过生态补水，秦淮河目前国考、省考断面水质持续优于考核标准。

8

“江边枢纽、引江济太”水工程

“江边枢纽、引江济太”水工程分布图
镇江市
丹徒区
丹阳市
扬中市
泰兴市
靖江市
江阴市
张家港市
南通市
通州区
常州市
武进区
金坛区
溧阳市
宜兴市
无锡市
常熟市
太仓市
昆山市
苏州市
吴江区
丹阳船闸
丹阳节制闸
丹阳泵站
奔牛节制闸
奔牛船闸
奔牛立交地涵
丹金船闸
丹金节制闸
钟楼防洪控制工程
江阴船闸
江阴泵站
江阴节制闸
张家港节制闸
张家港退水闸
张家港立交地涵
张家港泵站
常熟节制闸
常熟泵站
蠡河、月城河控制工程
长荡湖
滆湖
太湖
乌龟山
阳澄湖
澄湖
昆承湖
大溪水库
天目湖
横山水库
图例
湖泊
河道
流域范围线
水系分界线
水闸
船闸
泵站
涵洞

20 世纪 90 年代初，随着太湖治理工作的深入，江苏省水利厅为加强太湖地区水利工程的管理和运用工作，报省编委批准，于 1992 年 12 月 1 日成立望虞河工程管理处，1993 年 9 月 23 日更名为江苏省太湖地区水利工程管理处。该处所管工程主要承担太湖流域泄洪，引长江水补给太湖水源，引太湖水入江南运河提供灌溉水源，控制太湖湖西片地区洪水对武澄锡虞低片和苏锡常三市的危害，阻挡长江高潮等任务。

太湖地区水利工程管理处于 1992 年经江苏省编委批准设立，为正处级事业单位。管理处现内设 9 个科室，分别是办公室、党委办公室、组织人事科、工程管理科（安全生产监督科）、财审经营科、水政科、河湖管理科、纪律监督室和工会；下设 8 个工程管理所，分别是常熟枢纽管理所、望亭枢纽管理所、丹金闸枢纽管理所、钟楼防洪控制工程管理所、张家港水利枢纽管理所、江阴水利枢纽管理所、丹阳水利枢纽管理所、奔牛水利枢纽管理所。根据批复，该处编制数为 200 人，其中管理岗 14 人，专业技术岗 109 人，工勤技能岗 77 人。现有在职在编职工 172 人，管理岗 11 人，专业技术岗 92 人，工勤技能岗 69 人。

江苏省水利厅赋予管理处以下职能：①负责太湖地区常熟枢纽、望亭枢纽、丹金闸、钟楼防洪控制工程、张家港水利枢纽、江阴水利枢纽、奔牛水利枢纽和丹阳水利枢纽等水利工程的运行管理及管理范围内的堤防管理；②协助江苏省水利厅做好太湖、滆湖、长荡湖 3 个省管湖泊和宛山塘、鹅真荡、嘉菱荡 3 个市际湖泊的保护、开发、利用和管理工作；③负责管理范围内水事案件的查处及河道清障工作；④负责望虞河河道堤防行业管理，承担太湖流域防洪排涝、引江济太等重要任务；⑤承担省太湖联防指挥部办公室和滆湖长荡湖联席会议办公室的职责；⑥根据江苏省水利厅总体安排，配合做好太湖、滆湖、长荡湖、淀山湖、苏南运河、望虞河、太浦河、新孟河、新沟河的河（湖）长制相关工作。

2020 年，该处通过“江苏省文明单位”复审、“全国水利文明单位”复审，成功创建江苏省节水型机关。目前，该处常熟枢纽管理所、丹金闸枢纽管理所、钟楼防洪控制工程管理所、张家港水利枢纽管理所为江苏省一级水利工程管理单位，江阴水利枢纽管理所为江苏省二级水利工程管理单位。2022 年，常熟枢纽泵站及节制闸、丹金闸、钟楼防洪控制工程、张家港水利枢纽泵站及节制闸、江阴水利枢纽泵站及节制闸 8 座工程被江苏省水利厅认定为省精细化管理一级工程，张家港水利枢纽退水闸、地涵被认定为省精细化管理二级工程。

8.1 常熟枢纽（泵站、节制闸）

常熟枢纽由泵站、节制闸、110 kV 专用变电所等组成，具有挡潮、泄洪、排涝、引水及改善水环境等综合功能。

常熟枢纽

8.1.1 工程简介

（1）工程位置及作用

常熟枢纽位于常熟市海虞镇，是排泄太湖洪水的主要骨干河道——望虞河入长江的控制工程，又是引江济太的龙头工程，具有挡洪、排涝、引水及改善水环境等综合功能。工程建筑物防洪标准按 50 年一遇设计。工程稳定正向设计工况，上游水位 3.60 m，下游水位 0.56 m；校核工况，上游水位 4.10 m，下游水位 0.50 m。稳定反向设计工况，上游水位 3.00 m，下游水位 6.55 m；校核工况上游水位 2.50 m，下游水位 6.80 m。消能正向设计工况，上游水位 4.10 m，下游水位 1.09 m；消能反向设计工况，上游水位 2.50 m，下游水位 5.32 m。

（2）主要机电设备参数

常熟枢纽由泵站、节制闸、上下游引河、变电所、110 kV 和 10 kV 专用供电线路等组成。泵站安装 9 台 2500ZLBK20-1.75 立式开敞式轴流泵，叶轮直径 2.50 m，设计扬程 1.75 m，配套 TL1000-40 立式同步电动机，设计总流量为 180 m^3/s；在国内首次采用立轴开敞式双向流道，通过上下游四道闸门不同组合进行双向切换，达到引排兼顾的效果，底廊道引排设计流量为 125 m^3/s。节制闸共 6 孔，平均分布于泵站两侧，每侧 3 孔，每孔净宽 8.00 m，总净宽 48.00 m，采用平面直升钢闸门配卷扬式启闭机，设计流量为 375 m^3/s。

（3）建筑物结构形式

常熟枢纽泵站为大（2）型泵站，工程等别为Ⅱ等，建筑物（节制闸、抽水站）和闸下堤防为 2 级，闸上河堤为 3 级。工程采用站身式厂房，“X”形双向流道，快速闸门断流。工程共分五块底板，其中两侧节制闸各一块底板，泵站共 9 台机组，分三块底板，每块底板上布置 3 台机组。底板顶高程 −4.65 m，闸顶高程 8.50 m。站身上下共分四层，自下而上分别为进水流道层、出水流道层、联轴层、电机层。主厂房净跨 10.50 m，垂直水流方向长 71.14 m。上下游启闭机设在厂房两侧，工程上游侧设净宽 14.00 m 的交通桥。

常熟枢纽上、下游翼墙均采用直线与圆弧段组合的布置形式，其中，下游翼墙墙顶高程为 6.50 m，上游翼墙墙顶高程为 4.50 m，墙顶均设 1.20 m 高的挡浪板。站身上、下游设清污机桥，上游清污机桥底板顺水流方向长 14.00 m，并配置倾斜角 63.43° 的回转式清污机；下游清污机桥底板顺水流方向长 20.20 m，并配置倾斜角 75° 的回转式清污机。工程主要观测项目有垂直位移、河道断面、水位、流量、水平位移、测压管等，其中水位、流量由水文站观测。

（4）工程建设、改造情况

常熟枢纽自 1995 年 9 月 30 日开工，整体工程于 1998 年 12 月 3 日通过竣工初验，并正式移交给江苏省太湖地区水利工程管理处管理，工程造价 14 361.6 万元。2008 年 12 月开始对消能防冲设施、主机组等进行加固改造，2011 年 7 月基本完成改造。2014 年 3 月开始进行厂房维修改造及清污工程建设，2015 年 8 月基本完成改造。2017 年 12 月 15 日，常熟枢纽加固改造工程、厂房维修改造及清污工程通过竣工验收。

8.1.2 管理单位简介

常熟枢纽管理所全称江苏省太湖地区水利工程管理处常熟枢纽管理所，成立于 1997 年 5 月，负责常熟枢纽工程管理，为江苏省太湖地区水利工程管理处直属正科级事业单位。

近年来，常熟枢纽管理所先后获得了“全国工人先锋号”“江苏省工人先锋号”“全国水利系统模范职工小家”“江苏省模范职工小家”“江苏省文明单位”“全省水利系统先进集体”“青年文明号”“全省水利系统先进基层党支部”“省级水利风景区”“最美水地标”等荣誉称号。

8.1.3 工程管理范围

（1）划界确权情况

2000 年常熟枢纽管理所依据《中华人民共和国水法》《中华人民共和国土地管理法》《江苏省水利工程管理条例》等法律法规和相关文件规定，本着“尊重历史、面对现实、适当微调、妥善处理”的原则开展划界确权工作。顺利完成常熟枢纽管理所《国有土地使用证》领取工作，对确权边界进行了划定，埋设了界桩。

2017 年 3 月，在江苏省水利厅统一部署下，按照《关于省水利厅直属工程管理单位河湖和水利工程管理范围划定总体实施方案的批复》(苏发改农经发〔2017〕248号),重新划定工程管理范围,开展了第二轮划界确权工作。2019年12月2日,江苏省水利厅召开厅属管理单位河湖和水利工程管理范围划定及其竣工验收会,管理所全部完成水利工程管理范围划定工作,现场埋设界桩(牌)31个、告示牌2个、分界牌4个;管理所工程管理范围用地换取了国有土地使用权不动产权证,使用面积496 110.69 m^2。

(2)安全警戒区划定情况

2021年江苏省水利厅以苏水办河〔2021〕1号文批复了江苏省太湖地区水利工程管理处安全警戒区划定实施方案。常熟枢纽管理所安全警戒区范围如下:以泵站中心线为起始,上游右岸沿防汛公路外侧462 m处,上游左岸沿小岛东侧围墙延长至加油站1 095 m处;下游右岸沿防汛公路外侧488 m处,下游左岸沿小岛东侧护坡坡顶延长至800 m处。

8.1.4 工程效益

(1)设计效益

根据常熟枢纽初步设计报告,闸站的具体任务如下。

① 排水:按防洪设计典型年——1954年洪水(50年一遇),汛期5—7月由常熟枢纽排泄23.1亿 m^3,一潮开闸期间内的设计平均泄流量达到500 m^3/s,关闸抽水设计流量为180 m^3/s。

② 引水:按供水设计典型年——1971年旱情(流域供水高峰期保证率94%),望虞河4—10月可从长江引水28亿 m^3。

③ 蓄水、挡洪时,枢纽建筑物闸门关闸蓄水、挡洪。

(2)实际效益

自建成以来截至2021年底,常熟枢纽累计引排水759亿 m^3,其中,引水369亿 m^3,排水390亿 m^3;开机累计284 642台时,连续实现太湖“两个确保”,充分发挥了工程效益。

8.2 望亭枢纽(蠡河、月城河控制工程)

8.2.1 工程简介

1. 蠡河控制工程

(1)工程位置及作用

蠡河控制工程位于无锡、苏州两市交界,望虞河与苏南运河交汇处,望亭立交工程下游左侧,上通京杭大运河,下接望虞河,是望虞河左岸配套建筑物之一,与月城河控

蠡河控制工程

制工程组成望亭枢纽，具有泄洪、排涝、沟通航运和改善水环境等综合作用。蠡河控制工程设计流量为 50 m^3/s，为小（1）型水闸，洪水标准按 50 年一遇设计。蠡河控制工程正向设计水位上游 4.50 m、下游 3.50 m，正向校核水位上游 4.50 m、下游 3.00 m；反向设计水位上游 3.50 m、下游 4.20 m，反向校核水位上游 3.00 m、下游 4.40 m；正向消能水位上游 3.50 m、下游 2.50 m，反向消能水位上游 2.50 m、下游 3.50 m。工程自 1994 年建成以来，上游最高水位 5.17 m，最低水位 2.30 m；下游最高水位 5.10 m，最低水位 2.95 m。

（2）主要机电设备参数

蠡河控制工程设有节制闸、船闸各一孔。闸孔净宽均为 8.00 m，净高 8.20 m，闸门类型为升卧式平面钢闸门，采用 QPC2×100kN 卷扬式启闭机。工程供电线路为曙光线主用线路，电压等级为 10 kV，变压器容量为 200 kVA。

（3）建筑物结构形式

蠡河控制工程等别为Ⅲ等，主要建筑物为 3 级，次要建筑物为 4 级。船闸上下闸首和节制闸为钢筋混凝土坞式结构，上下游翼墙、闸室墙均为重力式浆砌块石墙身结构。船闸上闸首门顶高程 5.20 m（吴淞基面，数据为工程现状，下同），节制闸门顶高程 5.36 m，下闸首门顶高程 4.73 m。翼墙顶高程 5.20～5.40 m，闸室挡浪墙高程 5.60 m。上游引航道底宽 30 m，底高程 −1.00 m，下游引航道底宽 15～32 m，底高程 −1.00 m。工程主要观测项目有垂直位移和河道断面等。

（4）工程建设、改造情况

蠡河控制工程由江苏省水利厅苏水计〔1993〕90号文批准修建，工程投资约670万元，1993年10月开工建设，1994年5月水下工程通过验收，1994年10月完工，1995年5月30日通过竣工验收。工程未进行过续建和改造。

2. 月城河控制工程

月城河控制工程

（1）工程位置及作用

月城河控制工程位于望亭立交上游右岸月城河河口，上通太湖口，下接京杭大运河，是望虞河工程右岸配套建筑物之一，与蠡河控制工程组成望亭枢纽，具有泄洪、排涝、沟通航运和改善水环境等综合作用。月城河控制工程设计流量为50 m^3/s，为小（1）型水闸，洪水标准按50年一遇设计。月城河控制工程正向设计水位上游4.53 m，下游3.00 m；正向校核水位上游4.80 m，下游3.00 m。反向设计水位上游3.30 m、下游4.75 m；反向校核水位上游3.00 m，下游5.00 m。正向消能水位上游2.50 m，下游3.50 m；反向消能水位上游3.50 m，下游2.50 m。工程自1998年建成以来，上游最高水位5.36 m，最低水位2.26 m；下游最高水位5.04 m，最低水位2.30 m。

（2）主要机电设备参数

月城河控制工程设有节制闸、船闸各一孔。闸孔净宽均为8.00 m，净高8.36 m，闸门类型为升卧式平面钢闸门，采用QPF2×160kN卷扬式启闭机。工程供电线路为望工线主用线路，电压等级为10 kV，变压器容量为200 kVA。

（3）建筑物结构形式

月城河控制工程等别为Ⅲ等，主要建筑物为3级，次要建筑物为4级。船闸上下闸首和节制闸为钢筋混凝土坞式结构，上下游翼墙高程3.50 m及闸室墙高程2.50 m以下为重力式浆砌块石、以上为钢筋混凝土结构，下游导航墙为钢筋混凝土结构。船闸上闸首和节制闸门顶高程均为 5.50 m，下闸首门顶高程为 5.00 m。闸室底板顶高程 −0.21 m，闸室墙顶高程 5.00 m，上设 1.00 m 高挡浪墙。上游翼墙顶高程 4.00 m，墙顶设 1.00 m 高挡浪墙。上下游消力池外引河道护底长为 25 m，上下游引河道高程 −0.21 m。工程主要观测项目有垂直位移和河道断面等。

（4）工程建设、改造情况

月城河控制工程由江苏省水利厅苏水计〔1997〕202 号文批准修建，工程投资 901 万元，1997 年 12 月开工建设，1998 年 11 月竣工。2013 年 7 月江苏省水利厅批复同意对月城河控制工程进行加固改造，概算投资 2 345 万元，2014 年 3 月开工，2019 年 3 月通过竣工验收。

8.2.2 管理单位简介

望亭枢纽管理所，全称江苏省太湖地区水利工程管理处望亭枢纽管理所，正式成立于 1999 年 7 月，负责蠡河控制工程、月城河控制工程的运行管理，为江苏省太湖地区水利工程管理处直属正科级事业单位。

多年来，望亭枢纽管理所先后获得了“省属水利工程管理工作先进集体”“江苏省水利厅系统先进党支部”“全国水利系统模范职工小家”“工人先锋号”“省太湖管理处先进单位”等荣誉称号。

8.2.3 工程管理范围

（1）划界确权情况

根据江苏省人民政府办公厅印发的《关于开展河湖和水利工程管理范围划定工作的通知》（苏政办发〔2015〕76 号），及江苏省发展和改革委员会《关于省水利厅直属工程管理单位河湖和水利工程管理范围划定总体实施方案的批复》（苏发改农经发〔2017〕248 号），开展划界确权工作。

2017 年蠡河控制工程全部完成水利工程管理范围划定工作，埋设界桩（牌）共计 20 根，埋设管理区域分界牌 3 个、告示牌 1 个、控制点 3 个。2017 年工程管理范围用地换取了国有土地使用权不动产权证，使用面积 51 373.80 m^2，界桩、界牌、告示牌齐全。

2017 年月城河控制工程全部完成水利工程管理范围划定工作，埋设界桩（牌）共计 13 根，埋设管理区域分界牌 4 个、告示牌 1 个、控制点 3 个。2017 年工程管理范围用地换取了国有土地使用权不动产权证，使用面积 13 840 m^2，界桩、界牌、告示牌齐全。

（2）安全警戒区划定情况

2021 年江苏省水利厅以苏水办河〔2021〕1 号文批复了江苏省太湖地区水利工程管

理处安全警戒区划定实施方案。蠡河控制工程警戒区范围如下：以节制闸闸门为基准线，向上游方向延伸 290 m，向下游方向延伸 160 m，左岸以中间闸室节制闸侧挡墙为界，右岸与管理范围界址线重合。月城河控制工程警戒区范围如下：以节制闸闸门为基准线，向上游方向延伸 110 m，向下游方向延伸 200 m。右岸以中间闸室节制闸侧挡墙至上下游分水墩（不含分水墩）为界，左岸与管理范围界址线重合。

8.2.4 工程效益

1. 蠡河控制工程

（1）设计效益

蠡河控制工程设计效益为：当望虞河排泄太湖洪水时，阻止望虞河洪水倒灌大运河，并可排泄大运河洪水；望虞河引江济太时，减少水量流失，阻止大运河污水进入望虞河，确保入湖水质；沟通望虞河和大运河间的航运。

（2）实际效益

近年来蠡河控制工程运用 30 余次，排水量 5.92 亿 m^3。尤其在 2020 年大洪水期间，蠡河闸错峰行洪、充分利用望虞河向长江排泄苏南运河洪水，降低无锡段大运河水位，实现了工程效益与社会效益双丰收。

2. 月城河控制工程

（1）设计效益

月城河控制工程设计效益为：当太湖地区发生洪水时，可分泄洪水入大运河；沟通太湖、大运河、望虞河之间的航运；引江济太时防止优质水源外流运河，也可防止京杭大运河污水进入太湖。

（2）实际效益

2020 年太湖发生流域性大洪水期间，月城河闸错峰行洪，分泄太湖洪水入大运河，排水量 234 万 m^3。

8.3 张家港水利枢纽（节制闸、泵站、立交地涵、退水闸）

8.3.1 工程简介

（1）工程位置及作用

张家港水利枢纽是走马塘拓浚延伸工程的重要控制建筑物之一，位于走马塘与申张线（张家港河，规划Ⅲ级）交汇处，距苏州张家港港口社区约 2 km，由立交地涵、泵站、节制闸、退水闸四座水工建筑物组成。泵站设计流量为 50 m^3/s，总装机容量 1 500 kW，为大（2）型泵站。节制闸设计流量为 111.4 m^3/s，为中型水闸；立交地涵设计流量为

张家港水利枢纽

50 m^3/s，退水闸设计流量为 69.6 m^3/s，均为小（1）型水闸。洪水标准按 50 年一遇，闸站上游设计水位为 2.50 m，校核水位为 2.05 m；闸站下游设计水位为 3.77 m，校核水位为 3.96 m。工程自 2012 年建成以来，上游最高水位为 4.93 m，最低水位为 2.92 m；下游最高水位为 4.74 m，最低水位为 2.78 m。

（2）主要机电设备参数

张家港水利枢纽由常熟供电公司走马塘专线 10 kV 架空线路供电，内设站变 SC11-400/10/0.4、箱变 SC10-100/10/0.4 各一台。泵站安装竖井式贯流泵配异步电动机 3 台套；水泵型号为 2600ZGB17-1.5，设计扬程为 1.47 m，设计流量为 16.67 m^3/s，叶片安放角度 +2°，电动机型号为 YKS500-8，额定功率 500 kW，转速为 743 r/min；泵站辅机系统有供水系统、通风系统，起重设备为 QD15/3t 桥式行车一台；泵站进出口设有 4 台拦污栅及回转式清污机，2 台皮带输送机。节制闸闸门为直升式平面钢闸门，配 QPB2×250kN 卷扬式启闭机。泵站、节制闸设净宽 5.00 m 交通桥一座。立交地涵闸门为直升式平面钢闸门，配 3 台 QPB2×100kN 卷扬式启闭机。退水闸闸门为升卧式平面钢闸门，配 1 台 QPB2×250kN 卷扬式启闭机；上游侧设宽 4.50 m 交通桥一座。

（3）建筑物结构形式

张家港水利枢纽工程等别为Ⅱ等，主要建筑物为 2 级，次要建筑物为 3 级。建筑物的结构形式为钢筋混凝土。泵站采用竖井贯流式进出水流道，快速闸门断流，泵站采用堤身式结构形式。主厂房长 23.60 m，宽 18.00 m，分主机层和操作平台两层。泵站设有 3 孔流道，每孔净宽 6.40 m。节制闸设有 2 孔，单孔净宽 12.00 m。退水闸设单孔，净宽 14.00 m。立交地涵底板顺水流方向长 150.00 m，垂直水流方向宽 19.60 m；设有 3 孔，单孔净宽 5.40 m。工程主要观测项目有垂直位移、河道断面和扬压力等。

（4）工程建设、改造情况

张家港水利枢纽总投资 13 376 万元，2010 年 4 月开工建设，2011 年 7 月 22 日通过水下验收，2012 年 1 月 22 日通过投入使用验收，2013 年 9 月 18 日通过竣工验收。工程未进行续建和改造。

8.3.2 管理单位简介

张家港水利枢纽管理所，全称江苏省太湖地区水利工程管理处张家港水利枢纽管理所，成立于 2011 年 11 月，负责走马塘张家港水利枢纽工程管理，为江苏省太湖地区水利工程管理处直属正科级事业单位。

多年来，张家港水利枢纽管理所先后获得了“江苏省总工会工人先锋号”“江苏省水利厅系统先进党支部”“江苏省省级机关青年文明号”“江苏省水利工程一级管理单位”“江苏省太湖地区水利工程管理处安全生产先进单位”“江苏省太湖地区水利工程管理处精神文明建设先进单位”“江苏省太湖地区水利工程管理处年度先进单位”等荣誉称号，通过了省精细化、安全生产标准化考核验收。

8.3.3 工程管理范围

（1）划界确权情况

张家港水利枢纽所辖泵站、节制闸、地涵和退水闸管理用地连为一体，因此作为一个整体开展划界确权及安全警戒区划定工作。2013—2019 年，管理处按照省厅统一部署，依据《中华人民共和国水法》《中华人民共和国土地管理法》《江苏省水利工程管理条例》等法律法规和相关文件规定，顺利完成上述四座工程《国有土地使用证》领取工作，对确权边界进行了划定，埋设了界桩。

2018 年，根据江苏省人民政府办公厅印发的《关于开展河湖和水利工程管理范围划定工作的通知》（苏政办发〔2015〕76 号），及江苏省发展和改革委员会《关于省水利厅直属工程管理单位河湖和水利工程管理范围划定总体实施方案的批复》（苏发改农经发〔2017〕248 号），管理处对上述工程开展了划界确权工作。按照《江苏省水利工程管理条例》第六条规定，重新划定工程管理范围。完成管理范围边界测绘 3 982.43 m，现场埋设界桩 49 个、告示牌 2 个、分界牌 8 个；140 859.30 m^2 已确权水工程用地完成权籍信息化，换发《不动产权证书》。

（2）安全警戒区划定情况

2021 年江苏省水利厅以苏水办河〔2021〕1 号文批复张家港水利枢纽安全警戒区划定范围，张家港水利枢纽警戒区与国有土地使用权不动产权证界线重合。节制闸、泵站警戒区范围：上游左右岸各到围网，上游到小岛边沿；下游左右岸各到树木，下游到地方水闸边沿，长度 593 m，最宽 243 m，最窄 77 m。地涵警戒区范围：上游左右岸各到围网，上游到围网；下游左岸到栏杆，下游右岸到围网，下游到小岛边沿，长度 559 m，宽度 64 m。退水闸警戒区范围：上游左岸到围网，上游右岸到栏杆，上游到张家港河河口；下游左岸到围网，下游右岸到栏杆，下游到小岛外边沿，长度 285 m，最宽 133 m，最窄 78 m。

8.3.4 工程效益

（1）设计效益

张家港水利枢纽主要任务是配合望虞河西岸控制工程，在引江济太期间，望虞河西岸地区遭遇 5 年一遇及其以下标准的降雨时，西岸地区排水不入望虞河，改由走马塘拓浚延伸工程北排长江；消除西岸地区排水对望虞河水质的影响，建设望虞河清水通道，保证引江调水水质，增加调水入湖水量，改善地区河网排涝条件和水生态环境。此外，工程兼顾沟通张家港河与七干河的航运需求。

（2）实际效益

张家港水利枢纽自 2012 年 1 月 22 日投运至 2021 年底，累计开闸 1 197 天，泵站运行 122 台时，累计排水超 30.77 亿 m^3。

8.4 江阴水利枢纽（节制闸、泵站）

江阴水利枢纽

8.4.1 工程简介

（1）工程位置及作用

江阴水利枢纽位于无锡江阴市申港镇滨江村新沟河入江口。工程位置选在老新沟河河口滨江大桥北侧，距长江堤岸约 200 m，距长江主流约 1.7 km，是新沟河入江的主要控制建筑物和重要组成部分，具有改善水环境、挡潮、防洪、排涝及过鱼等综合功能。工程由节制闸、泵站和鱼道三个建筑物组成。泵站正向排涝或排水规模 180 m^3/s，反向引水规模 90 m^3/s。节制闸正向排涝瞬时最大流量 460 m^3/s，反向引水瞬时最大流量 433 m^3/s。泵站为大（2）型泵站，节制闸为中型水闸。防洪（潮）标准：长江（下游）侧防洪标准按 100 年一遇潮水位 7.65 m 设计、300 年一遇潮水位 8.05 m 校核；内河（上游）侧按 50 年一遇洪水位 5.05 m 设计、200 年一遇洪水位 5.29 m 校核。

（2）主要机电设备参数

泵站装有 3150ZLKQ30−3.23 型开敞式全调节轴流泵配 TL1800−48/3250 型同步电机 5 台套，3150ZLKQ30−3.23 型开敞式全调节轴流泵配 TL1800（1250）−48（56）/3250 型同步电机 1 台套。设计扬程 3.23 m，设计流量 30 m^3/s，叶片调节角度为 ±4°。1−5 号电动机额定功率 1 800 kW，转速为 125 r/min。6 号电动机为双速，48 级转速 125 r/min，56 级转速 107 r/min。节制闸共 5 孔，总净宽 48 m（2×8 m+16 m+2×8 m=48 m），16 m 中孔正常水位平水时可通航，中孔为平面升卧式，其余为平面直升式。鱼道 1 孔：尺寸为 2 m×55 m（宽 × 长），设闸门控制。本工程的负荷等级为二级负荷。供电电源采用双路电源，由工程附近不同的上级变电所引来，两路供电电源的变电所二次侧电压等级均为 35 kV。主变安装三相树脂绝缘干式电力变压器一台，型号为 SC10−12500/35，站变安装三相树脂绝缘干式电力变压器一台，型号为 SCB10−800/35。江阴水利枢纽泵站辅机系统中直流电源由站内直流装置供电，回路分为控制母线和合闸母线，为变电站测控、高压开关控制测量保护提供电源。清污系统在枢纽上游配置拦污栅 12 台套、皮带机 2 台套、粉碎机 1 台套。水系统分为循环冷却水和润滑供水两种方式。循环冷却水向主机上下油缸冷却器、叶片调节机构油缸冷却器供水，冷却循环水变频控制系统由 2 台循环水泵、1 台补水箱及相应测控原件组成，2 台循环水泵为 CDMF42−3−2FBWCS 转型立式多级离心泵，一用一备。泵出口压力为 0.45 MPa，供水母管压力为 0.15～0.2 MPa。循环水配套 3 台制冷机组对回水进行冷却。润滑供水由安装于上游空箱内的潜水泵向主机泵轴上水导轴承、填料供水，采用电磁阀进行开断控制，枢纽管网自来水作为其备用。励磁系统 6 台套，变压器型号为 SG−60KAV、SG−135KAV（6# 机），绝缘等级为 F 级。

（3）建筑物结构形式

江阴水利枢纽泵站和节制闸采用集中布置，分列于主河道东西两岸，鱼道依附节制闸西岸布置。节制闸闸室采用块基型整体坞式结构，两侧非通航边孔两孔联为整体，中孔通航孔独立为一个整体，共分为三个块体。闸室顺水流方向长 18.00 m，垂直水流方向宽度：泵站侧边孔宽 19.70 m，鱼道侧边孔宽 22.90 m，中孔宽 18.40 m，节制闸加鱼道总宽为 61.04 m。闸室底板顶面高程 -1.00 m，闸墩上游侧顶高程边墩 6.50 m、中墩 5.50 m，下游侧顶高程边墩 9.65 m、中墩 8.50 m。工程主要观测项目有垂直位移、河道断面和扬压力等。

（4）工程建设、改造情况

江阴水利枢纽总投资 4.13 亿元，2013 年 12 月动工，2018 年 6 月 15 日泵站与节制闸工程通过投入使用验收并移交管理，2020 年 12 月 23 日江阴水利枢纽通过竣工验收。船闸不属于本工程管理范围。工程自建成后未进行续建和改造。

8.4.2 管理单位简介

2015 年 3 月 19 日，江苏省水利厅（苏水人〔2015〕28 号）批复同意成立新沟河江边枢纽管理所。2021 年 2 月 10 日，江苏省水利厅（苏水人〔2021〕5 号）批复同意新沟河江边枢纽管理所更名为江阴水利枢纽管理所，为江苏省太湖地区水利工程管理处直属正科级事业单位。

多年来，新沟河江边枢纽管理所先后获得了“江苏省工人先锋号”“江苏省水利厅系统先进基层党组织”“江苏省太湖地区水利工程管理处先进单位”“江苏省太湖地区水利工程管理处安全生产先进单位”等荣誉称号。

8.4.3 工程管理范围

（1）划界确权情况

暂未划界确权。

（2）安全警戒区划定情况

暂未进行安全警戒区划定。

8.4.4 工程效益

（1）设计效益

节制闸主要功能是排水（改善太湖等水环境排水入江、流域 100 年一遇洪水北排入江、区域洪涝水入江以及河网正常排水入江等）、挡潮防洪（抵挡长江 100 ～ 300 年一遇高潮、内河 50 ～ 200 年一遇洪水和防御长江 50 ～ 100 年一遇低潮）、应急引水（向太湖梅梁湖等湖湾送长江水）等。

泵站主要功能是排水遇长江高潮位或引水遇长江低潮位时，利用泵站抽排或抽引满足新沟河承担的工程任务。

（2）实际效益

自 2017 年工程具备完整运用条件以来，江阴水利枢纽高效发挥防洪减灾、改善水环境及通航等综合效益。截至 2021 年底，工程累计引排水总量 37.95 亿 m^3。

8.5 丹金闸（节制闸、船闸）

丹金闸

8.5.1 工程简介

（1）工程位置与作用

丹金闸工程是太湖流域综合治理湖西引排骨干工程之一，位于丹金溧漕河主河道上、金坛区境内通济河口北侧，距老丹金节制闸、金坛市区均为 4 km，可控制高片洪水入侵洮、滆低洼地区，对低洼圩区，特别是金坛区的防洪保安起到重要作用；同时可满足丹金溧漕河的航运规划需要，改善航运条件和地区水环境。

丹金闸工程设计过闸流量 250 m^3/s（其中节制闸 200 m^3/s，船闸 50 m^3/s），为中型水闸，洪水标准按 50 年一遇设计。丹金闸工程稳定设计工况水位为：节制闸上游 6.50 m，下游 5.00 m；上闸首上游 6.50 m，下游 5.00 m；下闸首上游 6.31 m，下游 5.00 m。校核水位为：节制闸上游 6.50 m，下游 4.60 m；上闸首上游 6.50 m，下游 4.60 m；下闸首上游 6.31 m，下游 4.60 m。消能组合水位：节制闸上游 6.50 m，节制闸下游 4.60 m；上闸首上游 6.50 m，上闸首下游 4.60 m。工程自 2002 年建成以来，上游最高水位 6.99 m，下游最高水位 6.36 m。

（2）主要机电设备参数

丹金闸工程由丹金节制闸支线 2 号线供电，电压等级为 10 kV，内设箱变 SC11-

200/10 一台。节制闸、船闸闸孔净宽均为 16.00 m，闸门类型为升卧式平面钢闸门，采用 QP2×250kN 卷扬式启闭机。

（3）建筑物结构形式

丹金闸工程为Ⅲ等工程，设有节制闸、船闸各 1 孔，公路桥 1 座，节制闸、船闸上闸首为 3 级建筑物，下闸首及其他建筑物为 4 级建筑物。闸室底板顶高程 0.00 m，闸门顶高程 6.50 m，上下游翼墙顶高程均为 6.50 m。上游堤顶高程为 7.50 m，下游堤顶高程为 6.50 m，船闸闸室底板顺水流方向长度为 15.00 m，公路桥下闸室底板顺水流方向长度为 6.50 m。船闸上闸首与节制闸上部设汽 −20 级、挂 −100 级、净宽 7.00 m 的公路桥。上下游左右岸翼墙均采用钢筋混凝土扶壁式圆弧挡土墙，上下游消力池高程 −0.50 m。工程主要观测项目有垂直位移和河道断面等。

（4）工程建设、改造情况

丹金闸工程由江苏省水利厅苏水计〔2001〕104 号文批准修建，批复概算 5 570 万元，2001 年 1 月 16 日开工建设，2002 年 5 月 10 日水下工程通过验收，2002 年 7 月 22 日丹金闸正式通航，2004 年 10 月 11 日通过竣工验收，并正式移交江苏省太湖地区水利工程管理处管理。工程建成后未进行续建和改造。

8.5.2　管理单位简介

丹金闸管理所，全称江苏省太湖地区水利工程管理处丹金闸管理所，成立于 2002 年 4 月，负责丹金闸的运行、检查、维护、保养等日常管理工作，同时负责管理范围内堤防、河道巡查和水事案件查处，为江苏省太湖地区水利工程管理处直属正科级事业单位。

多年来，丹金闸管理所先后获得了“江苏省水利系统文明单位”“江苏省水利厅系统先进党支部”“江苏省青年文明号”“江苏省工人先锋号”等荣誉称号。

8.5.3　工程管理范围

（1）划界确权情况

2003 年完成了工程管理用地确权划界，同时领取《国有土地使用证》，面积 22 867.60 m^2，埋设界桩 8 根。该宗国有土地使用权系通过划拨方式取得。

2017 年江苏省水利厅组织重新确权，江苏省发展和改革委员会以《关于省水利厅直属工程管理单位河湖和水利工程管理范围划定总体实施方案的批复》（苏发改农经发〔2017〕248 号）文批准实施该项目。完成管理范围边界测绘 1 636.82 m，划界面积 122 604.27 m^2，现场埋设界桩 15 个、分界牌 4 个、告示牌 1 个、控制点 3 个，22 867.60 m^2 已确权水工程用地完成权籍信息化，换发《不动产权证书》。

（2）安全警戒区划定情况

江苏省水利厅以苏水办河〔2021〕1 号文批复丹金闸工程安全警戒区划定范围，以节制闸闸门为基准线，上游 334 m，下游 382 m，右侧由上游河道中心线、节制闸挡墙及下游人行栈桥为界延伸至管理范围界址线，左侧与管理范围界址线重合。

8.5.4 工程效益

（1）设计效益

丹金闸工程的设计效益共有 2 项，分别如下。

① 对洮、滆低洼圩区，特别是金坛区的防洪保安起到重要作用，控制高片洪水入侵低洼地区。

② 满足丹金溧漕河的航运规划需要，改善航运条件和地区水环境。

（2）实际效益

丹金闸自建成以来严格按照江苏省水旱灾害防御调度指挥中心的调度指令运行，较好地发挥了工程的防洪减灾效益。

8.6 钟楼防洪控制工程

钟楼防洪控制工程

8.6.1 工程简介

（1）工程位置与作用

钟楼防洪控制工程位于常州市钟楼区西林街道境内，距老武宜运河河口上游 600 m，是京杭运河常州市区段改线后，在太湖流域武澄锡西控制线上新增的防洪控制性工程。主要任务是大洪水期间启用，尽量使湖西地区洪水北排入江，减少湖西高水通过京杭运河压向下游，减轻常州、无锡、苏州三大城市和武澄锡低洼地区防洪压力；在非大洪水期，不碍航、不阻航，满足京杭运河正常运行。

钟楼防洪控制工程为中型水闸，主要建筑物为 2 级水工建筑物，次要建筑物为 3 级水工建筑物。工程标准按湖西 50 年一遇洪水位设计，历史最高洪水位校核，设计水位 5.38 m，校核水位 5.98 m。2015 年历史最高水位 6.42 m，2016 年历史次高水位 6.32 m。设计泄洪流量 60 m^3/s，校核过闸流量 100 m^3/s。

（2）主要机电设备参数

钟楼防洪控制工程电源采用 10 kV 315 kVA 变压器一台。弧门采用卷扬式启闭机牵引，南北各一台，启闭机型号为 QHQ600kN，启闭速度 1 m/min，最大行程 66.00 m，减速器型号为 QJRS−D450。三相异步电动机型号为 YZ225M−8，功率 18.5 kW，转速 715 r/min。

（3）建筑物结构形式

钟楼防洪控制工程主体工程为一座单孔防洪闸，闸孔净宽 90.00 m。采用超大有轨平面弧形双开型钢闸门，门体为空箱钢结构，闸门支臂为钢管结构空间三角形桁架；闸门弧面半径 60.00 m，高 7.50 m，厚 3.50 m。闸门开启后置于两岸门库内，门库口门处设横拉式检修门，由液压启闭机启闭。在高程 3.50 m 的平台临水侧设置自动翻倒式挡水钢闸门，两岸对称布置，单侧总长 56.00 m；平时闸门直立挡水，门顶高程 4.50 m，平面弧形钢闸门启闭时，挡水闸门翻倒，不影响主闸门支臂的运行。闸底板顶面高程 −1.50 m，闸底板上设置活动门槛，槛顶高程 −1.00 m。闸身上下游为钢筋混凝土直立墙护岸，墙顶高程 6.30 m。工程主要观测项目有垂直位移和河道断面等。

（4）工程建设、改造情况

钟楼防洪控制工程总投资 9 077 万元，2007 年 8 月 28 日开工，2007 年 12 月 27 日通过水下工程验收。2008 年 6 月 28 日，通过试运行验收，具备应急挡洪条件。2010 年 6 月 25 日，通过竣工验收。工程自建成后未进行续建和改造。

8.6.2 管理单位简介

钟楼防洪控制工程管理所，全称江苏省太湖地区水利工程管理处钟楼防洪控制工程管理所，成立于 2008 年 12 月，负责钟楼防洪控制工程管理，为江苏省太湖地区水利工程管理处直属正科级事业单位。

多年来，钟楼防洪控制工程管理所先后获得“江苏省水利系统文明单位”“全省水利系统先进集体”“河海大学大学生社会实践基地”等荣誉称号。

8.6.3 工程管理范围

（1）划界确权情况

2008 年 7 月，常州市国土局土地勘测中心采用解析法对钟楼防洪控制工程（当时所属权为建设处）北侧地块进行了勘测，总面积为 10 713 m^2，对工程北侧实际管理范围用地进行了确权划界，并领取了《国有土地使用证》。

2017年，在管理处统一安排下，依据《中华人民共和国水法》《中华人民共和国土地管理法》《江苏省水利工程管理条例》等法律法规和相关文件规定，本着“尊重历史、面对现实、适当微调、妥善处理”的原则开展划界确权工作，埋设界桩16根、告示牌1个、分界牌4个，确权面积同2008年确权面积。

（2）安全警戒区划定情况

江苏省水利厅以苏水办河〔2021〕1号文批复钟楼防洪控制工程安全警戒区划定范围，钟楼防洪控制工程警戒区沿管理范围界址线设置，上游河道、堤防281 m，下游河道、堤防269 m。

8.6.4 工程效益

（1）设计效益

钟楼防洪控制工程的主要作用是在大洪水期启用，尽量使太湖湖西地区洪水北排入长江，减少湖西高水东泄，减轻常州、无锡、苏州三大城市和武澄锡低洼地区防洪压力。在非大洪水期不碍航，满足京杭运河正常通航。

（2）实际效益

钟楼防洪控制工程自建成以来，严格按照江苏省水旱灾害防御调度指挥中心的调度指令运行，较好地发挥了工程的防洪减灾效益。

8.7 丹阳水利枢纽（节制闸、泵站、船闸）

丹阳水利枢纽

8.7.1 工程简介

（1）工程位置与作用

丹阳水利枢纽位于镇江丹阳市界牌镇，在新孟河向北延伸段入江口处，由船闸、节制闸、泵站组成，建筑物自西向东依次布置。丹阳水利枢纽具有挡洪、挡污、排涝、引水、通航及改善水环境等综合功能。工程建筑物防洪标准按 100 年一遇设计，300 年一遇洪水位校核。枢纽设计水位长江侧 8.03 m、新孟河侧 6.29 m，校核水位长江侧 8.43 m、新孟河侧 6.29 m。泵站工程排水工况设计水位长江侧 6.99 m、新孟河侧 4.64 m，校核水位长江侧 7.23 m、新孟河侧 4.30 m；引水工况设计水位长江侧 3.16 m、新孟河侧 3.92 m，校核水位长江侧 1.50 m、新孟河侧 4.57 m。

（2）主要机电设备参数

丹阳水利枢纽由泵站、节制闸、船闸、上下游引河、室内变电所、110 kV 和 10 kV 专用供电线路等组成。泵站安装 9 台 3450ZLKQ33.4-2.75 立式开敞式轴流泵，叶轮直径 3.45 m，设计扬程 2.75 m，配套 TL2000-60 立式同步电动机，设计总流量为 300 m^3/s；采用立轴开敞式双向流道，通过上下游四道闸门不同组合进行双向切换，达到引排兼顾的效果。节制闸共 5 孔，分布于泵站西侧，每孔净宽 16.00 m，总净宽 80.00 m，采用平面直升钢闸门配卷扬式启闭机，设计流量为 745 m^3/s。

（3）建筑物结构形式

丹阳水利枢纽泵站为大（1）型泵站，工程等别为Ⅱ等，长江堤防为 2 级建筑物，泵站主要建筑物按 1 级建筑物设计；与江堤连接的节制闸闸室、外河侧堤防、外河侧消力池、外河侧翼墙、船闸外闸首及外河引航道等建筑物级别为 2 级；内河侧翼墙、内河侧堤防、船闸闸室、内闸首及内河引航道等建筑物级别按 3 级建筑物设计。工程采用站身式厂房，X 型双向流道，快速闸门断流。节制闸底板共三块，两个边孔各一块，中孔一块，底板高程 -3.00 m；泵站共 9 台机组，分三块底板，每块底板上布置 3 台机组。底板顶高程 -7.00 m。站身上下共分四层，自下而上分别为进水流道层、出水流道层、联轴层、电机层。主厂房净跨 37.50 m，主泵房总长 121.65 m。上下游启闭机设在厂房两侧，工程上游侧设净宽 7.00 m 的交通桥。

丹阳水利枢纽上、下游翼墙均采用直线与圆弧段组合的布置形式，其中，下游翼墙顶高程为 9.00 m，上游翼墙顶高程为 7.50 m。站身上、下游设清污机桥，上游清污机桥底板顺水流方向长 10.50 m，下游清污机桥底板顺水流方向长 11.50 m，配置 36 台回转式清污机。

（4）工程建设、改造情况

丹阳水利枢纽自 2018 年 2 月 25 日正式开工建设，工程概算 6.56 亿元。2020 年 6

月通过江苏省水利厅组织的通水验收，2021 年 12 月通过江苏省水利厅组织的机组启动验收，2022 年 1 月完成泵站、节制闸、船闸和交通桥 4 个单位工程暨投入使用验收。目前，正在进行浦河闸和闸站管理设施施工，截至 2022 年底，已具备竣工验收条件。工程建成后未进行续建、改造。

8.7.2 管理单位简介

丹阳水利枢纽管理所，全称江苏省太湖地区水利工程管理处丹阳水利枢纽管理所，成立于 2021 年 2 月，负责丹阳水利枢纽工程管理，为省太湖地区水利工程管理处直属正科级事业单位。（目前建设单位尚未将工程移交给管理单位管理）

8.8 奔牛水利枢纽（节制闸、立交地涵、船闸）

奔牛水利枢纽

8.8.1 工程简介

（1）工程位置及作用

奔牛水利枢纽位于常州市奔牛镇新孟河与京杭运河交汇处，为新孟河延伸拓浚工程干河枢纽工程之一。

奔牛水利枢纽由立交地涵、船闸、节制闸组成。其主要任务是防洪、引水、排涝和通航。其中立交地涵沟通京杭运河南、北侧新孟河河道，实现新孟河与京杭运河的立体交汇，保证新孟河延伸拓浚工程引水入太湖的水质和水量，兼顾京杭运河以南的太湖湖西地区通过立交地涵向北排涝入长江；船闸维持新孟河与京杭运河之间的航运要求；节制闸将京杭运河上游涝水通过新孟河北排入长江。

奔牛水利枢纽京杭运河立交地涵在新孟河引水入太湖时，地涵设计引水流量 565 m^3/s，在太湖湖西区域向长江排涝时，地涵设计排涝流量为 498 m^3/s。地涵共 12 孔，单孔净尺寸 8.00 m×6.50 m（宽 × 高），过水面积 618 m^2；船闸规模为Ⅵ级船闸，闸室尺寸 135.00 m×16.00 m×3.45 m；节制闸设计排涝流量为 154 m^3/s，单孔，净宽 16.00 m；拆建孟九桥为分别跨新孟河及立交地涵北侧引河，净宽 9.00 m，总宽 10.00 m。工程概算投资 46 168 万元。

（2）主要机电设备参数

奔牛水利枢纽立交地涵启闭机采用 QP−2×250kN−15.0m 固定卷扬式启闭机，电动机采用 YZ160L−6 型号 11 kW 三相异步电动机，立交地涵闸门动力柜内采用 KFM3−100S/100A 型号塑壳断路器。船闸节制闸启闭机采用 QH−2×400kN−15.0m 固定卷扬式启闭机，电动机采用 DRE225S4 型号 37 kW 三相异步电动机，船闸节制闸闸门动力柜内采用 KFM3−160SD/160A 规格塑壳断路器。

奔牛水利枢纽主供电源由 10kV 市电（九奔路）提供，高压柜选用 HGXN15−12 环网开关柜；低压柜选用 MNS 抽屉式开关柜，柜内配备 NSX160N/3P 与 NSX250N/3P 塑壳断路器。变压器选用 SCB13−400/10−0.4 干式变压器。奔牛水利枢纽还配有 ZJ−C250 柴油发电机，额定功率 250 kW。

（3）建筑物结构形式

奔牛水利枢纽防洪标准为 50 年一遇。立交地涵的涵首、洞身等主要建筑物等级为 2 级，节制闸闸室、船闸上闸首及上游防渗段内的翼墙为 2 级水工建筑物，船闸下闸首、闸室及防渗段内的导航墙为 3 级水工建筑物，工程与新孟河连接的上下游引河两岸堤防等级为 3 级，与现状京杭运河连接的堤防等级为 2 级，其余次要建筑物等级均为 4 级。

（4）工程建设、改造情况

奔牛水利枢纽 2018 年 5 月 18 日开工建设。2020 年 3 月 25 日孟九桥通过投入使用（交工）验收，并移交地方管理；2020 年 3 月 24 日船闸、节制闸通过水下工程阶段验收；2020 年 5 月 20 日立交地涵主体工程通过水下阶段验收；2020 年 7 月 1 日上下游引河工程水下工程通过阶段验收。2022 年 10 月 10 日，工程通过投入使用验收。

8.8.2 管理单位简介

奔牛水利枢纽管理所，全称江苏省太湖地区水利工程管理处奔牛水利枢纽管理所，成立于 2021 年 2 月，负责奔牛水利枢纽工程管理，为江苏省太湖地区水利工程管理处直属正科级事业单位。

9 “水上帆船、江水东引”水工程

“水上帆船、江水东引”水工程分布图
扬州市
江都区
泰州市
姜堰区
海安市
如皋市
如东县
高港区
扬中市
镇江市
丹徒区
泰兴市
靖江市
丹阳市
江阴市
张家港市
常州市
金坛区
武进区
常熟市
通州区
南通市
调度闸
送水闸
高港船闸
高港泵站
高港节制闸
拉马河闸
邵伯湖
图例
湖泊
河道
流域范围线
水系分界线
水闸
船闸
泵站

高港枢纽是泰州引江河连接长江的口门控制建筑物，为江水东引源头工程，枢纽中心南距长江堤岸与泰州引江河中心线交汇处 1.9 km，具有引水、排涝、挡洪、通航等多种功能。该枢纽由闸站工程和船闸工程组成，其中泵站为大（1）型泵站，节制闸、调度闸、送水闸均为中型水闸，高港一线船闸为Ⅳ级船闸，二线船闸为Ⅲ级船闸。高港枢纽防洪按长江 100 年一遇高潮位 6.41 m 设计，300 年一遇高潮位 6.82 m 校核，内河侧设计最高水位为 3.00 m，枢纽工程按地震烈度 7 度设防。

1999 年，经江苏省机构编制委员会苏编〔1999〕3 号文和江苏省水利厅苏水人〔1999〕11 号文批准成立正处级全民事业单位江苏省泰州引江河管理处，经过职责调整，目前负责高港枢纽工程运行管理工作，并承担引江河河道的行业管理和里下河腹部地区湖泊湖荡的监管工作。下设 9 个科室、3 个管理所，人员编制 130 人。

2011 年，管理处通过水利部组织的“国家级水利工程管理单位”考核验收，并于 2014 年、2019 年通过复核验收；2016 年，管理处通过水利部组织的“水利安全生产标准化一级单位”考核验收，并于 2019 年、2022 年通过延期换证；2021 年，管理处通过江苏省水利厅组织的“水利工程精细化管理单位”评价验收。此外，管理处先后被授予“全国文明单位”“江苏省文明单位”“国家水情教育基地”“全国水利文明单位”“全国中小学生研学实践教育基地”“国家 3A 旅游风景区”“国家水利风景区”；获得“江苏省五一劳动奖状”、江苏省总工会“模范职工之家”、“省水利厅系统先进职工之家”等荣誉称号；高港泵站党支部荣获“省级机关先进党支部”“省级机关青年文明号”，处团委获“省级机关五四红旗团委”等荣誉称号；2017 年高港枢纽获“江苏最美水地标水工程”称号，2019 年，高港枢纽入选全国第二批“水工程与水文化有机融合典型案例”。

9.1 高港闸站（高港泵站、节制闸、调度闸、送水闸）

高港闸站

高港闸站工程位于枢纽东侧，包括泵站、节制闸、调度闸、送水闸、110 kV 专用变电所等，由高港泵站管理所管理。泵站与节制闸采用闸站结合式布置，泵站位于节制闸东侧，在两者之间设导流墩；调度闸位于泵站以北，与泵站底板间距为 100 m，由隔水墙与引江河分隔；送水闸位于泵站底板中心线以北 36 m，干河中心线以东 98 m 处。

9.1.1 工程简介

1. 高港泵站

高港泵站

（1）工程位置及作用

高港泵站位于泰州市高港区沿江街道滨江社区，是泰州引江河高港枢纽的主要工程。泰州引江河是我省东部地区引江供水口门，也是南水北调东线的水源工程之一，南起长江，北接新通扬运河，全长 23.846 km，河底高程 −6.00 ～ −6.50 m（废黄河高程，下同），河底宽 70 m，过水能力 600 m^3/s。高港泵站有抽引、抽排两种工况，设计抽引能力在两种工况时均为 300 m^3/s。在长江高潮位时，利用主机下层流道可实现自流引江，自流引江能力 160 m^3/s。主要作用是向苏东和苏北地区供水，通过泰东河、通榆河、卤汀河等送水骨干河道，将长江水东引、北调至沿海垦区和各个灌区，受益耕地达 295 万 hm^2；当里下河地区出现洪涝时，可抽排涝水 300 m^3/s 下泄入江，提高该地区的防洪排涝标准。高港泵站与高港调度闸、高港送水闸配合使用时，可解决通南地区的引水、排涝问题，改善水生态。

（2）主要机电设备参数

高港泵站共安装 9 台机组，总装机容量 18 000 kW。其中，1#–3# 机组为 ZLB35–4 型立式半调节轴流泵，4#–9# 机组为 ZLQ35–4 型立式全调节轴流泵，9 台水泵配套电机均为 TL2000–40/3250 型 2 000 kW 立式同步电动机。

（3）建筑物结构形式

高港泵站、节制闸采用闸站结合布置形式，泵站分为三块底板，每块底板上布置 3 台机组。站身上下共分四层，自下而上分别为进水流道层、出水流道层、联轴层、电机层。主厂房净跨 18.50 m，下游侧启闭机设在厂房内。高港泵站水泵叶轮中心高程为 −3.45 m，站身各层层面高程为：进水流道层 −6.85 m，出水流道层 −2.00 m，联轴层 2.70 m，电机层 8.50 m。高港泵站站身上游侧设净宽 6.00 m 的交通桥，荷载标准为汽 −10 级，桥下安装上游侧启闭机。

（4）工程建设、改造情况

高港泵站于 1999 年建成，至今未进行过续建、改造。

2. 高港节制闸

高港节制闸

（1）工程位置及作用

高港节制闸位于泰州市高港区沿江街道滨江社区，是泰州引江河高港枢纽的主要工程之一。高港节制闸为单向引水闸，主要作用是向苏东和苏北地区供水，设计流量 440 m^3/s，通过泰东河、通榆河、卤汀河等送水骨干河道，将长江水东引、北调至沿海垦区和各个灌区，受益耕地达 295 万 hm^2。

（2）主要机电设备参数

高港节制闸共 5 孔，总净宽 50.00 m，每孔净宽 10.00 m，采用固定卷扬式启闭机，闸门为钢质实腹式双主梁斜支臂弧形闸门。

（3）建筑物结构形式

高港节制闸、泵站采用闸站结合布置形式，节制闸分为两块底板，西块为二孔一联，东块为三孔一联，均为整体式平底板低堰结构。底板顶面高程为 −6.35 m，底板上在闸门底部设置梯形堰，堰高 0.85 m，堰顶高程 −5.50 m，与上下游河底持平；底板厚 2.00 m，底板底面高程 −8.35 m，上下游端底板下各设 1.00 m 深的齿坎。底板顺水流方向长度为 31.90 m，二孔一联节制闸底板垂直水流方向宽度为 23.80 m，三孔一联节制闸底板垂直水流方向宽度为 35.20 m，加伸缩缝节制闸底板垂直水流方向总宽度为 59.02 m。

高港节制闸下游闸顶高程为 9.00 m，上游闸顶高程为 4.00 m，中墩厚度 1.40 m，边墩及缝墩厚度均为 1.20 m。由于挡潮水位较高，设置胸墙挡水，胸墙为钢筋混凝土结构，顶高程 8.00 m，底高程 3.00 m。高港节制闸工作桥采用双“T”形梁结构，宽 5.00 m，桥面高程 14.20 m。在闸身下游侧设工作便桥，桥宽 4.00 m，桥面高程 10.0 m，桥下设检修门槽；上游设净宽 6.00 m 的交通桥一座，桥面高程 11.70 m。

（4）工程建设、改造情况

高港节制闸于 1999 年建成，至今未进行过续建和改造。

3. 高港调度闸

（1）工程位置及作用

高港调度闸位于泰州市高港区沿江街道滨江社区，是泰州引江河高港枢纽的组成工程之一。高港调度闸工程设计流量 100 m^3/s，其主要作用是配合高港泵站 $1^{\#}$–$3^{\#}$ 机组，与高

高港调度闸

港送水闸联合运用，解决里下河和通南地区的引水、排涝问题。

（2）主要机电设备参数

高港调度闸共 4 孔，总净宽 20.00 m，每孔净宽 5.00 m，采用固定卷扬式启闭机，闸门为钢质平面上下扉直升门。

（3）建筑物结构形式

高港调度闸闸室为 4 孔一联，整体式平底板，底板顺水流方向长度 13.50 m，垂直水流方向宽 25.50 m，底板顶面高程 −5.50 m。工作桥桥面高程 11.50 m。闸顶上、下游各设置便桥一座，其中上游侧便桥宽 3.60 m，下游侧便桥宽 2.10 m。上游河底高程 −5.50 m，闸与河底之间设混凝土防渗护坦，下游河底高程 −5.50 m，闸底板下游设构造消力池，池深 0.50 m，池长 12.00 m，河底采用浆砌块石护底。

（4）工程建设、改造情况

高港调度闸于 1999 年建成，至今未进行过续建和改造。

4. 高港送水闸

高港送水闸

（1）工程位置及作用

高港送水闸位于泰州市高港区沿江街道滨江社区，是泰州引江河高港枢纽的组成工程之一。高港送水闸工程设计流量 100 m^3/s，其主要作用是配合高港泵站 $1^\#-3^\#$ 机组，与高港调度闸联合运用，解决里下河和通南地区的引水、排涝问题。

（2）主要机电设备参数

高港送水闸共 3 孔，总净宽 16.50 m，每孔净宽 5.50 m，采用固定卷扬式启闭机，闸门为钢质平板直升门。

（3）建筑物结构形式

高港送水闸闸室为三孔一联，整体式平底板，带胸墙，底板顺水流方向长度 15.00 m，垂直水流方向宽 21.70 m，底板顶面高程 −2.00 m，底板厚 1.10 m。中墩厚 1.20 m，边墩为变截面，底部 1.40 m，顶部 0.80 m。工作桥桥面高程 13.70 m，启闭机布置在工作桥上。

闸顶上游设便桥一座，宽 1.80 m，下游设交通桥一座，桥面净宽 6.00 m。底板上游设消力池，池长 15.00 m，池深 0.50 m，消力池尾端设一段 5.00 m 长混凝土护坦。闸底板下游以 1∶10 坡比设 12.00 m 长钢筋混凝土铺盖和 5.00 m 长混凝土护坦，护坦设冒水孔及反滤层。河底均采用浆砌块石护砌。

（4）工程建设、改造情况

高港送水闸于 1999 年建成，至今未进行过续建和改造。

5. 变电所

变电所设 110 kV 电源进线和 10 kV 电源进线各一回路，110 kV 电源由界牌变电所界江 933 线供电；10 kV 电源由滨江变电所引江 185 线路经跌落式熔断开关进入户内开关柜。

高港闸站目前开展的观测项目有垂直位移、测压管水压、河床变形和建筑物伸缩缝等。工程设有垂直位移工作基点 3 个，垂直位移标点 128 个，测压管 28 根，河道断面 54 条，伸缩缝标点 23 对。

高港闸站工程于 1997 年 9 月开工，1999 年 9 月通过江苏省建委组织的竣工初验，并移交江苏省泰州引江河管理处进行管理，2004 年 6 月通过由江苏省发改委组织的竣工验收。

9.1.2 管理单位简介

江苏省泰州引江河管理处高港泵站管理所成立于 1999 年 1 月（曾用名高港枢纽工程管理所、江苏省高港闸站管理所，苏水人〔2004〕82 号文批准使用现有名称），负责泰州引江河闸站工程管理，为江苏省泰州引江河管理处下属正科级事业单位。

多年来，高港泵站管理所先后获得了“全国水利系统先进集体”“全国学习型先进班组”“全国模范职工小家”“全省工人先锋号”“江苏省水利系统文明单位”“全省水利系统先进单位”“全省水利系统工程管理先进集体”“全省水利系统防汛防旱先进集体”“江苏省五一劳动奖状”等荣誉称号。

9.1.3 工程管理范围

（1）划界确权情况

高港枢纽所辖高港泵站、高港节制闸、高港调度闸、高港送水闸、高港一线船闸、高港二线船闸管理用地连为一体，因此作为一个整体开展划界确权及安全警戒区划定工作。2018 年，管理处完成河湖和水利工程管理范围确权划界工作。其中，泰州引江河高港枢纽（包括泵站、节制闸、调度闸、送水闸和船闸）共埋设界桩 65 根、告示牌 5 块、分界牌 4 块，测量控制点 4 个、工作基点 3 个，管理范围边界线长总计 8 224.64 m，确权面积为 1 180 539.6 m^2，划界工作成果数据已经整理录入省厅水利信息系统、泰州市国土局地理信息系统和江都区国土局地理信息系统。

（2）安全警戒区划定情况

2020 年，管理处根据《江苏省泰州引江河管理办法》《江苏省河道管理条例》等有关规定，制定了《水利工程安全警戒区划定方案》并上报江苏省水利厅，省水利厅办公室以苏水办河〔2021〕1 号文批复同意。高港枢纽安全警戒区为：$1^{\#}$ 界桩与 $2^{\#}$ 界桩连接线以南、中隔堤以东至引江口门处拦河航标的河道管理范围内的水域，以及送水闸以东至 $12^{\#}$ 界桩与 $13^{\#}$ 界桩连接线的送水河管理范围内水域。

9.1.4　工程效益

1. 高港泵站

（1）设计效益

高港泵站的设计效益共有 3 项，分别如下。

① 向苏东和苏北地区供水。

② 抽排里下河地区涝水。

③ 解决通南地区引水、排涝问题。

（2）实际效益

截至 2021 年 12 月 31 日，高港泵站机组累计运行 6 万台时，抽排里下河地区涝水 56.35 亿 m^3，抽水北送 3.95 亿 m^3，抽排通南地区涝水 0.72 亿 m^3，向通南地区送水 21.19 亿 m^3。

2. 高港节制闸

（1）设计效益

高港节制闸的设计效益共有 2 项，分别如下。

① 控制节制闸流量，抬高里下河地区水位，为里下河地区的工农业生产及人民生活用水提供了丰富的水源，还为里下河生态、航运和水产养殖提供了良好条件。

② 控制内河水位，改善泰州引江河航运环境。

（2）实际效益

高港节制闸工程的建成，极大地减轻了里下河地区的抗旱压力。截至 2021 年底，已经累计开闸 8.8 万小时，引水 610.33 亿 m^3，近年来，年平均引水量达 50 亿 m^3。

3. 高港调度闸

高港调度闸是高港泵站的配套工程，不单独计算工程效益。

4. 高港送水闸

高港送水闸是高港泵站的配套工程，不单独计算工程效益。

9.2 高港船闸

高港一、二线船闸位于枢纽西侧，由高港水闸管理所管理。一、二线船闸共用上下游引航道。

高港一线、二线船闸

9.2.1 工程简介

1. 高港一线船闸

（1）工程位置及作用

高港一线船闸位于泰州市高港区沿江街道滨江社区，是泰州引江河高港枢纽的组成工程之一。

（2）主要机电设备参数

高港一线船闸，闸总长 196.00 m，总宽 16.00 m，槛上水深 3.50 m，通航净空为 7.00 m。闸门采用齿条台车式启闭机，为钢质双面板桁架式横拉闸门；阀门采用卷扬式启闭机，为钢质平面直升门；设有 10 kV 电源进线一回路，由滨西 1#183 线生宁新生支线 18 号经跌落式熔断开关接入高压计量柜，另有 1 台 150 kW 柴油发电机，在市电断开后为一、二线船闸供电。

（3）建筑物结构形式

高港一线船闸为Ⅳ级船闸，上、下闸首均为整体坞式结构，上闸首门槛高程 −3.00 m，底板面高程 −4.50 m，底板底高程 −7.40 m；下闸首门槛高程 −4.00 m，底板面高程 −4.80 m，底板底高程 −7.70 m。采用短廊道输水对称消能方式，输水廊道阀门处断面为 2.5 m × 2.5 m，上闸首廊道底高程为 −4.50 m，顶高程为 −2.00 m；下闸首廊道底高程为 −4.80 m，顶高程为 −2.30 m。

高港一线船闸闸室采用钢筋混凝土半重力式挡土墙结构，加固后闸室墙内衬钢板，东西闸室墙之间布置钢筋混凝土格梁对撑，闸室底为现浇混凝土透水底板，下设土工布加砂石料反滤层。闸室墙顶高程为 6.00 m，另加 1.20 m 挡浪墙。

高港一线船闸引航道采用对称布置形式，上游河底高程为 −3.00 m，边坡坡比 1∶4，东侧堤顶高程 4.00 m，下游河底高程 −4.00 m，边坡坡比 1∶5.5，东侧堤顶高程 8.50 m。引航桥靠船墩为混凝土重力式结构，上游靠船墩顶高程为 4.00 m，下游靠船墩顶高程为 7.00 m。

高港一线船闸工程目前开展的观测项目有垂直位移、河床变形和建筑物伸缩缝。工程设有垂直位移标点 94 个、河道断面 30 条、伸缩缝 34 对。

（4）工程建设、改造情况

高港一线船闸于 1996 年 12 月开工建设，1998 年 12 月投入运行，1999 年 9 月通过竣工初步验收，2004 年 6 月通过竣工验收。2014 年 8 月，江苏省水利厅组织召开安全鉴定会议，确定高港一线船闸为三类闸。2016 年 11 月至 2017 年 8 月，高港一线船闸进行了停航维修加固，完成投资 6 851 万元。2018 年 11 月，高港一线船闸加固工程通过竣工验收。

2. 高港二线船闸

高港二线船闸

（1）工程位置及作用

高港二线船闸位于泰州市高港区沿江街道滨江社区，是泰州引江河高港枢纽的组成工程之一。

（2）主要机电设备参数

高港二线船闸，闸总长 230.00 m，总宽 23.00 m，闸门为钢质双扇对开三角门，阀门为平面定轮钢闸门，均为液压式启闭机；与高港一线船闸共用变压器和柴油发电机组。

（3）建筑物结构形式

高港二线船闸为Ⅲ级船闸，上、下闸首均为整体坞式结构。上闸首门槛高程 −4.00 m，底板面高程 −5.60 m，底板底高程 −8.10 m，边墩顶高程 7.20 m；下闸首底板门槛高程 −4.50 m，底板面高程 −5 .00 m，底板底高程 −7.50 m，边墩顶高程 8.50 m。采用短廊道集中输水，廊道闸室侧口门净宽 4.00 m，输水廊道阀门处断面为 3.5 m × 3.5 m。

高港二线船闸闸室采用分离式结构，闸室边墙采用拉锚式地连墙结构，墙顶高程 1.50 m，底高程 −15.00 m，顶部现浇胸墙厚 1.20 m。闸墙顶部高程 6.00 m，上设厚 0.40 m 的挡浪板，挡浪板顶高程 7.20 m。

高港二线船闸上游引航道西侧为引航桥，引航桥靠船墩采用混凝土重力式结构，靠船墩顶高程为 4.00 m。

高港二线船闸工程目前开展的观测项目有垂直位移和建筑物伸缩缝。工程设有垂直位移标点 90 个、伸缩缝标点 45 对。

（4）工程建设、改造情况

高港二线船闸于 2012 年 12 月开工建设，2015 年 7 月投入运行，2015 年 11 月通过完工验收，2016 年 12 月通过竣工验收。至今未进行过续建和改造。

9.2.2　管理单位简介

江苏省泰州引江河管理处高港水闸管理所成立于 1999 年 1 月（曾用名高港船闸管理所、江苏省高港船闸管理所，苏水人〔2004〕82 号文批准使用现有名称），负责高港一线船闸和高港二线船闸工程管理，为江苏省泰州引江河管理处下属正科级事业单位。

多年来，高港水闸管理所先后获得“全省水利工程管理先进集体”“全省水利系统文明单位”“全省水利系统创建文明行业示范窗口单位”“全国职工职业道德建设百佳班组”“江苏省工人先锋号”“五一文明示范岗”“模范职工小家”等荣誉称号。

9.2.3　工程管理范围

（1）划界确权情况

高港枢纽所辖高港泵站、高港节制闸、高港调度闸、高港送水闸、高港一线船闸、高港二线船闸管理用地连为一体，因此作为一个整体开展划界确权及安全警戒区划定工作。2018 年，管理处完成河湖和水利工程管理范围确权划界工作。

（2）安全警戒区划定情况

2020 年，管理处根据《江苏省泰州引江河管理办法》《江苏省河道管理条例》等有关规定，制定了《水利工程安全警戒区划定方案》并上报江苏省水利厅，省水利厅办公室以苏水办河〔2021〕1 号文批复同意。

9.2.4 工程效益

1. 高港一线船闸

（1）设计效益

高港一线船闸承担着苏中、苏北及江苏东部沿海广大地区通江航运。船闸为Ⅳ级船闸，设计最大过闸船型为 500 t 级、300 t 顶推船型及 100 t 级拖带船队。船闸为双向水头的通航建筑物，下闸首为 1 级水工建筑物，上闸首及闸室为 2 级水工建筑物，上游引航道为 3 级水工建筑物。

（2）实际效益

高港一线船闸的兴建，沟通了长江与苏中、苏北和江苏东部沿海地区，实现了江海联运，充分发挥了水运成本低、运量大、绿色低碳的优势。通航至今，高港一线船闸累计开放 43.3 万闸次，放行单机船 189.9 万余艘，船队 7 万余个，船舶通过量超 12.3 亿 t，加速了物资流通，促进了区域经济发展。

2. 高港二线船闸

（1）设计效益

高港二线船闸承担着苏中、苏北及江苏东部沿海广大地区通江航运。船闸为Ⅲ级船闸，设计代表船型为 1 000 t 级，兼顾 2×1 000 t 顶推船及 300 ～ 500 t 级拖带船队。船闸为双向水头的通航建筑物，船闸下闸首及下游引航道西堤为 1 级水工建筑物，上闸首及闸室为 2 级水工建筑物，上游引航道为 3 级水工建筑物。

（2）实际效益

高港二线船闸的兴建，沟通了长江与苏中、苏北和江苏东部沿海地区，实现了江海联运，充分发挥了水运成本低、运量大、绿色低碳的优势。通航至今，高港二线船闸累计开放 8.1 万闸次，放行单机船 45.3 万余艘，船队 1 万余个，船舶通过量超 5.5 亿 t，加速了物资流通，促进了区域经济发展。

9.3 拉马河闸

拉马河闸地处如皋市江安镇黄市新村，是一座单孔引水闸，孔宽 8.00 m。工程由南通市水利规划设计室设计，如皋水利工程队施工，1989 年正式投入运行。

拉马河闸

9.3.1 工程简介

（1）工程位置及作用

拉马河闸位于如皋市江安镇境内的拉马河上，所在河道全长 18 km，河宽 55 m，河底宽 15 m。拉马河闸主要为如皋市和泰兴市几个乡镇提供生产和生活用水，只引不排，平水时可通航，校核流量为 73.8 m^3/s。

（2）主要机电设备参数

拉马河闸为单孔引水闸，闸总长 86.50 m，总宽 10.20 m，闸门结构形式为升卧式平面钢闸门，设有 10 kV 电源进线一回路，由江安变电所 141 线路经跌落式熔断开关接入 1 台 50 kVA、10/0.4 kV 所用变压器。

（3）建筑物结构形式

拉马河闸为Ⅳ级水工建筑物，底板和岸墙为钢筋混凝土套件“U”形结构，上下游翼墙为重力式浆砌块石圆弧型翼墙。底板上游设 8.00 m 钢筋混凝土护坦，下游设 10.00 m 钢筋混凝土消力池，闸上设汽 −15 级交通桥一座，桥净宽 7.00 m，工作桥为现浇“π”形混凝土结构。闸顶高程 4.20 m（废黄河高程，下同），底部高程 −1.50 m。

拉马河闸工程目前开展的观测项目有垂直位移、河床变形和建筑物伸缩缝，工程设有垂直位移工作基点 3 个、垂直位移标点 28 个、河道断面 8 条、伸缩缝 8 对。

（4）工程建设、改造情况

拉马河闸始建于 1987 年 10 月 6 日，1988 年 8 月 10 日竣工，1989 年正式投入使用。至今未进行过续建和改造。

9.3.2 管理单位简介

江苏省灌溉动力管理一处拉马河闸管理所成立于 1988 年 4 月，负责拉马河闸工程管理，为江苏省灌溉动力管理一处下属正科级事业单位。

多年来，拉马河闸管理所先后获得了“江苏省工人先锋号”“江苏省水利系统文明单位”“江苏省水利厅系统先进基层党组织”“如皋市文明单位”“如皋市机关企业事业单位治安保卫先进集体”等荣誉称号。

9.3.3 工程管理范围

（1）划界确权情况

2019 年，拉马河闸管理所完成拉马河闸工程管理范围边界测绘 1 723.56 m，绘制 1∶1 000 地形图 1 幅；现场埋设 21 根界桩、12 根移位界桩、4 块分界牌、2 块告示牌；22 555.04 m^2 已确权水工程用地完成权籍信息化。

（2）安全警戒区划定情况

2020 年，管理处根据《江苏省河道管理条例》等有关规定，制定了《水利工程安全警戒区划定方案》并上报江苏省水利厅，省水利厅办公室以苏水办河〔2021〕1 号文批复同意。拉马河闸安全警戒区为：17# 界桩与 7# 界桩连接线以北、21# 界桩与 3# 界桩连接线以南的管理范围内水域。

9.3.4 工程效益

（1）设计效益

拉马河闸的设计效益共有 2 项，分别如下。

① 为如皋和泰兴的高沙土地区提供浇灌用水，灌溉面积约为 16 万亩。

② 拉马河闸平水时兼顾通航。

（2）实际效益

自从建闸至今，拉马河闸共向如皋和泰兴的高沙土地区累计引水近 7 亿 m^3，极大地缓解了该地区的旱情，很好地发挥了工程效益。在做好引水抗旱工作的同时，拉马河闸还有兼顾通航的作用，为当地的水上交通运输提供了方便。